Martin Scheringer

**Persistenz und Reichweite
von Umweltchemikalien**

 **WILEY-VCH**

Martin Scheringer

Persistenz und Reichweite von Umweltchemikalien

WILEY-VCH

Weinheim · New York · Chichester
Brisbane · Singapore · Toronto

Dr. Martin Scheringer
ETH Zürich
Laboratorium für Technische Chemie
ETH-Zentrum
CH-8092 Zürich

Die Deutsche Bibliothek – CIP-Einheitsaufnahme
Scheringer, Martin:
Persistenz und Reichweite von Umweltchemikalien / Martin Scheringer. –
Weinheim ; New York ; Chichester ; Brisbane ; Singapore ; Toronto :
Wiley-VCH, 1999
ISBN 3-527-29752-9

© WILEY-VCH Verlag GmbH, D-69469 Weinheim (Federal Republic of Germany), 1999

Gedruckt auf säurefreiem und chlorfrei gebleichtem Papier

Alle Rechte, insbesondere die der Übersetzung in andere Sprachen, vorbehalten. Kein Teil dieses Buches darf ohne schriftliche Genehmigung des Verlages in irgendeiner Form – durch Photokopie, Mikroverfilmung oder irgendein anderes Verfahren – reproduziert oder in eine von Maschinen, insbesondere von Datenverarbeitungsmaschinen, verwendbare Sprache übertragen oder übersetzt werden. Die Wiedergabe von Warenbezeichnungen, Handelsnamen oder sonstigen Kennzeichen in diesem Buch berechtigt nicht zu der Annahme, daß diese von jedermann frei benutzt werden dürfen. Vielmehr kann es sich auch dann um eingetragene Warenzeichen oder sonstige gesetzlich geschützte Kennzeichen handeln, wenn sie nicht eigens als solche markiert sind.
All rights reserved (including those of translation into other languages). No part of this book may be reproduced in any form – by photoprinting, microfilm, or any other means – nor transmitted or translated into a machine language without written permission from the publishers. Registered names, trademarks, etc. used in this book, even when not specifically marked as such, are not to be considered unprotected by law.

Titelbild nach einem Entwurf von Jürg Schmidli, ETH Zürich
Druck: betz-druck GmbH, D-64291 Darmstadt
Bindung: Wilh. Osswald + Co., D-67433 Neustadt
Printed in the Federal Republic of Germany

Für Beatrix

Vorwort

Zur Zeit wird deutlich, daß die bisherigen Verfahren zur Chemikalienbewertung immer stärker auf eine Reihe von Schwierigkeiten stoßen: Sie sind so aufwendig, daß sie für die Vielzahl aller Stoffe, die zur Bewertung anstehen, nicht praktikabel sind; sie decken neue Effekte wie z. B. die hormonähnliche Wirkung verschiedener Chemikalien nicht ab und müssen daher immer wieder erweitert werden; sie führen aufgrund der Komplexität der untersuchten Systeme vielfach zu uneindeutigen Resultaten, die Raum für verschiedenste Interpretationen lassen.

Zum Teil liegen diese Schwierigkeiten in der Natur des Problems, d. h. in der Komplexität der Umwelt und der Vielzahl der Stoffe. Es gibt jedoch zusätzlich ein wissenschaftsmethodisches Grundproblem, das ebenfalls zu den Schwierigkeiten bei der Chemikalienbewertung beiträgt und bei dem es sich lohnt, nach neuen Ansätzen zu suchen: Dieses Problem liegt im ungeklärten Verhältnis zwischen „objektiven" naturwissenschaftlichen Resultaten einerseits und ökonomischen, rechtlichen oder ethischen Bewertungen andererseits. Zusätzliche Verwirrung stiftet die Vermischung dieser beiden Ebenen in „naturwissenschaftlichen Bewertungen", von denen ebenfalls häufig die Rede ist.

Eine Ursache dieses methodischen Problems ist das Prinzip der naturwissenschaftlichen „Wertfreiheit", welches nach wie vor, auch nach 30 Jahren Umweltforschung, eine umfassende wissenschaftliche Bearbeitung von Umweltproblemen erschwert. Die Frage, in welchem Sinne das Prinzip der naturwissenschaftlichen Wertfreiheit heute in den Umweltwissenschaften revidiert werden muß, bildet die Motivation und den Rahmen der Untersuchungen, die in diesem Buch vorgestellt werden.

Das vorliegende Buch beruht auf der Dissertation, die ich von 1991 bis 1996 an der Abteilung für Umweltnaturwissenschaften der Eidgenössischen Technischen Hochschule (ETH) Zürich durchgeführt habe, und auf meiner weiteren Beschäftigung mit dem Problem der Chemikalienbewertung während meiner Tätigkeit in der Gruppe „Sicherheit und Umweltschutz in der Chemie" am Laboratorium für Technische Chemie der ETH Zürich.

Um das Problem der Wertfreiheit zu diskutieren, habe ich mich auf eine umweltethische Argumentation gestützt und sie mit der umweltchemischen Untersuchung von Chemikalien verbunden. Daher umfaßt dieses Buch mit Umweltchemie und Ethik zwei Bereiche, die i. a. getrennt behandelt werden. Neben spezifischen Fragen aus beiden Gebieten steht hier die Frage im Vordergrund, wie sich Umweltchemie und Ethik, d. h. die naturwissenschaftliche Beschreibung und die ethische Bewertung von Chemikalienexpositionen, miteinander verbinden lassen.

Schon in jedem einzelnen der beiden Gebiete gibt es heute einen umfangreichen Bestand an Literatur, und im Rahmen eines einzelnen Buches ist es nicht möglich, einen vollständigen Überblick über beide Gebiete zu geben. Das Literaturverzeichnis hat somit keinen Anspruch auf Vollständigkeit, sondern die Literaturangaben sollen einerseits die Quellen für konkrete Daten und Aussagen bezeichnen und andererseits einen Einstieg in die angesprochenen Themen ermöglichen, so daß man selbst weitere Arbeiten aufsuchen kann. Ein Glossar am Ende des Buches erläutert die wichtigsten Begriffe aus beiden Teilbereichen.

Das Buch wendet sich zum einen an Naturwissenschaftlerinnen und Naturwissenschaftler, die im Bereich der Chemikalienbewertung arbeiten oder sich sonst mit der Bewertung anthropogener Umweltveränderungen beschäftigen. Es enthält konkrete neue Vorschläge zur Chemikalienbewertung und soll darüber hinaus zur Diskussion über Werturteile in der Umweltforschung anregen. Zweitens richtet es sich an Human- und Geisteswissenschaftler, die sich für die konkrete Umsetzung ethischer Kriterien in der Umweltforschung interessieren. In diesem Sinn soll das Buch auch zur stärkeren Verbindung zwischen humanwissenschaftlicher und naturwissenschaftlicher Umweltforschung beitragen.

Ich möchte an dieser Stelle allen meinen Dank aussprechen, ohne deren vielfältige Unterstützung dieses Buch nicht zustande gekommen wäre. Prof. Dr. Konrad Hungerbühler danke ich für neue Einblicke in die Praxis der Chemikalienbewertung, für anregende Diskussionen über die „Chemie der kurzen Reichweiten" und für die Möglichkeit, dieses Buchprojekt in seiner Arbeitsgruppe zu verwirklichen.

Prof. Dr. Ulrich Müller-Herold und Dr. Marco Berg danke ich für die enge Zusammenarbeit bei der grundsätzlichen Ausarbeitung des Reichweiten-Konzepts und für wertvolle Anregungen zu den hier dargestellten Überlegungen.

PD Dr. Gertrude Hirsch verdanke ich wertvolle Beiträge und Strukturierungsvorschläge zum normativen Teil des Reichweiten-Konzeptes sowie zum Glossar.

Ausdrücklich danken möchte ich Jochen Jaeger für den langjährigen und fruchtbaren Austausch und für seine konkreten Anregungen, die an vielen Stellen in dieses Buch eingeflossen sind.

Mit Kathrin Fenner, Fabio Wegmann und Dr. Hermann Held konnte ich wertvolle Diskussionen über umweltchemische Modelle und ihre Weiterentwicklung führen; ich danke ihnen für Anmerkungen zum Text und für ihre Beiträge zum Modellkapitel.

Viele hilfreiche Kommentare und Hinweise auf Literatur verdanke ich Almut Beck, Dr. Beate Escher, Dr. Michael Esfeld, Peter Flückiger, Dr. Patrick Hofstetter, Christina Jahn, Prof. Dr. Bernd Jastorff, Dr. Stephan Lienin, PD Dr. Karin Mathes, Prof. Hans Primas, Annemarie Scheringer, Isabel Scheringer, Jürg Schmidli, Prof. Dr. René Schwarzenbach, PD Dr. Hansjörg Seiler, Prof. Dr. Gerd Weidemann, Dr. André Weidenhaupt und Prof. Dr. Gerd Winter.

Für wichtige Anregungen danke ich auch den Teilnehmern des SETAC-Workshops *Criteria for Persistence and Long-Range Transport of Chemicals in the Environment* (14.–19. Juli 1998), insbesondere den Mitgliedern der Arbeitsgruppe „*Persistence in Multimedia Models*", Prof. Dr. Michael Matthies, Prof. Dr. Tom McKone,

Dr. Tom Parkerton, Dr. Richard Purdy, Dr. Dik van de Meent, Dr. Frank Wania, sowie Prof. Dr. Donald Mackay.

Ausdrücklicher Dank gebührt Dr. Pitt Funck für seine Hilfe bei der typographischen Gestaltung mit L^AT_EX. Dr. Christina Dyllick und Claudia Grössl von Wiley-VCH danke ich für ihre Unterstützung bei der Realisierung dieses Buches.

Meiner Frau Dr. Beatrix Falch verdanke ich viele inhaltliche Beiträge zum Reichweiten-Konzept. Ich widme ihr dieses Buch und danke ihr herzlich für ihre Geduld und Unterstützung während seiner Fertigstellung.

Martin Scheringer   Zürich, im Januar 1999

Inhalt

Vorwort   **VII**

1 Eine Verbindung zwischen Umweltchemie und Ethik   **1**
    1.1 Zu viele Daten – zu wenig Daten? 1
    1.2 Beschreibung und Bewertung 4
    1.3 Gliederung und Überblick 7

2 Offene Probleme bei der Bewertung von Umweltchemikalien   **9**
    2.1 Frühe Umweltbelastungen durch chemische Produktion 9
    2.2 Chlorierte Kohlenwasserstoffe als Universalchemikalien 10
    2.3 Umweltchemikalien 14
    2.4 Schwierigkeiten bei der Bewertung 17

3 Überkomplexität und normative Unbestimmtheit von Umweltsystemen   **23**
    3.1 Zur Entstehung und Funktion von Schadensbegriffen 23
    3.2 Bewertungsprobleme 26
    3.3 Überkomplexität 28
       3.3.1 Umweltsysteme 28
       3.3.2 Technische Systeme 30
       3.3.3 Wissenschaftstheoretische und praktische Konsequenzen . . . 31
    3.4 Normative Unbestimmtheit 34
       3.4.1 Ökologie und Ethik? 34
       3.4.2 Normative Unbestimmtheit: Begründungen 38
    3.5 Zusammenfassung 43

4 Umweltchemikalien, Reichweite und ökologische Gerechtigkeit   **45**
    4.1 Zum Problem des Werturteils in naturwissenschaftlichen Untersuchungen 46
    4.2 Gerechtigkeitsprinzipien und ihre Anwendung auf Umweltprobleme . 49
       4.2.1 Das Operationalisierungs-Problem 50
       4.2.2 Körperliche Integrität als Indikator 52
       4.2.3 Indikatoren zur Messung einer nachhaltigen Entwicklung . . 53
       4.2.4 Syndrome des Globalen Wandels 55
       4.2.5 Gerechtigkeitsprinzipien und Reichweite 58

	4.3	Räumliche Reichweite bei mehreren Emittenten	62
		4.3.1 Kombinierte räumliche Reichweite	62
		4.3.2 Normativer Bezug	64

5 Persistenz und Reichweite als Maße für Umweltgefährdung — 69
    5.1 Umweltgefährdung und Umweltschaden 69
    5.2 Methodische Konsequenzen 72
        5.2.1 Prävention 72
        5.2.2 Komplexitätsreduktion 73
        5.2.3 Trennung von Reichweite und Emissionsmenge 75
    5.3 Zwischenbilanz und Diskussion 77
        5.3.1 Inhalte und Ziele 77
        5.3.2 Grenzen 79
        5.3.3 Mögliche Mißverständnisse 80

6 Quantitative Bestimmung von Persistenz und Reichweite — 83
    6.1 Zeitlicher und räumlicher Konzentrationsverlauf 83
        6.1.1 Bestehende Persistenz-Definitionen 83
        6.1.2 Räumlicher Konzentrationsverlauf 84
        6.1.3 Konzentration und Exposition 86
    6.2 Emissionsszenarien 87
    6.3 Definitionen von Persistenz und Reichweite 88
        6.3.1 Verteilungsmaßzahlen 88
        6.3.2 Persistenz 90
        6.3.3 Räumliche Reichweite 91
        6.3.4 Emissionen aus mehreren Quellen 100
        6.3.5 Zusammenfassung 101

7 Modellrechnungen für Persistenz und Reichweite — 103
    7.1 Evaluative Modelle und Simulationsmodelle 104
    7.2 Evaluative Modelle ohne Transport 108
    7.3 Evaluative Modelle mit Transport 110
        7.3.1 Klimazonenmodell 111
        7.3.2 Ringmodell 112
    7.4 Halbflüchtige Chlorkohlenwasserstoffe: *Persistent Organic Pollutants* 120
        7.4.1 Umweltchemische Befunde und umweltpolitische Bedeutung 120
        7.4.2 Modellrechnungen 122
        7.4.3 Interpretation der Resultate 126
    7.5 Stoffvergleich mittels Persistenz und Reichweite 132
        7.5.1 Graphische Darstellung der Modellresultate 132
        7.5.2 Aussagekraft der Resultate 135
    7.6 Räumliche Reichweite bei mehreren Emittenten 137

8 Folgerungen für die Bewertung von Umweltchemikalien — 141
8.1 Expositionsgestützte und wirkungsgestützte Chemikalienbewertung . 141
8.1.1 Vorgehensweise — 141
8.1.2 Anwendungsbereiche — 146
8.2 Risiko oder Vorsorge? — 148
8.3 Umweltwissenschaftliche und chemiepolitische Ziele — 151
8.3.1 Umweltchemie — 151
8.3.2 Weitere Verteilungsfragen — 152
8.3.3 Toxikologie und Ökotoxikologie — 153
8.3.4 Chemiepolitik — 154

A Mathematische Struktur des Ringmodells — 159
A.1 Übertritt zwischen den Kompartimenten — 159
A.1.1 Diffusive Prozesse — 160
A.1.2 Advektive Prozesse — 162
A.2 Transport in Wasser und Luft — 164
A.3 Kombination aller Prozesse — 165
A.3.1 Abbau und Transport innerhalb eines Kompartiments — 165
A.3.2 Abbau, Transport und Übertritt zwischen den Kompartimenten — 166
A.4 Vorgehensweise bei der Berechnung von R und τ — 167
A.4.1 Berechnung der Exposition — 167
A.4.2 Berechnung der Persistenz — 168
A.4.3 Berechnung der Reichweite — 169

B Glossar — 171

Literatur — 179

Register — 205

Kapitel 1

Eine Verbindung zwischen Umweltchemie und Ethik

1.1 Zu viele Daten – zu wenig Daten?

Umweltchemikalien sind seit den 50er Jahren ein wissenschaftliches und umweltpolitisches Thema. Eine breite öffentliche Diskussion setzte 1962 mit dem Erscheinen von Rachel Carsons Buch *Silent Spring* ein (Carson 1962). In *Silent Spring* hat die Biologin Rachel Carson die schwerwiegenden Wirkungen dargestellt, die neue Pestizide wie DDT nach ihrer großflächigen Anwendung in den USA bei einer Vielzahl von Lebewesen ausgelöst hatten. Mit der Vision des stummen Frühlings, in dem keine Vögel mehr singen, keine Bienen mehr fliegen und die Pflanzen am Straßenrand braun und welk am Boden liegen, löste *Silent Spring* starke Reaktionen aus. Unmittelbar nach seinem Erscheinen kam es zu heftigen Kontroversen, und die amerikanische chemische Industrie startete eine regelrechte Kampagne gegen das Buch und auch gegen Carsons Person (Hynes 1989, S. 115ff.). Über diese erste Debatte hinaus hat das Buch dann wesentlich dazu beigetragen, daß Ende der 60er Jahre eine Reihe von Pestiziden, am prominentesten davon DDT, in Europa und den USA verboten wurden, daß in den USA die *Environmental Protection Agency*, EPA, ins Leben gerufen wurde (Marco *et al.* 1987, S. XV), und daß der integrierte Pflanzenschutz, *Integrated Pest Management*, entwickelt wurde (Van Embden u. Peakall 1996). Weiterhin hat *Silent Spring* eine bis heute andauernde Auseinandersetzung mit dem Einsatz von Pestiziden ausgelöst, die mittlerweile von allen Akteuren, auch der chemischen Industrie, mitgetragen wird.[1]

Auch über den Bereich der Pestizide hinaus hat sich seit dem Erscheinen von *Silent Spring* vieles geändert: Für FCKW wurden Ersatzstoffe eingeführt; phosphatfreie und deutlich wirksamere Waschmittel wurden entwickelt; für Lösungsmittel wurden die Rückhaltetechniken z. B. in der chemischen Reinigung stark verbessert; Papier wird chlorfrei gebleicht, und zahlreiche Farben und Lacke werden heute auf Wasserbasis hergestellt, um nur einige Beispiele zu nennen. In vielen Ländern und in der EU wurden umfangreiche gesetzliche Regelungen für die Registrierung von

---

1. „American industry independently and in response to her [R. Carson's] challenge is now engaged in scientific research and development that no one in the 1960s would have reasonably envisaged." (Marco *et al.* 1987, S. 166).

Chemikalien eingeführt, und in Wissenschaft, Verwaltung und Industrie haben sich standardisierte Verfahren zur Chemikalienbewertung etabliert.

Andererseits haben sich neue Problemfelder eröffnet wie z. B. die hormonähnliche Wirkung verschiedener Chemikalien, und zudem hat bei allen Verbesserungen in einzelnen Bereichen die Vielfalt und Menge der Stoffe, die in die Umwelt freigesetzt werden, zugenommen. Gleichzeitig ist der Bestand des naturwissenschaftlichen Wissens über die Auswirkungen von Chemikalien in der Umwelt sehr stark angewachsen. Die Vielzahl der Chemikalien, die Vielzahl der betroffenen Organismen und Ökosysteme und der darin ablaufenden Prozesse führt zu einer stetigen Zunahme der Befunde.

Dennoch fehlen in vielen Fällen immer noch Daten für die Beurteilung von Chemikalien, so daß man, zugespitzt formuliert, sagen kann: Es besteht gleichzeitig Datenüberfluß und Datenmangel. Diese uneindeutige Datenlage führt dazu, daß immer wieder kontrovers darüber diskutiert wird, wie schwerwiegend Umweltbelastungen durch Chemikalien eigentlich einzuschätzen sind, worin geeignete Maßnahmen zur Verminderung solcher Umweltbelastungen bestehen können, und wie dringlich solche Maßnahmen sind.

Daran zeigt sich, daß naturwissenschaftliche Fakten allein nicht für sich sprechen und auch keine hinreichenden Entscheidungsgrundlagen bilden. In dieser Situation ist es das Ziel der vorliegenden Studie, naturwissenschaftliche Resultate und Methoden aus der Umweltchemie mit einer ethischen Argumentation zu kombinieren.[2] Dadurch soll ein stärkerer Bezug zwischen der naturwissenschaftlichen Beschreibung von Umweltveränderungen einerseits und ihrer nicht-naturwissenschaftlichen Bewertung andererseits hergestellt werden. Ein stärkerer Bezug zwischen Beschreibung und Bewertung, so die Hauptthese dieses Buches, macht die Beurteilung von Umweltveränderungen transparenter und effizienter, und er verbessert ihre normative Grundlage.

Da das Feld sehr umfangreich ist, ist eine Eingrenzung hinsichtlich der betrachteten Stoffe und Methoden erforderlich. Ursprünglich wurden Umweltprobleme der Chemie an der Produktion, an den „rauchenden Schornsteinen" festgemacht. Das heutige Problem der Umweltchemikalien betrifft jedoch weniger die chemische Produktion als die chemischen Produkte, die während und nach dem Gebrauch in die Umwelt gelangen; sie übertreffen die Emissionen aus der Produktion bei weitem und werden heute (neben den zu deponierenden Abfällen) als die eigentlichen Emissionen der chemischen Industrie angesehen (Weise 1991; Ballschmiter 1992, S. 504; Ayres 1998). Es handelt sich dabei um eine Vielzahl von Gebrauchschemikalien wie Lösungsmittel; Waschmittelinhaltsstoffe; Textilchemikalien; Kunststoff-Zusätze wie Antioxidantien, Stabilisatoren und Weichmacher; Medikamente wie z. B. Antibiotika; Anstrichstoffe sowie Düngemittel und Pestizide.[3]

---

2. Hier steht die ethische Bewertung im Vordergrund; ebenso relevant sind aber auch rechtliche und ökonomische Bewertungen. Zur rechtlichen Bewertung vergleiche man z. B. Winter (1995).

3. Von diesen ausgewählten Stoffgruppen werden zur Zeit pro Jahr etwa folgende Mengen verbraucht: 2 Mio. Tonnen aktive Pestizid-Wirkstoffe (1993 weltweit), 3 Mio. Tonnen Lösungs-

Im folgenden werden hier vor allem unpolare organische Substanzen wie Lösungsmittel und halbflüchtige chlorierte Kohlenwasserstoffe wie z. B. polychlorierte Biphenyle (PCB) näher betrachtet. Nicht untersucht werden Düngemittel, oberflächenaktive oder komplexbildende Stoffe, saure Gase wie SO_x, NO_x und CO_2, Schwermetalle und Salze. Diese Einschränkung ist vor allem wegen des in Kapitel 7 verwendeten Modells notwendig, das sich nur auf unpolare organische Substanzen anwenden läßt. Die grundsätzlichen Überlegungen zur Bewertungsproblematik beziehen sich jedoch auf alle Stoffgruppen und vielfach noch allgemeiner auf „anthropogene Umweltveränderungen".

Bei den Methoden zur Chemikalienbewertung wird hier vor allem auf die Risikobeurteilung für *neue Stoffe* mit den Schritten Expositionsanalyse und Wirkungsanalyse Bezug genommen, wie sie u. a. dem *Technical Guidance Document* (TGD) der EU oder der schweizerischen Stoffverordnung zugrundeliegt. Neue Stoffe sind alle Stoffe, die seit dem 18.9.1981 auf den Markt gebracht wurden; ca. 100 000 *Altstoffe* waren bereits vor diesem Datum im Gebrauch (aufgelistet im *European Inventory of Existing Commercial Chemicals*, EINECS). Eine Auswahl dieser Altstoffe soll im Rahmen des EU-Altstoffprogramms beurteilt werden; bisher wurden allerdings nur zehn dieser Bewertungen abgeschlossen (EEA 1998, S. 9). Über 200 Altstoffe wurden mittlerweile vom Beratergremium für umweltrelevante Altstoffe der GDCh bewertet (BUA 1986).

Als ein umfassenderes Instrument zur Bewertung chemischer Produkte hat auch die Ökobilanz oder Lebenswegbilanz (*Life Cycle Assessment*, LCA) eine zunehmende Bedeutung erlangt. Die Risikobeurteilung für einzelne Stoffe ist nämlich nur ein erstes Element in der umfassenden Bewertung chemischer Produkte; eine Ökobilanz umfaßt über die toxikologisch orientierte Risikobeurteilung hinaus alle Schritte von der Rohstoffgewinnung über die Produktionsprozesse und die Nutzung des Produkts einschließlich Recycling bis zu seiner Entsorgung durch Deponierung oder Verbrennung.[4] Dabei sind zusätzlich zum betrachteten Produkt selbst auch

---

mittel (nur Westeuropa, 1995), 112 000 Tonnen Textilhilfsstoffe (Produktion in Deutschland 1992), 800 000 Tonnen Farbstoffe (weltweiter Verbrauch, annähernd konstant seit 1974), 1.2 Mio. Tonnen Kunststoffadditive (weltweit 1990), 1 Mio. Tonnen Weichmacher, davon 85% Phthalate (nur Westeuropa), 15 Mio. Tonnen Seifen, Tenside etc. (weltweit), 30 000 Tonnen Antibiotika (weltweit 1994), 5 000 Tonnen Enzyme (weltweit 1990). Alle Angaben nach Ullmann, 5. Auflage (1985–1996) und Kirk-Othmer, 4. Auflage (1991–1998).

Insgesamt wurde die weltweite Produktion an organischen Chemikalien von 5 Mio. Tonnen im Jahr 1950 auf ca. 250 Mio. Tonnen im Jahr 1985 gesteigert (Korte 1987, S. 6). Erhebliche Anteile dieser Stoffmengen gelangen in die Umwelt, wo sie jedoch nicht mehr „verarbeitet" werden können:

„Die globale Allgegenwart vieler anthropogener Chemikalien ist in den letzten 50 Jahren Realität geworden. (...) Selbst der mikrobiologische Abbau (...) zeigt die Grenzen seiner Möglichkeiten auf: sonst hätten die Weltmeere nicht in wenigen Jahrzehnten leicht nachweisbare Mengen eines komplexen Musters von Xenobiotica akkumulieren können." (Ballschmiter 1992, S. 525f.)

4. Zur LCA-Methodik vergleiche man z. B. Consoli *et al.* (1993), Curran (1993), White u. Shapiro (1993), Nash u. Stoughton (1994), Barnthouse *et al.* (1997), Hulpke (1998), Hungerbühler *et al.* (1998), Hofstetter (1998).

alle weiteren an seinem Lebenszyklus beteiligten chemischen Substanzen sowie der Wasser-, Energie- und Materialverbrauch zu bewerten. Bei der Bewertung eines solchen vielstufigen und vielfach rückgekoppelten Systems aus Stoff- und Energieflüssen müssen verschiedene Gesundheitsrisiken, Umweltbelastungen, Kostenfaktoren etc. berücksichtigt, bewertet und verglichen werden. Im einzelnen sind die Schritte (1) Zieldefinition (*Goal and Scope Definition*), (2) Inventarisierung (*Life Cycle Inventory*), (3) Wirkungsbeurteilung (*Life Cycle Impact Assessment*) und (4) Interpretation zu unterscheiden (Consoli *et al.* 1993, ISO 1997).

Im Schritt *Life Cycle Impact Assessment* stützt sich die Ökobilanz auf verschiedene Verfahren zur Einzelstoffbewertung, z. B. für die Wirkungskategorien Treibhauswirkung, Ozonabbaupotential, Versauerungspotential oder Human- und Ökotoxizität. Das *Life Cycle Impact Assessment* ist noch bei weitem nicht ausgereift (Owens 1997), sondern kann von Neuansätzen bei der Stoffbewertung erheblich profitieren. In diesem Sinne ist das hier entwickelte Reichweiten-Konzept auch als ein Impuls zur Weiterentwicklung der Stoffbewertung in der Ökobilanz zu verstehen.

1.2 Beschreibung und Bewertung

Damit im folgenden keine Mißverständnisse hinsichtlich der Bedeutung des Begriffs „Bewertung" auftreten, werden zunächst vier verschiedene Bewertungsformen unterschieden, die im Kontext der Chemikalienbewertung verwendet werden:

1. *Naturwissenschaftliche Bewertung oder Wertzuweisung:* Diese erste Form entspricht dem naturwissenschaftlichen Verständnis des Begriffs „Bewertung". Ein Stoff wird bewertet, indem ihm Zahlenwerte einer gegebenen physikalischen, chemischen oder toxikologischen Meßgröße zugeordnet werden. Verschiedene Substanzen können dann hinsichtlich dieser Größe verglichen werden. Die Meßgröße kann, muß aber nicht auf eine im Hintergrund stehende ethische Norm bezogen sein; so hat z. B. die Maximale Arbeitsplatz-Konzentration (MAK-Wert) Bezug zur körperlichen Integrität als schützenswertes Gut, während der Dampfdruck keinen solchen normativen Bezug besitzt.

2. *Relevanzeinschätzung:* Im Gegensatz zur ersten Frage – welcher Wert einer gegebenen Meßgröße ist einer Substanz zuzuordnen? – geht es hier um die Frage, hinsichtlich *welcher* Meßgröße eine Substanz bewertet werden soll.
   Über die unmittelbare naturwissenschaftliche Bedeutung hinaus haben viele Meßgrößen eine wertende Bedeutung, die jedoch meistens implizit ist und bei der Verwendung der Meßgrößen als Schadensindikatoren nicht angesprochen wird. Die Relevanz, die ein Indikator für die Umweltdebatte hat, hängt u. a. davon ab, was er über den naturwissenschaftlich zu verstehenden Zahlenwert hinaus besagt. Bei dieser zweiten Bewertungsform wird somit die *wertende Aussagekraft* naturwissenschaftlicher Indikatoren wie z. B. Toxizität, Treibhauspotential oder Persistenz beurteilt. Auf dieser Grundlage können dann die für ein bestimmtes Problem relevanten Meßgrößen ausgewählt werden.

3. *Normatives Urteil:* Vor dem Hintergrund eines Werturteils oder einer ethischen Norm wird beurteilt, ob ein Sachverhalt, z. B. eine Chemikalienexposition und ihre Folgen, einen Wert wie z. B. ein Rechtsgut oder einen moralischen oder ästhetischen Wert beeinträchtigt oder fördert. Damit zwischen Norm und Sachverhalt eine Beziehung hergestellt werden kann, werden geeignete Indikatoren benötigt. Solche Indikatoren bilden einerseits die Dimensionen, in denen der Sachverhalt beschrieben wird, und andererseits die Kriterien, mit deren Hilfe der Sachverhalt hinsichtlich der Norm beurteilt wird.

4. *Umfassende Güterabwägung:* Verschiedene Güter und Güterbeeinträchtigungen, die ihrerseits bereits im Sinne eines normativen Urteils bewertet wurden, werden gegeneinander abgewogen, z. B. in Form einer Kosten-Nutzen-Kalkulation. Dies ist die umfassendste Bedeutung des Begriffs „Bewertung". Güterabwägungen bilden die Grundlage für eine Entscheidung über Maßnahmen.

Im folgenden wird der Begriff „Bewertung" überwiegend mit der dritten Bedeutung (normatives Urteil über Umweltveränderungen) und in einigen Fällen mit der zweiten Bedeutung (Relevanzeinschätzung von Indikatoren) verwendet.

Ausgangspunkt für das hier vorgestellte Konzept zur Chemikalienbewertung ist nun das zu Beginn erwähnte Dilemma aus ungenügendem Wissen einerseits und Datenüberfluß andererseits:

- Obwohl mittlerweile eine Fülle von naturwissenschaftlichen Befunden zur Verfügung steht, scheint bei vielen Umweltproblemen immer noch keine genügende Grundlage für eine Bewertung zu bestehen.[5]

- Gleichzeitig ist die Menge der zur Bewertung anstehenden Befunde so umfangreich und uneinheitlich geworden, daß sie nahezu beliebig viele, auch widersprüchliche Folgerungen zuläßt und dadurch das Bewertungsverfahren lähmt, was zum sog. „Gutachtendilemma" geführt hat (Wandschneider 1989; Hösle 1991, S. 83; Lübbe 1997).

Es stellt sich also die Frage, wie der Bedarf für neue Daten besser definiert werden kann als bisher, und wie die bereits vorhandene Datenmenge sinnvoll strukturiert werden kann. Datenmangel und Datenüberfluß sind zwei Aspekte desselben Problems: Es gibt bislang keine genügend klaren Leitlinien für die Datenerhebung im Hinblick auf die Bewertung der Daten. Der Ansatz, mit dem dieses Problem hier ein Stück weit entschärft werden soll, besagt:

Nur wenn die naturwissenschaftliche Beschreibung und die ethische (oder rechtliche) Bewertung von Umweltveränderungen von Beginn an aufeinander

---

5. „Auch in absehbarer Zeit dürfte eine zuverlässige Abschätzung der Folgen sämtlicher Stoff-Einträge in die Umwelt kaum möglich sein – zu groß sind die unkalkulierbaren Sprünge, zu komplex die Wechselwirkungen und Rückkoppelungsmechanismen. Von einigen Stoffen ist noch nicht einmal die genaue chemische Zusammensetzung bekannt." (Wuppertal-Institut 1996, S. 43)

bezogen sind und gemeinsam erarbeitet werden, wird sich die Vielfalt der naturwissenschaftlichen Fakten einerseits und der umweltpolitischen Argumente und Positionen andererseits für die Umweltdebatte fruchtbar machen lassen.

Wie dieser explizite Bezug zwischen Beschreibung und Bewertung hergestellt werden kann, wird konkret an den Indikatoren „räumliche und zeitliche Reichweite" gezeigt, die im folgenden mit R (Raum) und τ (Zeit) bezeichnet werden. Die zeitliche Reichweite τ entspricht der Persistenz oder Lebensdauer von Umweltchemikalien, die in der Umweltchemie seit ca. 25 Jahren als Bewertungskriterium verwendet wird. Die räumliche Reichweite R wurde bisher nicht verwendet; sie wird hier als Ergänzung der Persistenz für die Raumdimension eingeführt. Sie beschreibt die Größe des Bereichs, über den sich ein Stoff nach seiner Freisetzung in die Umwelt verteilt.

Indikatoren wie R und τ bilden ein Bindeglied zwischen Beschreibung und Bewertung: Einerseits sind sie naturwissenschaftliche Meßgrößen, in denen viele Einzelbefunde zum Umweltverhalten von Chemikalien gebündelt werden. Andererseits haben sie eine anschauliche Bedeutung, mit der sie auch außerhalb der Umweltchemie verwendet werden. Verwendet wird der Begriff „Reichweite", wie in Kapitel 4 ausführlicher dargestellt, z. B. in philosophischen Überlegungen zum Problem, daß einerseits Dauer und Ausmaß – eben die „Reichweite" – der Folgen von technischen Handlungen und andererseits der Bereich, den die handelnden Akteure in ihrer Verantwortung sehen, immer stärker auseinanderklaffen. Dieses Problem ist ein ethisches Problem, denn es betrifft die Frage nach zulässigen oder unzulässigen bzw. wünschenswerten oder zu vermeidenden Handlungen und nach den Entscheidungskriterien dafür.[6]

Dementsprechend geht es konkret darum, die Indikatoren R und τ einerseits als naturwissenschaftliche Meßgrößen auszuarbeiten, also Verfahren für ihre Berechnung oder Messung anzugeben und die Resultate in übersichtlicher und verwertbarer Form darzustellen. Andererseits müssen die Indikatoren in Bezug zu bestimmten „normativen Prinzipien" gesetzt werden; dies sind hier vor allem Gerechtigkeitsprinzipien. Dadurch wird diesen Prinzipien eine konkrete Interpretation zugeordnet. Es ist zu betonen, daß der hier vorgestellte Ansatz *eine* mögliche Konkretisierung von Gerechtigkeitsprinzipien für die Umweltdebatte ist. Darüber hinaus ist es notwen-

---

6. Die Verknüpfung zweier verschiedener wissenschaftlicher Bereiche wie Umweltchemie und Ethik ist charakteristisch für *transdisziplinäre* Forschung. Man vergleiche dazu Mittelstraß (1993, S. 27): „Mit Transdisziplinarität ist (...) im Sinne wirklicher Interdisziplinarität Forschung gemeint, die sich aus ihren disziplinären Grenzen löst, die ihre Probleme disziplinenunabhängig definiert und disziplinenunabhängig löst."
Ähnlich heißt es bei Jaeger u. Scheringer (1998, S. 24): „Bei Transdisziplinarität ist das erkenntnisleitende Interesse unabhängig von disziplinären Erkenntniszielen auf die wissenschaftliche Bearbeitung lebensweltlicher Probleme ausgerichtet. Die eingesetzten Methoden können neu entwickelt oder aus ihren ursprünglichen disziplinären Kontexten herausgelöst und auf neue Fragen übertragen werden. Dabei können Methoden miteinander kombiniert werden, die ursprünglich für sehr unterschiedliche Erkenntnisinteressen entwickelt worden sind."

dig, die Prinzipien für andere Indikatoren und Anwendungsfälle ebenfalls konkret zu interpretieren und umzusetzen.

1.3 Gliederung und Überblick

In Kapitel 2 wird am Beispiel der halogenierten Kohlenwasserstoffe beschrieben, wie sich die Problematik der Umweltchemikalien seit den 40er Jahren entwickelt hat, und die derzeit verwendete Methodik zur Chemikalienbewertung wird im Hinblick auf das Dilemma von Datenmangel und Datenüberschuß diskutiert.

In Kapitel 3 wird grundsätzlicher auf die Bewertung von Umweltveränderungen eingegangen. Dabei wird zunächst untersucht, inwieweit die Kategorie des *Schadens* für die Bewertung von Umweltveränderungen geeignet ist. Anschließend werden aus Resultaten der ökologischen Forschung grundsätzliche Beschränkungen abgeleitet, denen die Beschreibung und die Bewertung von Umweltveränderungen unterliegen. Im Zentrum steht dabei die Komplexität von Ökosystemen, und die Begriffe „Überkomplexität" und „normative Unbestimmtheit von Umweltsystemen" werden eingeführt.

In Kapitel 4 wird aus diesen Resultaten der Schluß gezogen, daß die Aussagekraft naturwissenschaftlicher Befunde in der Umweltdebatte umso größer ist, je besser die Erhebung der Befunde mit explizit herangezogenen normativen Prinzipien abgestimmt ist. Dies besagt: Die Erhebung und die Bewertung wissenschaftlicher Befunde sollten nicht als zwei isolierte Schritte nacheinander durchgeführt werden, sondern bereits *vor* der Erhebung der Befunde sollten normative Prinzipien berücksichtigt werden, die für das betrachtete Umweltproblem relevant sind. Indem diese Prinzipien – neben den Eigenschaften des untersuchten Umweltsystems – explizit in die Auswahl oder Neuformulierung der Indikatoren einbezogen werden, bestimmen sie die Relevanz und Aussagekraft der erhobenen Befunde mit.

Im Sinne dieser These werden hier Gerechtigkeitsprinzipien wie die Goldene Regel und das Verursacherprinzip als normativer Bezugspunkt der Indikatoren R und τ verwendet.[7] Diese Prinzipien ermöglichen die Bewertung von Chemikalienbelastungen, wenn man sie auf die Frage anwendet, inwiefern Chemikalienemittenten einerseits einen Nutzen aus dem Chemikaliengebrauch ziehen, während andererseits die Nebenfolgen räumlich und zeitlich ausgelagert werden. Persistenz und Reichweite beschreiben die räumliche und zeitliche Ausdehnung von Chemikalienexpositionen und dienen damit dem Zweck, solche Personen oder Parteien zu identifizieren, die von räumlich und zeitlich ausgelagerten Nebenfolgen einer Chemikalienfreisetzung betroffen sind.

Nach diesen ethischen und methodischen Überlegungen bildet Kapitel 5 den Übergang zur Umweltchemie: Am Beispiel der FCKW, die sehr langlebig sind und

---

7. Die Goldene Regel – „Was du nicht willst, das man dir tu', das füg' auch keinem andern zu" – drückt aus, daß man keine Vorteile beanspruchen soll, die man anderen nicht ebenfalls zugesteht, und umgekehrt niemandem Lasten aufbürden soll, die man nicht selbst auch akzeptieren würde.

sich global verteilen, wird illustriert, wie Persistenz und Reichweite bestimmt werden und welche Eigenschaften sie haben. Neben dem normativen Bezug ist bei der Einführung der Indikatoren R und τ die Unterscheidung zwischen Einwirkungen und Auswirkungen wesentlich. Einwirkungen kommen durch Einwirkungsfaktoren wie Lärm, Hitze, Druck und Chemikalien zustande, die in die Umwelt freigesetzt werden und sich in charakteristischer Weise verteilen, während Auswirkungen die Reaktionen von Organismen und Ökosystemen auf solche Einwirkungen sind. Negativ bewertete Auswirkungen sind Schäden, während Einwirkungen als Gefährdungen, d.h. als eine Vorstufe von Schäden, bewertet werden können.[8] Da die Indikatoren R und τ stoffspezifische Größen sind, die aus der Verteilungsdynamik von Umweltchemikalien berechnet werden, sind sie auf der Ebene der Einwirkungen angesiedelt. Dementsprechend sind sie Maßzahlen für Umweltgefährdungen, liefern jedoch keine Informationen über Umweltschäden. Die Vorteile und Begrenzungen einer solchen Stoffbeurteilung anhand von R und τ werden erörtert.

In Kapitel 6 wird dargestellt, welche Berechnungsmethoden verwendet werden können, um R und τ quantitativ zu bestimmen. Kapitel 7 enthält einen Vergleich verschiedener Modelle, mit denen das Umweltverhalten von Chemikalien abgeschätzt werden kann. Diese Modelle gehören zur Gruppe der sogenannten *Unit-World*-Modelle oder Fugazitätsmodelle. Nach dem Überblick über diesen Modelltyp wird ein neuentwickeltes Modell näher vorgestellt, mit dessen Hilfe R und τ für eine Gruppe von organischen Umweltchemikalien berechnet werden, so daß diese Stoffe nach R und τ klassifiziert werden können. Insbesondere wird auch auf das Problem der *Persistent Organic Pollutants* (POPs, z.B. polychlorierte Biphenyle und DDT) eingegangen, die zur Zeit Gegenstand internationaler Verhandlungen sind. Für die Beurteilung von POPs werden vor allem Kriterien benötigt, die die Persistenz und den weiträumigen Transport der Substanzen erfassen; dies ist ein Zweck, für den die Indikatoren R und τ gut geeignet sind.

In Kapitel 8 wird das Reichweiten-Konzept in das Instrumentarium bestehender Methoden zur Chemikalienbewertung eingeordnet, und die verschiedenen Ansätze werden zu einem systematischen Verfahren kombiniert. Schließlich wird ein Ausblick gegeben, wie sich die Chemikalienbewertung in Zukunft entwickeln könnte und welche Formen der Chemikaliennutzung aus der Perspektive des Reichweiten-Konzepts wünschenswert wären.

Die Quintessenz der hier vorgestellten Überlegungen können eilige Leser aus diesem Einführungskapitel und dem Schlußkapitel entnehmen. Wer sich vor allem für die normativen, begrifflichen und wissenschaftstheoretischen Fragen des Reichweiten-Konzepts interessiert, findet diese in den Kapiteln 2 bis 5. Die Kapitel 6 und 7 enthalten den umweltchemischen Teil, in dem auch technische Fragen zur Berechnung von Persistenz und Reichweite und zur Modellierung des Umweltverhaltens von Chemikalien behandelt werden und der daher nicht ganz frei von mathematischen Ausdrücken ist.

---

8. Zur Abgrenzung des Begriffs „Gefährdung" gegenüber „Gefahr" und „Risiko" s. Kapitel 5, S. 74.

Kapitel 2

Offene Probleme bei der Bewertung von Umweltchemikalien

2.1 Frühe Umweltbelastungen durch chemische Produktion

Zur Illustration, wie mit den ersten Umweltbelastungen durch die industrielle Chemikalienproduktion umgegangen wurde, sei hier das Leblanc-Verfahren zur Gewinnung von Soda angeführt (dargestellt nach Sieferle (1988, S. 17–21)). Mit Hilfe des 1787 entwickelten Leblanc-Verfahrens war es möglich geworden, pflanzliche Pottasche (K_2CO_3), die für zahlreiche Anwendungen z. B. in der Seifen- und Glasindustrie benötigt wurde, durch industriell hergestellte Soda (Na_2CO_3) zu ersetzen. Das Natriumcarbonat wurde aus Kochsalz, Schwefelsäure und Kohle gewonnen, wobei Chlorwasserstoff (HCl) und Calciumsulfid (CaS) anfielen, und aus dem Calciumsulfid wiederum entstanden Schwefelwasserstoff (H_2S) und Calciumhydroxid ($Ca(OH)_2$).

Das Leblanc-Verfahren war zu Beginn des 19. Jahrhunderts in England weit verbreitet, wobei die Abfallprodukte erhebliche Umweltbelastungen bewirkten: Durch die aus dem Chlorwasserstoffgas entstehende Salzsäure starben Bäume, Hecken und Getreidefelder ab; durch Abfälle aus Calciumhydroxid, Calciumsulfid und Kohle wurde das Grundwasser verseucht, und der Schwefelwasserstoff führte zu Belästigungen durch Gestank.

Durch diese Umweltbelastungen kam es zu Konflikten zwischen Sodafabrikanten und Landwirten, und in der Folge wurden technische Lösungen wie hohe Schornsteine und Kondensationstürme für das HCl-Gas entwickelt, z. T. wurden auch einfach nur die Produktionsanlagen verlagert. 1864 wurde der *Alkali Act* erlassen, ein Gesetz, das von der Sodaindustrie verlangte, daß mindestens 95% des HCl-Gases zu Salzsäure kondensiert werden mußten. Allerdings wurde damit das Problem auf die Gewässer verlagert, da die Salzsäure zu großen Anteilen in Flüsse, Bäche und Kanäle eingeleitet wurde. Erst als auch die Salzsäure in hochwertiger Form aufgefangen wurde, so daß sie als Ausgangsstoff für weitere Nutzungen geeignet war, konnte das Problem entschärft werden.

Wie dieses Beispiel zeigt, führte die technische Lösung von Umweltproblemen durch Chemikalien zugleich auch zu neuen Problemen, wodurch sich der Druck, auch für diese neuen Probleme Lösungen zu finden, erhöhte. Dadurch wuchs wiederum die technische Kompetenz an, so daß immer wieder neue Lösungen entwickelt wurden. Schließlich gelang es, in diesem Prozeß von punktuellen Lösungen mit unkontrollierten Umweltbelastungen (erst Luft-, dann Gewässerbelastung durch Salzsäure) zu umfassenderen Lösungen zu kommen (Kuppelproduktion von Soda und Salzsäure), bei denen die Nebenprodukte ebenfalls genutzt werden konnten.

Dieses Muster zieht sich von der zweiten Hälfte des 19. Jahrhunderts an durch die Entwicklung der chemischen Industrie. Da für einen erheblichen Teil dieser Entwicklung die Umweltbelastungen weitgehend punktuell blieben, schienen sie durch die Kombination von technischer Innovation und Problemverlagerung bewältigbar. Erst längerfristig zeigte sich, daß die durch die technische und wirtschaftliche Entwicklung verlagerten oder neugeschaffenen Probleme schließlich zu umfassenden, nicht mehr punktuell lösbaren Umweltproblemen führten. Diese Entwicklung wird in den folgenden beiden Abschnitten skizziert.

2.2 Chlorierte Kohlenwasserstoffe als Universalchemikalien

In der zweiten Hälfte des 19. Jahrhunderts begann der Aufschwung der organisch-chemischen Syntheseverfahren, wodurch die Anzahl künstlich synthetisierter, in der Natur nicht vorkommender Substanzen stark anwuchs.

Eine wichtige Substanzklasse bilden dabei die chlorierten Kohlenwasserstoffe (CKW): Nachdem C. W. Scheele 1774 das Chlor entdeckt hatte, eröffnete sich teils durch direkte Chlorierung von Kohlenwasserstoffen, teils durch weitere Umsetzung der Produkte dieser Chlorierung der Zugang zu zahlreichen CKW: 1,2-Dichlorethan (1795) und daraus Vinylchlorid (1830); Chloroform (J. Liebig, 1831) und daraus Tetrachlorkohlenstoff (1839); Perchlorethylen (M. Faraday, 1821) und Trichlorethylen (E. Fischer, 1864); Chlorphenole (1836) sowie Chlorbenzole (ab 1851) und Chlortoluole (ab 1866). Chloroform wurde bereits ab 1847 technisch hergestellt und als Narkotikum verwendet.

Mit der Gründerzeit der chemischen Industrie in der zweiten Hälfte des 19. Jahrhunderts begann eine technische und ökonomische Entwicklung, durch die die erfolgreiche Nutzanwendung chemischer Produkte, insbesondere auch chlorierter Kohlenwasserstoffe, immer vielfältiger wurde (vgl. dazu z. B. Bayer AG (1988)). Chlor stand für diese Entwicklung durch die Gewinnung von Natronlauge aus Kochsalz (Chloralkali-Elektrolyse) als ein bislang unbrauchbares Nebenprodukt zur Verfügung, und die Synthese von CKW eröffnete eine Möglichkeit, dieses überschüssige Chlorgas zu nutzen. Ab dem Beginn des 20. Jahrhunderts wurden erste CKW kommerziell synthetisiert (vgl. Kirk-Othmer, Ullmann):

- Chlorbenzol in England ab 1909 und in den USA ab 1915
- Tetrachlorkohlenstoff in Deutschland ab ca. 1900
- Perchlorethylen in Deutschland und England ab 1910
- Trichlorethylen in Deutschland ab 1920
- Vinylchlorid und PVC in Deutschland ab 1912

Chlorbenzol war mit über 8 000 Tonnen pro Jahr einer der ersten in großem Umfang industriell hergestellten CKW; im Unterschied zu den übrigen genannten Substanzen wurde es vor allem als wichtiges Zwischenprodukt eingesetzt, so für die Phenol- und Anilinproduktion, später auch in der DDT-Synthese. (Im ersten Weltkrieg spielte das aus Chlorbenzol gewonnene Phenol eine wichtige Rolle als Edukt für den Sprengstoff Pikrinsäure.) Die übrigen dieser ersten technisch synthetisierten Chlorkohlenwasserstoffe wurden – entsprechend ihren physikalisch-chemischen Eigenschaften – als Entfettungs-, Extraktions- und Lösungsmittel verwendet, Chloroform weiterhin auch als Narkotikum.

Trotz der zunehmenden Verwendung chlorierter Kohlenwasserstoffe blieben *Bleichen* und *Desinfizieren* bis zum ersten Weltkrieg die Hauptverwendungszwecke für das bei der Chloralkali-Elektrolyse anfallende Chlor (Textil- und Papierindustrie, Gesundheitswesen). Ab den 20er Jahren jedoch konnten die Chlormengen, die durch den weiteren Ausbau der Chloralkali-Elektrolyse anfielen, nicht mehr von diesen Bereichen aufgenommen werden (Ullmann, 3. Aufl., Bd. 5, S. 316), wodurch die Synthese und kommerzielle Nutzung chlorierter Kohlenwasserstoffe weiter stimuliert wurde:

- 1925 entfielen 3% des Chlorverbrauchs der USA (total ca. 160 000 Tonnen pro Jahr) auf die organisch-chemische Synthese, während der Hauptteil zum Bleichen und Desinfizieren verwendet wurde (Ullmann, 2. Aufl., Bd. 3, S. 232). 1940 war der Verbrauch der chemischen Industrie bereits auf 60% und 1947 auf 77% (von total 1.3 Mio. Tonnen pro Jahr) gestiegen (Ullmann, 3. Aufl., Bd. 5, S. 317).

- 1928 suchte man bei *General Motors* nach neuen Wärmeüberträgern für Kühlschränke und Klimaanlagen. Dabei stieß man auf CCl_2F_2, das die für diesen Bedarf geeigneten physikalisch-chemischen Eigenschaften hat und zudem ungiftig und nicht brennbar ist. *General Motors* und *DuPont* begannen 1931 nach zweijähriger Entwicklungsarbeit gemeinsam mit der kommerziellen Produktion von CCl_2F_2 (Freon-12) und CCl_3F (Freon-11). 1933 wurde $CClF_2 - CClF_2$ und 1934 $CCl_2F - CClF_2$ entwickelt (Kirk-Othmer, 2. Aufl., Bd. 9, S. 704).

- 1929 wurden die polychlorierten Biphenyle (PCB) als chemisch und physikalisch stabile, nicht brennbare Kühl- und Isolationsflüssigkeiten und als universell brauchbare Trägersubstanzen und Materialzusätze entdeckt (Shiu u. Mackay 1986).

- Man suchte und fand Verwendungszwecke auch für zunächst unbrauchbare Substanzen p-Dichlorbenzol, die mit der Synthese anderer Produkte zwangsläufig anfielen: "The rapidly increasing manufacture in this country [i.e. USA] of monochlorobenzene during World War I resulted in by-products of p-dichlorobenzene for which uses had to be found.(...) During the 1930's its use as a 'deodorizer' in the form of small pressed blocks or cakes developed rapidly in the sanitary field. Its vapor pressure and 'clean' odor make it highly suitable for this purpose." (Kirk-Othmer, 1. Aufl., Bd. 3, S. 821).

- Während der 30er Jahre wurde in Deutschland eine Anlage zur großtechnischen Polymerisation von Vinylchlorid entwickelt (Ullmann, 3. Aufl., Bd. 18, S. 87).

- Ab 1938 wurden Insektizide, Herbizide und Holzschutzmittel auf der Basis chlorierter Phenole patentiert. 1939 entdeckte P. Müller die insektizide Wirkung des DDT; die Hexachlorcyclohexan-Isomere, speziell Lindan, wurden zu Anfang der 40er Jahre als Insektizide erkannt. Nach den Erfolgen mit DDT und Lindan wurden ab 1944 die CKW-Insektizide Chlordan, Heptachlor, Aldrin, Dieldrin, Endrin, Kepone, Mirex, Toxaphen etc. gezielt entwickelt und in zunehmenden Mengen produziert (Ullmann, 5. Aufl., Bd. A14, S. 278ff.; National Research Council 1978).

- 1948 erreichte die weltweite Jahresproduktion an Chlor – ungebrochen durch den zweiten Weltkrieg – einen Umfang von 2.6 Mio. Tonnen. Zum Vergleich: 1925 betrug die Produktionskapazität in den USA und Kanada 185 000 Tonnen pro Jahr (Ullmann, 2. Aufl., Bd. 3, S.232). Die Kapazitäten der Chloralkalielektrolyse wurden weiterhin ausgebaut (Ullmann, 3. Aufl., Bd. 5, S. 317).

Die Möglichkeiten zur Produktion und Nutzung von CKW, die sich aus dieser Entwicklung ergaben, führten ab den 50er Jahren zu einem exponentiellen Anstieg der Produktionsmengen. Die weltweite Chlorproduktion betrug 1994 40 Mio. Tonnen (Streit 1994), die weltweite Gesamtproduktion an organischen Chemikalien wurde von 5 Mio. Tonnen im Jahr 1950 auf ca. 250 Mio. Tonnen im Jahr 1985 gesteigert[1] (Korte 1987, S. 6).

- Die Verfahren zur großtechnischen Produktion von PVC waren zu Beginn der 50er Jahre ausgereift (Ullmann, 3. Aufl., Bd. 14, S. 201), und da sich die Eigenschaften von PVC durch verschiedene Zusätze in einem breiten Bereich variieren lassen, wurde es schnell zu einem universell und massenhaft eingesetzten Konstruktionsmaterial. Da PVC zu 56 Gewichtsprozent aus Chlor besteht, wird sein Preis maßgeblich vom Chlorpreis mitbestimmt: Ein niedriger Chlorpreis macht auch PVC billig, und zudem wirken sich Ölpreisschwankungen nicht so stark auf den PVC-Preis aus wie auf den Preis anderer Kunststoffe.

- Die Entwicklung der industriellen Landwirtschaft war maßgeblich auf Insektizide gestützt, die auf der Basis von chlorierten Phenolen entwickelt wurden (z.B. 2,4-D und 2,4,5-T) und die bald im Umfang von einigen tausend Tonnen pro Jahr hergestellt und großflächig freigesetzt wurden. 2,4,5-T war zu Beginn der Großproduktion (50er und frühe 60er Jahre) mit chlorierten Dioxinen, auch mit 2,3,7,8-Tetrachlordibenzodioxin (TCDD), verunreinigt. Das im Vietnamkrieg eingesetzte Entlaubungsmittel *Agent Orange* bestand zur Hälfte aus 2,4,5-T und enthielt damit auch dessen Dioxin-Verunreinigungen (Young u. Reggioni 1988).

- Weitere Chlorkohlenwasserstoff-Insektizide (DDT, Lindan, Chlordan, Aldrin, Dieldrin) wurden ab den 50er Jahren zur Bekämpfung von Malaria, Fleck-

---

1. Die mengenmäßige Ausweitung der Chemikalienproduktion ist ein Aspekt des 50er-Jahre-Syndroms, das nach C. Pfister den Übergang von der Industriegesellschaft in die *Konsumgesellschaft* markiert; vgl. dazu Pfister (1994).

typhus, Schlafkrankheit u. a. in großem Umfang produziert und weltweit eingesetzt; siehe z. B. Carson (1962), Goldberg (1975), Chapin und Wasserstrom (1981).

- Anfang der 60er Jahre erreichte die Produktion von polychlorierten Biphenylen (PCB) ihren Höhepunkt. PCB sind stabil gegen Säuren und Laugen, hitzebeständig und nicht brennbar und wurden daher in vielfältiger Weise als Kühl- und Isolationsflüssigkeiten, als Hydrauliköle, als inerte Trägersubstanzen usw. eingesetzt. Insgesamt wurde weltweit ca. eine Million Tonnen in Umlauf gebracht, wovon heute noch 40% in Gebrauch sind (Ullmann, 5. Aufl., Bd. A6, S. 355; Tanabe 1988).[2]

- Unter den Lösungsmitteln wurde Tetrachlorkohlenstoff (CCl_4) wegen seiner Giftwirkung immer stärker von Tri- und Perchlorethylen verdrängt. Die Produktionsmengen von Tetrachlorkohlenstoff gingen dadurch jedoch nicht zurück, denn Tetrachlorkohlenstoff fand verstärkte Verwendung als Edukt in der expandierenden Synthese der FCKW CCl_3F und CCl_2F_2 (Ullmann, 4. Aufl., Bd. 9, S. 416). Diese FCKW waren bis in die 40er Jahre nur zur Wärmeübertragung in Kühlschränken und Klimaanlagen verwendet worden. Ab dem zweiten Weltkrieg wurden sie auch als Treibgase, Aufschäummittel und Lösungsmittel eingesetzt; außerdem wurden auch Polymere auf der Basis von fluorierten Kohlenwasserstoffen entwickelt (z.B. Teflon). Die Produktion der FCKW nahm von den 50er Jahren an stark zu und erreichte Anfang der 70er Jahre einen Umfang von ca. 1 Mio. Tonnen pro Jahr (weltweit), wobei CCl_3F, CCl_2F_2, $CHClF_2$, $CClF_2-CCl_2F$ und $CClF_2-CClF_2$ 95% der Gesamtmenge ausmachten (Kirk-Othmer, 2. Aufl., Bd. 9, S. 706f.). Ca. 50–60% der Gesamtmenge dienten als Treibgase in Spraydosen und als Aufschäummittel, ca. 20% zur Wärmeübertragung in Kühlschränken.

  Tri- und Perchlorethylen hingegen wurden in der metallverarbeitenden Industrie zur Entfettung, in der Chemie- und Lebensmittelindustrie als Lösungs- und Extraktionsmittel, z.B. zur Koffeinextraktion aus Kaffee, sowie als Reinigungsmittel in chemischen Reinigungen eingesetzt.

Die Chemikalienproduktion wurde also von 1920 an hinsichtlich der *Vielfalt* und ab 1950 auch hinsichtlich der *Menge* der produzierten Stoffe stark ausgeweitet. Nach dieser außerordentlichen Steigerung des Chemikalieneinsatzes begann in den 60er Jahren auch die Diskussion der Nebenfolgen, die durch die freigesetzten Chemikalien ausgelöst wurden.

---

2. Trotz allen negativen Erfahrungen mit PCB werden diese Substanzen in Rußland auch heute noch produziert, da keine Alternativen zur Verfügung stehen, die genügend billig und praktikabel sind. Dieses Problem ist ein Gegenstand der internationalen Verhandlungen, in denen zur Zeit der weltweite Verzicht auf PCB und ähnliche Organochlorverbindungen (sogenannte POPs, *Persistent Organic Pollutants*) geregelt werden soll.

2.3 Umweltchemikalien

In den 60er Jahren wurde bekannt, daß CKW-Pestizide wie DDT, Dieldrin, Chlordan u. a. m. durch die großflächige Anwendung in vielen Gebieten in die Nahrungsketten gelangt waren; die Substanzen wurden weltweit in Luft, Wasser und Böden sowie im Gewebe von Tieren und Menschen nachgewiesen. Bei Carson (1962) sind die Befunde aus den 50er Jahren ausführlich dokumentiert. Auch verschiedene Schwermetalle wie Arsen und Quecksilber sowie die aus Kernwaffentests stammenden Radionuklide wurden als unerwartete Rückstände festgestellt (Korte 1969, Korte *et al.* 1970; Joseph *et al.* 1971, S. 19f.). Diese weitverbreitet auftretenden anthropogenen Chemikalien wurden als *Umweltchemikalien* bezeichnet. Für den Umgang mit dem neuen Problem, das die Umweltchemikalien darstellten, wurde in den 70er Jahren eine wissenschaftliche Methodik entwickelt, und im Zusammenhang damit wurden zunehmend auch Gesetze und Verordnungen erlassen, die die Risikobeurteilung und Zulassung von Chemikalien regeln.

In diesem Abschnitt wird die naturwissenschaftliche Methodik zur Beurteilung von Umweltchemikalien kurz dargestellt. Es ist hier nicht der Platz, die historische Entwicklung der Umweltchemie und die wissenschaftliche, gesellschaftliche und politische Diskussion der Umweltchemikalien sowie die zugehörige Gesetzgebung ausführlich darzustellen (vgl. dazu z. B. Hartkopf u. Bohne (1983), Marco *et al.* (1987), Friege u. Claus (1988), Held (1988), Held (1991), Steger (1991), Henseling (1992), Fischer (1993), Winter (1995)). Zielsetzung dieses Abschnitts ist lediglich, einige Schlüsselprobleme herauszustellen, die bei der Chemikalienbewertung auftreten (s. u., Abschnitt 2.4) und die deswegen für den weiteren Gedankengang wesentlich sind.

Für die Untersuchung der physikalischen, chemischen und biologischen Phänomene, die durch Umweltchemikalien ausgelöst werden, hat sich seit ca. 1970 ein multidisziplinäres Forschungsgebiet aus Umweltanalytik, Toxikologie, chemischer Ökologie, Hydrologie und weiteren Disziplinen gebildet. 1967 und 1972 wurden die Zeitschriften *Environmental Science and Technology* und *Chemosphere* gegründet; im Editorial zur ersten Ausgabe von *Environmental Science and Technology* heißt es (Morgan 1967): "The journal will publish critically reviewed research papers which represent significant scientific and technical contributions in all relevant areas within the broad field of environmental science and technology. The research pages are thus devoted to all aspects of environmental chemistry, and especially water, air, and waste chemistry, and to significant chemically related research papers from such other fields as biology, ecology, economics, meteorology, climatology, hydrology, geochemistry, limnology, toxicology, biological engineering, medical sciences, marine science, and soil science."

Die erste Ausgabe von *Chemosphere* enthält einen Artikel von F. Korte mit dem Titel „Was sind Umweltchemikalien?", der mit folgenden Worten schließt: „Für die Bewertung des Einflusses der vorhandenen bzw. erwartbaren Konzentrationen lokaler und überregionaler Umweltchemikalien auf die Umweltqualität besteht die Notwendigkeit einer wissenschaftlich korrekten Bestandsaufnahme der Veränderung der stofflichen Umwelt und der Erforschung der daraus resultierenden Konsequenzen für Mensch, Tier und Pflanzen. Da diese Situation dem heutigen Menschen erst seit einigen Jahren bewußt wurde, ist es verständlich, daß viele der für eine genügend sichere Bewertung (risk-benefit-equation) notwendigen Parameter noch weitgehend unbekannt sind. Für Originalarbeiten zu diesen Problemstellungen, die dem Bereich der Naturwissenschaften entstammen und im weiteren Sinne chemische und biologische Methoden benutzen, soll *Chemosphere* ein internationales Publikationsorgan sein." (Korte 1972)

Das Ziel dieses multidisziplinären Forschungsgebiets ist es, das Verteilungsverhalten von Umweltchemikalien und die Belastung von Organismen und Ökosystemen durch diese Substanzen zu bestimmen. Die dabei verfolgte Vorgehensweise umfaßt die beiden Hauptschritte *Expositionsanalyse* und *Wirkungsanalyse*. In der Expositionsanalyse werden mit Methoden der Umweltchemie, Umweltphysik, Hydrologie etc. die *Transport-* und *Transformationsprozesse* untersucht, denen chemische Substanzen in der Umwelt unterliegen. Die Wirkungsanalyse beschäftigt sich dann mit den *toxischen* und *ökotoxischen Wirkungen*, die die Substanzen nach Transport und ggf. Transformation bei den exponierten Organismen und Ökosystemen auslösen. Zur Bewertung einer Substanz werden dann die Resultate beider Schritte zusammengeführt, indem gemessene oder abgeschätzte Expositionswerte wie die *predicted environmental concentration* (PEC) mit Wirkungsschwellen, z. B. *predicted no effect concentrations* (PNEC) verglichen werden.

Dieses Verfahren ist mittlerweile ausführlich in der Literatur dokumentiert, man vergleich z. B. Mackay (1982), Klöpffer (1989), Parlar u. Angerhöfer (1995, S. 310ff.), Stumm (1992, S. 468ff.), McCarthy u. Mackay (1993), Ahlers *et al.* (1994), Klöpffer (1994b), Koch (1995), Mackay *et al.* (1996), Van Leeuwen *et al.* (1996), und es hat sich in in verschiedenen Richtlinien und Verordnungen zum Test von Chemikalien niedergeschlagen, z. B. im deutschen Chemikaliengesetz, in der EU-Richtlinie 93/67/EWG, in den EU-Verordnungen EWG 793/93 und EG 1488/94 sowie in der schweizerischen Stoffverordnung. Diese gesetzlich festgelegten Untersuchungsverfahren gehen von der Unterscheidung zwischen alten und neuen Stoffen aus, wobei als alte Stoffe die ca. 100 000 Substanzen gelten, die vor dem 18.9.1981 auf dem Markt waren. Für alle neuen und für zur Zeit 4 600 als prioritär eingestufte alte Stoffe wird eine Risikobewertung verlangt; vgl. dazu z. B. das *Technical Guidance Document* der EU (EU 1996). Das in den Verordnungen und Richtlinien festgelegte Verfahren wird hier nicht im einzelnen dargestellt, sondern es werden vier Hauptschritte unterschieden, die sich an der Gliederung des Ereignisablaufs in die Stufen von Emission, Exposition und Wirkungen orientieren. Aus dieser Gliederung des Ereignisablaufs wird auch das in Kapitel 4 und 5 dargestellte Reichweiten-Konzept entwickelt.

1. *Substanzeigenschaften und Emission:* Der erste Schritt besteht in der Charakterisierung der Substanzen anhand ihrer physikalischen und chemischen Eigenschaften (Wasserlöslichkeit, Dampfdruck, Henry-Konstante, Oktanol-Wasser-Verteilungskoeffizient, Geschwindigkeitskonstanten für Hydrolyse und Photolyse u. a.). Die Substanzeigenschaften bilden einen minimalen Grundstock für die Chemikalienbewertung; sie sind in Zusammenstellungen von Verschueren

(1983), Rippen (1987), Howard (1991), Howard *et al.* (1991), Mackay *et al.* (1995) und Howard u. Meylan (1997) aufgeführt (s. dort für Verweise auf zugrundeliegende Einzelarbeiten). Zu den umweltrelevanten Stoffeigenschaften werden z.B. in der schweizerischen Stoffverordnung oder im TGD der EU auch Angaben zur akuten Toxizität bei Algen, Daphnien und Fischen gezählt. In der hier verwendeten Darstellung werden solche Daten jedoch unter Schritt 3, Wirkungen, eingeordnet.

Wenn eine Substanz anhand ihrer physikalisch-chemischen Eigenschaften charakterisiert ist, müssen zusätzlich die tatsächlichen Emissionen dieser Substanz beschrieben werden. Dies geschieht mit Hilfe von Daten zur produzierten oder freigesetzten Stoffmenge sowie zum Gebrauchsmuster und Freisetzungsmuster (punkt-, linien- oder flächenförmige Emittenten, stoßförmige oder kontinuierliche Emission, Emission in Luft, Wasser oder Boden). Szenarien und Daten zur Stoffemission sind z. B. in den Kapiteln 5 und 7 des TGD der EU zusammengestellt. Bei Substanzen wie Pestiziden, deren Verwendungszweck Freisetzung impliziert, und Lösungsmitteln, die vielfach vollständig in die Umwelt gelangen (Bauer 1989), ist die Freisetzungsmenge eng mit der Produktionsmenge korreliert. Bei anderen Substanzen sind detaillierte Angaben zum Freisetzungsmuster nur schwer zu erhalten, da sie vielfach die Freigabe firmeninterner Daten erfordern würden.

2. *Exposition:* Nach der Emission laufen zahlreiche Transport- und Transformationsprozesse ab, die sowohl durch die physikalisch-chemischen Eigenschaften der betrachteten Substanz als auch durch *Umwelteinflüsse* wie Temperatur, Feuchtigkeit, An- oder Abwesenheit von Sauerstoff u. v. a. m. bestimmt werden. Die Transport- und Transformationsprozesse bestimmen die Konzentrationen, mit denen die betrachtete Substanz in der Umwelt auftritt und denen Organismen (Mikroorganismen, Pflanzen, Tiere, Menschen) und Ökosysteme ausgesetzt sind. Das Produkt aus den beiden Faktoren Konzentrationshöhe und Einwirkungsdauer bildet die *Exposition*. Damit zwischen kurzfristigen Einwirkungen durch hohe Konzentrationen einerseits und langfristige Einwirkungen durch niedrige Konzentrationen andererseits unterschieden werden kann, ist es sinnvoll, den räumlichen und zeitlichen Verlauf der Einwirkungshöhe darzustellen (Expositionsprofil, vgl. z. B. Ott (1985)).

Die Exposition wird üblicherweise nur als die Vorstufe, d. h. als die notwendige Bedingung für Wirkungen angesehen, und die eigentliche Bewertung erfolgt erst durch den Vergleich von Expositionswerten wie der *predicted environmental concentration* mit wirkungsbezogenen Konzentrationswerten wie dem *no observed adverse effect level* (NOAEL), wobei die letzteren den entscheidungsrelevanten Bezugspunkt bilden. Demgegenüber wird die hier besonders interessierende Frage, ob die Exposition, da sie das Potential für Wirkungen bildet, bereits eine *eigenständige* Bewertungsgrundlage bilden kann („expositionsgestützte Chemikalienbewertung"), nur vereinzelt angesprochen (Stephenson 1977, Schmidt-Bleek u. Hamann 1986, Klöpffer 1989).

3. *Wirkungen:* Die Exposition hat schließlich verschiedene *Wirkungen* zur Folge (im folgenden werden Wirkungen immer als *Aus*wirkungen und Expositionen dementsprechend als *Ein*wirkungen bezeichnet). Die Auswirkungen, mit denen Organismen und Ökosysteme auf Chemikalieneinwirkungen reagieren, werden im Rahmen von Toxikologie und Ökotoxikologie untersucht. Sie sollen nach Möglichkeit in eine Kausalbeziehung zu den einwirkenden Konzentrationen und zu den physikalisch-chemischen Substanzeigenschaften gesetzt werden. Zielsetzung ist, Struktur-Aktivitäts-Beziehungen (Auer 1988, Hermens u. Opperhuizen 1991, Hermens u. Verhaar 1996) und Dosis-Wirkungs-Beziehungen aufzustellen, so daß Schwellenwerte für das Auftreten von Wirkungen oder NOAEL-Werte oder PNEC-Werte angegeben werden können.

   Im einzelnen ist dabei zu unterscheiden zwischen akuter, subchronischer und chronischer Toxizität (unterschiedliche Dauer und Höhe der Einwirkung) sowie zwischen verschiedenen Wirkebenen: molekular, zellulär, organismisch oder ökosystemar. Weil die Vielzahl dieser Fälle nicht durch die Testverfahren für Chemikalien abgedeckt werden kann, müssen Verfahren zur Extrapolation von einzelnen Testszenarien auf tiefere Konzentrationen, längere Einwirkungdauern und andere Wirkebenen entwickelt werden. In diese Extrapolationsverfahren fließen eine Vielzahl zusätzlicher Annahmen ein, so z.B. die Annahme, daß Wirkungsschwellen oder aber Konzentrationen, die keine Wirkungen mehr auslösen, mit Hilfe von „Sicherheitsfaktoren" aus Konzentrationen für die akute Toxizität erhalten werden können, oder die Annahme, daß die Empfindlichkeit eines Ökosystems durch die Empfindlichkeit der empfindlichsten Spezies gegeben ist (Solomon 1996).

4. *Prognose:* Das auf diese Weise gewonnene Verständnis von Emission, Transport, Transformation und Wirkungsmechanismen soll dann über Modellrechnungen auch die *Vorhersage* von Exposition und Wirkung bei neuen Chemikalien ermöglichen.

2.4 Schwierigkeiten bei der Bewertung

Das vorangehend skizzierte Vorgehen, das von den physikalisch-chemischen Substanzeigenschaften bis zu komplexen Umweltveränderungen auf Ökosystem-Ebene reicht, wirft erhebliche methodische und praktische Schwierigkeiten auf:

- Das Grundproblem besteht darin, daß es fast nicht möglich ist, für verschiedene Untersuchungen einheitliche oder zumindest vergleichbare Rahmenbedingungen festzulegen. Dieses Problem stellt sich bereits bei der Bestimmung der physikalisch-chemischen Substanzeigenschaften, so daß sich schon auf dieser Stufe uneinheitliche und unklar zu interpretierende Befunde ergeben.[3]

---

3. "Numerous conflicting solubility values are given in the literature for many compounds of interest, and reliable water solubility data are lacking for many chemicals. One of the factors

- In aggregierte Größen wie die Persistenz gehen neben den Substanzeigenschaften und den mit ihnen verbundenen Unsicherheiten auch Umwelteinflüsse wie Wetterbedingungen (Temperatur, Sonneneinstrahlung etc.), Bodenbeschaffenheit oder die Anwesenheit von Mikroorganismen ein.[4] Die *Variabilität der Umwelteinflüsse* erweist sich hierbei als das zentrale Problem, das die reproduzierbare Bestimmung von Verteilungsprozessen, Abbaureaktionen und Wirkungsmechanismen erschwert.[5] Dieses Problem kann zugespitzt so formuliert werden, daß man die Umwelteinflüsse einerseits nicht vollständig erfassen kann,[6] und daß man andererseits *Artefakte*, d. h. Resultate ohne Aussagekraft für die Realität, erhält, wenn man sie auszuschließen versucht.[7]

- Der Einfluß der Umweltbedingungen wird umso stärker wirksam, je weiter die Untersuchung von den physikalisch-chemischen Substanzeigenschaften über die Expositionsanalyse bis zur Wirkungsanalyse vordringt: Die Toxizität einer Substanz hängt ab vom Zielorganismus (z.B. Pflanzen, Mikroben, Wirbellose, Fische, Säugetiere, Menschen), von der Höhe und Dauer der Exposition (akut, chronisch; hoch, niedrig), von Art und Umfang der Resorption durch den Organismus (über Nahrung, Atmung oder durch die Haut). Daher bleibt die ex-

---

contributing to this situation is the lack of adequate methods for determining the water solubility of highly insoluble organic compounds. Many of the techniques typically used have limitations that restrict their widespread application." (Hollifield 1979).

4. Biologischer Abbau kann aerob oder anaerob, mit oder ohne Anpassung der Mikroorganismen, im Boden, in Salz- oder Süßwasser, im Sediment, in Anwesenheit oder Abwesenheit von Licht und unter dem Einfluß vieler weiterer Faktoren stattfinden. Zur den Schwierigkeiten bei der Bestimmung der Abbauraten von Chemikalien vgl. z. B. Anderson *et al.* (1991, S. 423) und Madsen (1991).
Entsprechend unsicher sind die Resultate für Geschwindigkeitskonstanten des biologischen Abbaus: "Results of biodegradability screening tests for pyridine using sewage or activated sludge inocula give mixed results ranging from rapid to no degradation. (...) Sometimes the same test gives disparate results. (...) One investigator obtained results ranging from 97% degradation in 6 days to no degradation in 30 days in 6 different standard tests." (Howard 1991, Vol. II, S. 396).

5. "One of the unanswered questions in environmental chemistry is the prediction of the persistence of chemicals. Thousands of different substances can be detected in the environment but the information about their degradability is, in general, not sufficient for a comprehensive understanding of their fate. Some persistence data are available for certain compounds in various conditions; most of them deal with biodegradative, photodegradative and hydrolytic patterns, and for any one type of degradation they are given in different environmental conditions. Persistence data are often difficult, if not impossible, to compare. This is due to a variety of causes; from the extreme difference in degradative mechanisms to the very specific environmental conditions of each phenomenon." (Tremolada *et al.* 1992, S. 1473).

6. "As was mentioned earlier, the fates of oil spills have been the subject of many in-depth investigations. All of these studies conclude that exact knowledge of the quantitative disposition of petroleum and its degraded components after an oil spill is a virtually unattainable goal." (Politzer *et al.* 1985, S. 34).

7. "Environmental microbiologists must contend with their own version of the Heisenberg Uncertainty Principle: the closer a given process is examined, the more likely it is that artifacts will be imposed on measurements of that process." (Madsen 1991, S. 1665).

plizite und dabei möglichst allgemeingültige Formulierung von Dosis-Wirkungs-Beziehungen ein offenes und kontrovers diskutiertes Problem. Unklar sind dabei u. a. die folgenden Punkte:

- die Aussagekraft von Einzeltests über den getesteten Bereich hinaus (Extrapolation auf tiefere Dosen, längere Expositionszeiten, andere Spezies, andere Wirkebenen (Population, Ökosystem)) (Suter 1993a, Mathes 1997, MacKenzie 1998);
- die Eignung von Schwellenwerten wie dem *no observed adverse effect level* als Bezugspunkt für die Bewertung (Hoekstra u. Van Ewijk 1993, Laskowski 1995, Chapman *et al.* 1996);
- die Gültigkeit der klassischen toxikologischen Annahme, daß toxische Wirkungen erst ab einem Schwellenwert auftreten; diese Annahme wird bei Umweltchemikalien, die chronisch und in niedrigen Dosen einwirken, zunehmend in Zweifel gezogen (ES&T 1998, Ashford u. Miller 1998);
- der Zusammenhang zwischen den verschiedenen Wirkebenen (molekulare und zelluläre Ebene, Organe, Organismen, Populationen, Ökosysteme) (Kammenga *et al.* 1996, Calow *et al.* 1997, Power u. McCarthy 1997) sowie das Verständnis von Wirkungen auf Ökosystem-Ebene;[8]
- die Mechanismen von Kombinationswirkungen (Matthiessen 1998).

Die vorangehend beschriebenen Schwierigkeiten, die sich im Rahmen von Expositionsanalyse und Wirkungsanalyse ergeben, können folgenden Bereichen zugeordnet werden:

1. *Unvollständigkeit des Untersuchungsrasters:* Die sehr hohe Komplexität von Umweltsystemen führt dazu, daß der Untersuchungsgegenstand – alle zusammenwirkenden Prozesse – nie vollständig abgedeckt ist. Die Randbedingungen einer Untersuchung sind zu gewissem Grad nach beliebigen oder zufälligen Kriterien festgelegt, und dies wiederum bedeutet, daß die Resultate verschiedener Untersuchungen i. a. nicht kompatibel sind und daß konkrete Daten immer interpretiert und in den jeweiligen Untersuchungszusammenhang eingeordnet werden müssen.

---

8. "The task of regulating potentially harmful chemicals in the environment is presently hindered by the lack of appropriate concepts and methods for evaluating the effects of anthropogenic chemicals on ecosystems. Toxicity tests at the molecular and physiological levels have been used successfully as indicators of adverse effects on test organisms and have been extrapolated to humans to establish a basis for risk assessment. However, laboratory measurements of effects upon individuals do not translate readily into potential effects upon natural populations, in part because natural populations interact with other populations and with the physical environment. Even more difficult to assess are the deleterious impacts of anthropogenic chemicals on ecosystems, because of effects on species interactions, diversity, nutrient cycling, productivity, climatic changes, and other processes." (Levin u. Kimball 1984, S. 375); vgl. auch Levin *et al.* (1989, S. 9–35) sowie Schäfers u. Nagel (1994).

2. *Unklare Relevanz der Indikatoren:* Die Schwierigkeiten, auf der deskriptiven Seite des Verfahrens die Komplexität zu reduzieren, haben ihre Entsprechung auf der normativen Seite: Vielfach ist nicht klar, inwiefern die verwendeten Indikatoren überhaupt Schäden – welcher Art, welchen Ausmaßes? – dokumentieren, d. h. es fehlen *Werturteile* für die Festlegung des normativen Bezugspunkts und für die Auswahl der relevanten Zielgrößen.

3. *Unklare Gewichtung verschiedener Indikatoren:* Auch für den Fall, daß sich eine Untersuchung auf gewisse, explizit herausgestellte Indikatoren konzentriert, z. B. auf die Toxizität einiger Leitchemikalien bezüglich einiger Leitspezies, bleibt unklar, wie diese Indikatoren relativ zueinander zu gewichten sind oder wie sie zu einer Gesamtgröße aggregiert werden können. Die Befunde sind also „multidimensional" (jeder Indikator entspricht einer Dimension), ohne daß ein gemeinsamer Maßstab gegeben wäre.[9]

4. *Mangelnde Praktikabilität:* Industriell hergestellt werden weltweit etwa 100 000 chemische Substanzen, hinzu kommt eine unbekannte Zahl von Verunreinigungen und Umwandlungsprodukten (Streit 1994, S. 175). Bei dieser Zahl ergibt sich aus der Diskussion sämtlicher Transport-, Tranformations- und Wirkungsprozesse eine Menge von Detailfragen, die die Kapazität und Leitungsfähigkeit auch des umfangreichen modernen naturwissenschaftlichen Systems weit übersteigt.[10] Dementsprechend sind zur Zeit viele der in großem Umfang produzierten Industriechemikalien noch immer nicht auf ihre Toxizität getestet (Betts 1998).

Die voranstehend aufgeführten Probleme sind Grundprobleme, die zu einem erheblichen Teil in der Natur der Sache liegen und daher nicht wirklich gelöst werden können. In dieser Situation ist es das Ziel der vorliegenden Studie, Ansätze zum

---

9. Ein explizites Beispiel für dieses Problem bieten die Arbeiten von Crosby (1975) und Weber (1977), wo jeweils vier physikochemische Größen und Toxizitätsindikatoren auf verschiedene Weise zu einer Gesamtgröße „*hazard*" aggregiert werden. Wenn dann mehrere Substanzen nach diesen Gesamtgrößen eingestuft werden, resultieren je nach Aggregierungsmethode unterschiedliche Reihenfolgen (Hutzinger *et al.* 1978).
Dieses Problem ergibt sich in ähnlicher Weise bei den neueren Bewertungsmethoden, mit denen in der Ökobilanzierung verschiedene Wirkungskategorien zu einem „Gesamtschaden" verrechnet werden (Goedkopp *et al.* 1995, BUWAL 1998). Solche Methoden sind daher für eine Vermittlung wissenschaftlicher Resultate nur geeignet, wenn alle zugrundeliegenden Annahmen ebenfalls offengelegt werden. Diese Forderung läuft jedoch dem eigentlichen Ziel solcher Aggregierungsmethoden entgegen, die Entscheidungsfindung durch einen einzelnen Wert ohne viel „theoretischen Ballast" zu erleichtern.

10. "Data derived in these (i.e. long-term carcinogen) bioassays reflect highly specific experimental conditions which are vastly different from environmental exposures of the freely roaming, outbred human. The scientific community has responded with a 'collective wisdom' approach by using expert committees to interpret bioassay evidence. This committee approach is believed to be successful in protecting human health, but the list of suspected carcinogens is growing faster than the expert committees can respond." (Glass *et al.* 1991, S. 169), vgl. auch Stumm *et al.* (1983, S. 350).

möglichst systematischen Umgang mit den Problemen zu erarbeiten und die bisherigen Methoden zur Chemikalienbewertung auf diese Weise weiterzuentwickeln.

Kapitel 3
Überkomplexität und normative Unbestimmtheit von Umweltsystemen

Im vorangehenden Kapitel wurden mehrere Probleme dargestellt, die die Chemikalienbewertung erschweren, nämlich die irreduzible Komplexität des Untersuchungsgegenstands, das Bewertungs- und Aggregierungsproblem sowie die mangelnde Praktikabilität des Bewertungsverfahrens. In diesem Kapitel wird genauer untersucht, warum diese Probleme auftreten. Ausgangspunkt ist dabei die Praxis, nach der empirische Befunde in Naturwissenschaft und Technik wie auch in vielen Bereichen des täglichen Lebens bewertet werden, nämlich der Gebrauch von *Schadensbegriffen*.

3.1 Zur Entstehung und Funktion von Schadensbegriffen

Im Alltagsgebrauch werden viele Ereignisse wie technische Pannen oder finanzielle Verluste bewertet, indem sie als nützlich, zweckentsprechend, erwünscht oder aber als schädlich und unerwünscht bezeichnet werden. Das mag zunächst offensichtlich erscheinen, ist hier aber von Bedeutung, weil durch die selbstverständliche Verwendung gängiger Schadensbegriffe vielschichtige Bewertungen schnell und unkompliziert vollzogen werden können. Solche gängigen Schadensbegriffe sind z. B der rechtliche, der ökonomische und der technische Schadensbegriff:

- Der rechtliche, genauer der *haftpflichtrechtliche* Schadensbegriff ist definiert als „die Einbuße, die an den Rechtsgütern einer Person entstanden ist infolge eines Ereignisses, das einem anderen rechtlich zuzurechnen ist" (Meyer 1977). Dabei wird unterschieden zwischen materiellen Schäden an Vermögen und Eigentum und immateriellen Schäden an Leben, Gesundheit oder Ehre. Schäden, auch immaterielle Schäden, werden im Haftpflichtrecht üblicherweise finanziell abgegolten (Seiler 1991, S. 05-2f.). Wenn nicht der spezielle haftpflichtrechtliche Schadensbegriff gemeint ist, wird aus rechtlicher Sicht nicht von „Schaden", sondern von *Rechtsgutverletzung* gesprochen (Seiler 1994).

- Der *ökonomische* Schadensbegriff bezeichnet i. a. einen finanziellen Schaden (Erdmann 1994, S. 96, 101, 103); unterschieden wird zwischen positivem Vermögensschaden (Verlust) und negativem Vermögensschaden (entgangener Gewinn).

- Der *ingenieurwissenschaftlich-technische* Schadensbegriff bezieht sich auf Funktionsstörungen oder Funktionsausfälle technischer Anlagen – von einzelnen Geräten bis zur großtechnischen Anlage. Neben dem ungestörten Funktionsablauf steht vor allem die Sicherheit von Personen und Infrastruktur in der Umgebung einer technischen Anlage im Vordergrund (Crowl u. Louvar 1990, S. 4; Peters u. Meyna 1985, S. 30).

An dieser Stelle könnte in Analogie zu den genannten Schadensbegriffen auch nach einem *ökologischen* Schadensbegriff oder einem Begriff des *Umweltschadens* gefragt werden, wobei sich die Schädigung von Organismen und Ökosystemen als Ausgangspunkt anbieten würde (Ott 1993, S. 42ff. u. S. 153ff.).[1]

Ein solcher ökologischer Schadensbegriff ist jedoch für die umfassende Bewertung anthropogener Umweltveränderungen – entgegen der bei Ott vertretenen Einschätzung – *nicht* geeignet, und zwar aus folgendem Grund: Ein ökologischer Schadensbegriff müßte die Interessen und Bedürfnisse zahlreicher *nichtmenschlicher* Lebewesen erfassen und schützen (denn diese Lebewesen sind durch Umwelteingriffe unzweifelhaft betroffen), und zwar durch eine Norm, die *menschliches* Handeln regeln soll. Nichtmenschliche Lebewesen stehen jedoch mit den Menschen nicht in einem Diskurs, in dem sie ihre Bedürfnisse artikulieren können, und ihre Interessen und Bedürfnisse sind i. a. nicht ausreichend bekannt. Daher ist nicht klar, wie diese Interessen in eine Norm, die ausschließlich menschliches Handeln regeln soll, einfließen können. Durch diese besonderen Schwierigkeiten läuft ein ökologischer Schadensbegriff nicht in gleicher Weise auf gesellschaftlich breit wirksame Normen hinaus wie die Schadensbegriffe aus Ökonomie, Recht und Technik, die unmittelbar auf menschliche Interessen bezogen sind. Dieser Punkt soll durch die folgenden Überlegungen zur Entstehung und Funktion von Schadensbegriffen verdeutlicht werden.

Die Schadensbegriffe aus Recht, Ökonomie und Technik beziehen sich in ihrem Kern auf überschaubare Ereignisse, die im alltäglichen, unmittelbar sinnlich wahrnehmbaren Erfahrungs- und Interessenbereich von Menschen liegen. Beide Elemente, erstens *Wahrnehmbarkeit* und zweitens Bedeutung im Sinne eines verletzten *Interesses*, sind wesentlich: Ein Ereignis muß wahrnehmbar sein und einem Besitzanspruch oder Nutzungsinteresse zuwiderlaufen, um als Schaden zu gelten, wobei diese beiden Elemente nicht unabhängig voneinander sind, sondern sich – zumindest teilweise – gegenseitig bedingen.

Um solche Ereignisse als Schäden bewerten zu können, hat die Gesellschaft im Laufe der Zeit Normen entwickelt, die es für den einzelnen evident erscheinen lassen, ob ein Ereignis einen Schaden eines bestimmten Typs darstellt oder nicht.

---

1. Hinter diesem Begriff von „Schädigung" steht ein normatives Leitbild, das als *gesundheitliche*, *körperliche* oder *organismische Integrität* bezeichnet werden kann. Zentral an diesem Leitbild ist, daß es auf einen einzelnen Organismus bezogen ist. Auch bei der Betrachtung ganzer Ökosysteme wird in der bei Ott (1993, S. 153ff.) dargestellten Sichtweise der Bezugspunkt eines einzelnen, individuellen Systems beibehalten; statt von organismischer Integrität könnte man daher bei Ökosystemen von einer analog gedachten „funktionalen Integrität" sprechen.

Die *Wahrnehmung* des Ereignisses und seine Identifizierung als Schaden eines bestimmten Typs bildet also den ersten Schritt im Umgang mit einem Schadenfall. Nach der Wahrnehmung des Ereignisses und seiner Identifizierung als Schaden muß dieser Schaden eingestuft, zugeordnet und gehandhabt werden. Dies geschieht im Rahmen eines vor dem Hintergrund der jeweiligen Normen methodisch und institutionell festgelegten Verfahrens; dabei geht es im einzelnen um die Feststellung der Schadenshöhe, der Ursachen, des Verschuldens und nicht zuletzt der Maßnahmen, mit denen ein Schadensereignis so weit wie möglich aufgefangen oder wieder rückgängig gemacht werden kann, z. B. durch Schadensersatz oder Reparaturen.

Die Schadensbegriffe aus Recht, Ökonomie und Technik beziehen sich also auf Ereignisse, die vor dem Hintergrund gesellschaftlich etablierter Normen relativ einheitlich wahrgenommen und bewertet werden. Sie repräsentieren gesellschaftliche Wertvorstellungen und stellen zugleich einen unmittelbaren Zusammenhang mit einem mehr oder weniger etablierten Verfahren zur Handhabung und Wiedergutmachung der Schäden her.[2]

Im Gegensatz zu Ereignissen wie finanziellen Verlusten oder technischen Pannen sind Umweltveränderungen jedoch *keine* überschaubaren, unmittelbar wahrnehmbaren Ereignisse, die den Interessenbereich bestimmter Personen eindeutig berühren, sondern sie werden uneinheitlich, widersprüchlich oder überhaupt nicht wahrgenommen. Unmittelbar *sinnlich* wahrgenommen werden können immer nur einzelne Aspekte anthropogener Umweltveränderungen wie z. B. Robbensterben, Algenpest, Smog oder Landschaftsveränderungen durch Braunkohletagebau. Neben solchen unmittelbar wahrnehmbaren Ereignissen vollziehen sich jedoch auch tiefergreifende, langfristige und großmaßstäbliche Veränderungen, bei denen die sinnliche Wahrnehmung erschwert oder ganz unmöglich ist, wie z. B. Treibhauseffekt und Ozonloch, die allmähliche Umgestaltung von Natur- und Kulturlandschaften zu technomorphen Lebensräumen, Artensterben und Bodenverlust oder die Kontamination von Nahrung, Boden, Wasser und Luft mit gering konzentrierten Chemikalien.

Die Ursachen für die erschwerte Wahrnehmbarkeit sind vielfältig: Die Ursache-Wirkungs-Zusammenhänge sind vielfach sehr kompliziert, z. B. verästelt oder zirkulär, und sie lassen sich dann nicht in Form eindeutiger Kausalketten rekonstruieren. Außerdem besteht oft eine große räumliche und zeitliche Distanz zwischen auslösender Handlung und resultierender Umweltveränderung,[3] oder die Umweltveränderung ist das Resultat einer Vielzahl – für sich genommen unbedeutender – einzelner Handlungen. Die Spurenbelastung durch Chemikalien oder radioaktives Material entzieht sich generell der sinnlichen Wahrnehmung.

---

2. In der Studie *Zukunftsfähiges Deutschland* des Wuppertal Institutes wird dieser Zusammenhang als das „klassische menschliche Verhaltensmuster *Erkennen – Bewerten – Handeln*" bezeichnet (Wuppertal-Institut 1996, S. 40).

3. "The consequences [of water pollution] may not be apparent for some time, and cause and effect may be difficult to identify, due to the large distances involved." (Stumm 1992, S. 466).

Aus diesen Gründen können vor allem die – in ihrer Gesamtheit besonders schwerwiegenden – globalen und langfristigen Umweltveränderungen *in ihrer Vollständigkeit* nicht sinnlich wahrgenommen werden, sondern sie werden nur fragmentiert und unvollständig wahrgenommen. Dieser Sachverhalt wird hier als das *Wahrnehmungsproblem* bezeichnet.[4]

Das Wahrnehmungsproblem ist somit eine der Ursachen für die Schwierigkeiten bei der Bewertung von Umweltveränderungen: Da Umweltveränderungen nicht in ihrer Vollständigkeit, sondern nur fragmentiert sinnlich wahrgenommen werden können, beziehen sich etablierte Schadensbegriffe nicht auf Umweltveränderungen als ganze, sondern immer nur auf diejenigen *Teilaspekte* von Umweltveränderungen, die ihrem Geltungsbereich nahestehen, welcher wiederum durch die sinnliche Wahrnehmbarkeit mitbestimmt wird.

3.2 Bewertungsprobleme

Aus den Schwierigkeiten bei der sinnlichen Wahrnehmung ergeben sich entsprechende Probleme für die Bewertung anthropogener Umweltveränderungen:

Erstens liefern die Schadensbegriffe aus Recht, Ökonomie und Technik nur unvollständige und oftmals widersprüchliche Einschätzungen umweltverändernden Handelns. Einerseits identifizieren sie spezielle Aspekte von Umweltveränderungen durchaus als Schäden, etwa in Form von Schadensersatzansprüchen bei Gesundheitsschädigungen (Recht), Sanierungs- oder Renaturierungskosten (Ökonomie), mangelnder Sicherheit technischer Anlagen (Technik). Andererseits liegen jedoch vielen Umwelteingriffen ökonomisch oder technisch *positiv* bewertete Zielsetzungen oder etablierte Rechtsvorstellungen zugrunde, z. B. die Einrichtung von Monokulturen zur Effizienzsteigerung, die Trivialisierung und Technisierung von Landschaften durch Aufbau von Verkehrswegen und Versorgungsleitungen oder eine unangemessene Beweislastverteilung (SRU 1994, S. 219)).

Zweitens liefern die gängigen Schadensbegriffe vor allem eine Aufzählung verschiedener Einzelschäden, die je nach dem zugrundegelegten Schadensbegriff als besonders schwerwiegend erscheinen (vgl. auch Beck (1986, S. 40 ff.), Berg *et al.* (1994, Kapitel 1)): Gesundheitsschädigungen bei Menschen; Lärm; tote Tiere; kranke und tote Bäume; ausgestorbene Arten; finanzielle Kosten für Haftung, Sanierung, Renaturierung; wirtschaftliche Einbußen durch Umweltschutzvorschriften u. v. a. m.

---

4. Vgl. Beck (1986, S. 35): „Viele der neuartigen Risiken (nukleare oder chemische Verseuchungen, Schadstoffe in Nahrungsmitteln, Zivilisationskrankheiten) entziehen sich vollständig dem unmittelbaren menschlichen Wahrnehmungsvermögen." sowie Meyer-Abich (1990, S. 20): „Umweltprobleme sind Wahrnehmungsprobleme (...). Die Umwelt degeneriert oder verkommt, wo die Wahrnehmung, die Verschränkung des Merkens und Wirkens, nicht gepflegt wird." und Schäfer (1994, S. 61ff.): „Unser Realitätssinn scheint aufs engste mit diesem Bezug aufs anschaulich Zugängliche verbunden zu sein. – Und doch kann hierin genau der Irrtum lauern, ja, diese Einstellung selbst eine Fehleinstellung sein. Das wird gerade an der Erfassung ökologischer "Phänomene" deutlich."

3.2 Bewertungsprobleme

Dabei fehlt ein gemeinsamer Maßstab, auf den die unterschiedlichen Einzelschäden bezogen werden könnten, d. h. verschiedene Einzelschäden können nicht zu einem *Gesamtschaden* aggregiert werden. Dieser Sachverhalt wird hier als das *Aggregierungsproblem* bezeichnet.[5]

Ein drittes Problem ergibt sich, sobald Befunde betrachtet werden, die mit wissenschaftlichen Methoden erhoben wurden: Die naturwissenschaftliche Erfassung anthropogener Umweltveränderungen liefert zahlreiche Resultate, die überhaupt nicht im Geltungsbereich etablierter Schadensbegriffe liegen und bei denen deswegen nicht klar ist, ob sie überhaupt Schäden erfassen und welcher Art und welchen Ausmaßes diese Schäden sind. Beispiele dafür sind: die toxische, mutagene oder karzinogene Wirkung von Chemikalien, die in Tierversuchen bestimmt wird (Relevanz für den Menschen ist wegen des unterschiedlichen Metabolismus, wegen anderer Dosen und anderer Einwirkungszeiten nicht klar); die Spurenbelastung der Nahrung mit Chemikalien (Schädlichkeit geringer Dosen ist umstritten); die Veränderungen in Ökosystemen oder die Zunahme des atmosphärischen Kohlendioxidgehaltes. Hier stellt sich generell die Frage, wie schwerwiegend (und warum? für wen?) die Umweltveränderungen überhaupt sind, die anhand solcher Befunde dokumentiert werden.

Andersherum ausgedrückt: Im allgemeinen ist nicht klar, anhand welcher Indikatoren anthropogene Umweltveränderungen beschrieben werden müssen, damit sie bewertet werden können bzw. welche Indikatoren für die Beschreibung anthropogener Umweltveränderungen relevant sind und nach welchen Bewertungskriterien sich diese Relevanz bestimmt. Weil man mit sehr vielen Befunden gleichzeitig konfrontiert ist, ohne daß ein Bezug zu Bewertungskriterien besteht, erscheinen die einzelnen Befunde *kontingent*.[6]

In dieser Situation kann in folgendem Sinne von einem *Bewertungsproblem* gesprochen werden: Für Umweltveränderungen fehlen gesellschaftlich etablierte Normen und auch die mit solchen Normen korrespondierenden Indikatoren, anhand derer die Umweltveränderungen

1. erfaßt, d. h. als abgegrenztes Ereignis vom Hintergrund unterschieden,
2. gegebenenfalls als Schäden identifiziert, d. h. bewertet und
3. nach ihrem Schweregrad eingestuft werden können.

Dieses Bewertungsproblem ist im Vergleich zum Aggregierungsproblem das umfassendere Problem: Es betrifft die vorrangige Frage, welche Befunde im Hinblick

---

5. Das Aggregierungsproblem stellt sich immer, wenn eine Reihe von Befunden oder Fakten nicht rein deskriptiv verstanden werden kann, sondern auch bewertet werden muß, und es kann nicht in allgemeiner Form „gelöst" werden: Auch verschiedene Rechtsgüter können nicht in eine eindeutige und allgemein feststehende wechselseitige Beziehung oder Hierarchie gebracht werden, sondern müssen im Rahmen der täglichen Rechtspraxis immer wieder gegeneinander abgewogen werden.

6. kontingent: zufällig; wirklich, aber nicht (wesens-)notwendig.

auf welche Bewertungskriterien überhaupt Schädigung beschreiben. Das Aggregierungsproblem betrifft dann die zweite, speziellere Frage, wie verschiedene Befunde, für die eine Bewertung vorgenommen wurde, d. h. die für sich genommen als Schäden bewertet wurden, verglichen, gewichtet und aggregiert werden können.

Als Fazit ergibt sich: Auch wenn Ereignisse wie technische Pannen oder finanzielle Verluste durch etablierte Schadensbegriffe bewertet werden, kann diese Vorgehensweise nicht auf die Bewertung anthropogener Umweltveränderungen übertragen werden: Schadensbegriffe setzen ein verläßliches *Erkennungsverfahren* sowie ein unstrittiges, für den betrachteten Fall relevantes *Normensystem* voraus, die wechselseitig aufeinander abgestimmt sind. Diese Voraussetzung ist jedoch bei Umweltveränderungen i. a. nicht erfüllt, und deswegen steht ein Begriff des *Umweltschadens*, der in Analogie zu gängigen Schadensbegriffen gesucht werden könnte, nicht zur Verfügung.[7] In der Praxis drückt sich dies z. B. in den erheblichen Schwierigkeiten bei der Versicherung von Umweltrisiken aus (Hofmann 1995, S. 69ff.).

Eine ausführliche Begründung dieses Resultats wird hinsichtlich beider Problemfelder, Erkennungsverfahren und Normensystem, in den folgenden beiden Abschnitten gegeben. Ein Ansatz, mit dem das Bewertungsproblem und das Aggregierungsproblem zumindest teilweise entschärft bzw. umgangen werden können, wird in Kapitel 4 dargestellt.

3.3 Überkomplexität

3.3.1 Umweltsysteme

Ein Begriff des Umweltschadens, wie er im vorangehenden Abschnitt angesprochen wurde, würde erfordern, daß der Zustand von Umweltsystemen[8] erfaßt und in Beziehung zu einem Referenzzustand gesetzt werden kann. Erst unter dieser Voraussetzung wäre es möglich, gewisse Abweichungen vom Referenzzustand als schädlich zu bewerten.

Die Forschungsresultate der Ökologie sprechen jedoch dafür, daß es grundsätzlich nicht möglich ist, den Zustand von Umweltsystemen so zuverlässig zu erfassen, daß

---

7. Genauer ist, daß es keinen *allgemeinen* Begriff des Umweltschadens gibt. Man muß unterscheiden zwischen einem allgemein anwendbaren Bewertungsverfahren, das einen solchen Schadensbegriff erfordern würde, und der Bewertung einzelner konkreter Situationen: Wenn in solchen Situationen die Schädigung spezieller Organismen, der Verlust spezieller Arten oder ein spezieller Eingriff in eine Landschaft negativ bewertet wird, kann dieses Verständnis von „Schädigung", „Verlust" oder „Zerstörung" durchaus eine Bewertungsgrundlage bilden. Ein umfassender, *allgemein* anwendbarer Bewertungsmaßstab läßt sich auf diese Weise jedoch nicht gewinnen, da unterschiedliche, situationsspezifische Bewertungsmaßstäbe nicht vereinheitlicht und aggregiert werden können: „Die bisher erarbeiteten Bewertungsmethoden sind fast ausnahmslos auf spezifische Benutzer oder Belastungen der Landschaft ausgerichtet (...). Eine Übertragbarkeit ist also meist ausgeschlossen (...)." (Bürgin *et al.* 1985, S. 12).

8. Der Begriff „Umweltsystem" soll neben belebten Ökosystemen auch unbelebte Systeme wie die Stratosphäre umfassen.

er in Beziehung zu einem Referenzzustand gesetzt werden könnte. Dies hat mehrere Gründe:

- *Ökosysteme können weder zureichend beschrieben noch eindeutig definiert werden.*

  „Clearly, an ecosystem is a system created solely on the basis of subjective phenomena and is not an entity defined and delineated by scientific criteria." (Remmert 1991).

  „An ecosystem consists of so many interacting components that it is impossible ever to be able to examine all these relationships and even if we could, it would not be possible to separate one relationship and examine it carefully to reveal its details (...)." (Jørgensen 1992, S. 27).

  „Die Definition ökologischer Einheiten ist insgesamt ein sehr umstrittenes und unklares Gebiet der ökologischen Theorie." (Jax 1994).

  „However, the interaction of biotic and abiotic materials within an ecosystem are so complex that they cannot be predicted. Furthermore, ecosystems have derivative properties and functions that cannot be routinely inferred from detailed knowledge of system components." (Power u. McCarthy 1997, mit weiteren Angaben). Man vergleiche auch die Diskussion dieses Artikels von Power u. McCarthy in *Environmental Science and Technology* **32** (3), S. 116A–118A (1998).

- *Die zeitliche Entwicklung von Ökosystemen ist unvorhersagbar und irregulär.*

  „Jedes ökologische System ist ein Unikat und als solches nicht wiederholbar. Die Vorgänge, die wir bis ins einzelne in einem System analysiert haben, können im nächsten System, auch wenn dies ganz ähnlich aussieht, ganz anders ablaufen." (Remmert 1992, S. 291), vgl. auch Holling (1973), May (1977).

Es ist also nicht möglich, Umweltsysteme mit wohldefinierten Größen in ihren wesentlichen Eigenschaften so zu beschreiben, daß anhand dieser Größen (1) der gegenwärtige Zustand der Systeme eindeutig charakterisiert, (2) Auswirkungen vorangegangener Umwelteingriffe in Form eindeutiger Ursache-Wirkungs-Beziehungen rekonstruiert und (3) Voraussagen über Reaktionen der Systeme auf bestimmte Eingriffe getroffen werden können.

Daher führt die vertiefte Untersuchung von Umweltsystemen oft zu einer immer größeren Menge von kontingent erscheinenden Detailresultaten, ohne daß ein theoretisches Verständnis oder eine zureichende Beschreibung der Systeme gewonnen würde. Das bedeutet, daß jede noch so umfangreiche Beschreibung durch immer weitere Befunde ergänzt werden muß und dennoch *unvollständig* bleibt.[9] Ein Bei-

---

9. Durch diese Überlegung soll die Bedeutung des heute verfügbaren naturwissenschaftlichen Wissens nicht geringgeschätzt werden. Die Überlegung besagt vielmehr: Wenn auch die Gesamtheit der heute verfügbaren, mit naturwissenschaftlichen Methoden gewonnenen Befunde über das Verhalten von Umweltsystemen nicht ausreicht, Umweltsysteme zureichend zu beschreiben, liegt dies nicht an der Unzulänglichkeit des naturwissenschaftlichen Wissens, sondern es ist eine grundsätzliche Eigenschaft von Umweltsystemen, die diese Situation erklärt.

spiel dafür sind die neuesten Befunde zur toxischen Wirkung gering konzentrierter Chemikalien, die der gängigen Annahme, daß die toxische Wirkung erst ab einem Schwellenwert einsetzt, zuwiderlaufen (ES&T 1998, Ashford u. Miller 1998).

Diese Eigenschaft von Umweltsystemen wird hier als *Überkomplexität* bezeichnet (vgl. die Sprechweise von einem „Komplexitätsdilemma" im Umweltgutachten von 1994 des deutschen Sachverständigenrats für Umweltfragen (SRU 1994, S. 74)).

Überkomplexität bedeutet nicht, daß beim Verhalten von Umweltsystemen überhaupt keine Zusammenhänge erkannt werden können. Ausgewählte Größen wie z. B. die atmosphärische CO_2-Konzentration können immer sowohl theoretisch als auch empirisch untersucht werden, und bis zu einem gewissen Ausmaß lassen sich auch allgemeingültige Gesetzmäßigkeiten für diese Größen formulieren. Für das Beispiel CO_2 und Klima vgl. man die ausführliche Literatur zum atmosphärischen CO_2-Gehalt und zum Klimawandel, z. B. Siegenthaler u. Oeschger (1978), Lasaga (1980), Bolin (1986), Warneck (1988), IPCC (1992), Rodhe (1992), Cubasch *et al.* (1995). Der durch die anthropogene Zunahme der atmosphärischen Spurengase – möglicherweise – eintretende Klimawandel mit allen seinen ökologischen (und ökonomischen, gesellschaftlichen etc.) Konsequenzen kann jedoch trotz valider Resultate zum Verhalten der atmosphärischen Spurengase nicht vorausberechnet werden. Die im Rahmen des Klimawandels möglicherweise eintretenden Ereignisse sind so wenig bekannt, daß man hier von einer Situation unter *Unbestimmtheit* spricht (Dürrenberger 1994, Berg u. Scheringer 1995).[10]

Somit ist die Anzahl der Größen, deren Zusammenhang in Form allgemeingültiger Gesetzmäßigkeiten erfaßt werden kann, sowie die Genauigkeit dieser Gesetzmäßigkeiten stark limitiert.

3.3.2 Technische Systeme

Einem zweiten Mißverständnis des Begriffs „Überkomplexität" soll durch einen kurzen Blick auf technische Systeme vorgebeugt werden: Es könnte eingewendet werden, jedes „System", auch eine technische Anlage, sei überkomplex, und der Begriff sei somit zur spezifischen Charakterisierung von Umweltsystemen nicht geeignet.

Technische Systeme sind jedoch im Gegensatz zu Umweltsystemen eindeutig definiert, d. h. sie sind sowohl nach außen gegen ihre Umwelt (den Hintergrund) abgegrenzt als auch im Inneren durch einen Bauplan und Funktionszusammenhang eindeutig und vollständig beschrieben. Die Komplexität dieses Funktionszusammenhangs ist begrenzt, und er bestimmt das Verhalten des Systems zumindest soweit, daß das System im Sinne der menschlichen Zwecksetzung *nutzbar* und damit *kontrollierbar* ist. Als Beispiel kann ein Verbrennungsmotor dienen, der wegen seiner definierten Leistung betrieben wird und bei dem z. B. mit Temperatur und Drehzahl geeignete Indikatoren zur Beurteilung des Betriebszustands verfügbar sind.

---

10. Unbestimmtheit wird gemeinsam mit den Kategorien Risiko und Ungewißheit unter dem Oberbegriff *Unsicherheit* zusammengefaßt; s. dazu S. 74 in Abschnitt 5.2.2.

Der zweckgerichtete Funktionszusammenhang legt den Sollzustand eines technischen Systems sowie Abweichungen davon fest. In diesem Punkt liegt der zentrale Unterschied zwischen technischen Systemen und Umweltsystemen.

Auch bei technischen Systemen gibt es überkomplexe Bereiche. Sie liegen in demjenigen Systemverhalten, das vom Funktionszusammenhang *nicht* erfaßt wird, wie z. B. Verschleißerscheinungen, Auftreten von Störfällen etc. sowie in der Wechselwirkung des Systems mit seiner Umgebung, also im Verhalten *gekoppelter* technischer Systeme sowie im Zusammenwirken der Prozesse in technischen Systemen mit menschlichem Verhalten. Damit ist ein weiterer umfangreicher Problemkreis angesprochen, der über den Rahmen dieses Buches hinausführt. Man vergleiche dazu Perrow (1992).

3.3.3 Wissenschaftstheoretische und praktische Konsequenzen

Die Tatsache, daß Umweltsysteme gegenüber analytischer Erfassung überkomplex sind, führt auf einen grundlegenden Unterschied zwischen *Umweltsystemen* und *Laborsystemen*: Laborsysteme werden durch die Wahl der Systemgrenzen und der Leitgrößen, die das Verhalten der Systeme beschreiben, definiert, d. h. von ihrer Umwelt abgegrenzt. Dadurch wird ein System von begrenzter Komplexität geschaffen, denn ein Teil der Komplexität wird in den Hintergrund ausgelagert, der aus Systemumgebung und „Rauschen" besteht. Die Leitgrößen, die das Systemverhalten beschreiben, sind *relevant*, das Rauschen umfaßt alle *kontingenten* Elemente.

Bei Umweltsystemen gelingt genau diese Komplexitätsreduktion durch Auslagern von Komplexität in den Hintergrund nicht mehr, weil die Unterscheidung zwischen System und Hintergrund nicht eindeutig getroffen werden kann: System und Hintergrund überlagern sich in unauflösbarer Weise; der „Hintergrund" oder das „Rauschen" hat also wesentlichen Einfluß auf das Systemverhalten.[11]

Aus diesem Unterschied zwischen den jeweiligen Untersuchungsgegenständen wird erkennbar, daß sich *Umweltwissenschaften* und *Laborwissenschaften* auch in methodischer Hinsicht wesentlich unterscheiden:[12] Für die modernen Laborwissenschaften ist das sogenannte *verum-factum*-Prinzip[13] zu einem methodischen Grundprinzip geworden (Hösle 1991, S. 53ff.; Ott 1993, S. 95; vgl. auch Esfeld 1995, S. 89ff., insbesondere S. 98ff.). Dieses Prinzip besagt, daß sichere Erkenntnis nur

---

11. Daß es bei Ökosystemen kein „Rauschen" gibt, das wie bei physikalischen Systemen ausgeblendet werden kann, wird ganz ähnlich dargestellt bei Simberloff (1980), zitiert nach Valsangiacomo (1998, S. 270): „What physicists view as noise is music to the ecologist; individuality of populations and communities is their most striking, intrinsic, and inspiring characteristic, and the apparent indeterminacy of ecological systems does not make their study a less valid pursuit."

12. Zur Charakterisierung der modernen Naturwissenschaft als „Laborwissenschaft" vgl. auch Hoyningen-Huene (1989, S. 48); zu den Schwierigkeiten bei der Anwendung der *Systemanalyse*, die als eine theoretische Methode aus der „Laborwissenschaft" stammt, auf Umweltsysteme vgl. Müller (1979, insbesondere S. 258 ff.).

13. Von G. Vico (1668–1744) als grundlegendes Wahrheitskriterium für wissenschaftliche Erkenntnis formuliert (Hösle 1990, S. LXX), s. auch Vico (1990, § 331 u. § 349).

dort möglich ist, wo das erkennende Subjekt das Objekt seiner Erkenntnis selbst gemacht hat (Hösle 1990, S. LXIX). Auf die Naturwissenschaften bezogen, bedeutet es, daß als naturwissenschaftliche Resultate („*vera*") nur reproduzierbare (also machbare: „*facta*") Befunde gelten, die an gezielt präparierten Systemen gewonnen wurden, also unter kontrollierbaren und gezielt veränderbaren Bedingungen.

Umweltsysteme jedoch entziehen sich der Präparation oder verändern ihren Charakter bei Präparation nach Methoden der modernen Naturwissenschaft soweit, daß ihr ungestörter Zustand nicht erkennbar ist: Für die Untersuchung von Umweltveränderungen ist, wie in Kapitel 2 gezeigt wurde, die Aussagekraft von Befunden, die an präparierten Systemen erhoben werden (Tierversuche im Labor, Abbautests für Chemikalien unter standardisierten Bedingungen), sehr beschränkt. Diese Befunde sind somit als Artefakte zu bezeichnen: Sie sind zwar „*facta*", aber nicht mehr „*vera*", denn die – nicht gemachte – Realität von Umweltsystemen wird durch sie nicht erfaßt; vgl. Schäfer (1994, S. 68f.). In den Umweltwissenschaften kann das *verum-factum*-Prinzip daher nicht in gleicher Weise angewendet werden wie in den Laborwissenschaften.

Eine Konsequenz aus diesem Resultat ist – um bei dem mit dem *verum-factum*-Prinzip aufgenommenen Begriffspaar zu bleiben –, daß in den Umweltwissenschaften Methoden benötigt werden, um wieder stärker auf „Gegebenes" (im Gegensatz zu „Gemachtem") einzugehen und dieses „Gegebene" als Bestandteil wissenschaftlicher Resultate zu verstehen. Dabei können zwei Aspekte unterschieden werden:

1. *Auf der Ebene naturwissenschaftlicher Befunde:* Das bislang überwiegend verfolgte naturwissenschaftliche Ziel, durch Rekonstruktion kausaler Zusammenhänge die Wirkungsmechanismen möglichst genau zu erfassen, nach denen anthropogene Umweltveränderungen ablaufen, ist durch das *verum-factum*-Prinzip motiviert: Nachvollzogene Wirkmechanismen und daraus abgeleitete „wenn-dann-Beziehungen" gelten als naturwissenschaftliche Resultate.

   Im Vergleich zu dieser Rekonstruktion von Mechanismen läßt es sich als eine Konzentration auf „Gegebenes" ansehen, wenn anthropogene Umweltveränderungen überhaupt einmal dokumentiert und den auslösenden Umwelteingriffen zugeordnet werden (Nachweis ihrer Anthropogenität[14]). Es geht dabei also um eine Zustandsbeschreibung, die *Daten* im eigentlichen Sinne des Wortes liefern soll:

   Trotz aller Schwierigkeiten, die die Überkomplexität von Umweltsystemen mit sich bringt, können Umweltveränderungen wie die Zunahme atmosphärischer Spurengase, die Kontamination von Wasser, Boden, Luft und Nahrung mit verschiedenen chemischen Substanzen (Schwermetalle; Lösungsmittel, Agrochemikalien), der Verlust von Ackerflächen, der Artenschwund, die Flächenversiegelung oder die Dezimierung von Fisch- und Wildbeständen zweifelsfrei kon-

---

14. Der Nachweis der Anthropogenität erfordert *nicht*, daß der kausale Zusammenhang zwischen Umwelteingriff und Beobachtungsdaten in Form einer mechanistischen Beschreibung rekonstruiert wird.

statiert werden.[15] Solche Dokumentationen der zur Zeit ablaufenden anthropogenen Umweltveränderungen stehen mit den jährlich bzw. zweijährlich erscheinenden Berichten des *World Watch Institute*, des *World Resources Institute* und des *Intergovernmental Panel on Climate Change* zur Verfügung (*World Resources* 1992, *Worldwatch* 1996, IPCC 1992).[16]

Ihre eigentliche Aussagekraft gewinnt eine solche naturwissenschaftliche Dokumentation jedoch erst im Zusammenhang mit der Frage, wie die empirisch festgestellten anthropogenen Umweltveränderungen durch den Bezug auf normative Prinzipien *bewertet* werden können.

Zusammengefaßt bedeutet dieses Vorgehen eine Verlagerung von der rein naturwissenschaftlichen Leitfrage, welche Ereignisse nach welchen Mechanismen und aufgrund welcher Ursachen eintreten oder zukünftig eintreten können, zu einer umweltwissenschaftlichen und umweltpolitischen Leitfrage: Welche Umweltveränderungen können nach dem gegenwärtigen Stand der Forschung mit hinreichender Sicherheit festgestellt werden, und sind wie diese Umweltveränderungen vor dem Hintergrund heute allgemein akzeptierter normativer Prinzipien zu bewerten?

Ein umweltwissenschaftliches Resultat besteht also darin, bereits vorhandene oder auch neu erhobene Daten auf plausible Weise in Beziehung zu einem – seinerseits für die Umweltdebatte relevanten – normativen Bezugspunkt zu setzen. Eine Möglichkeit, dieses Vorgehen umzusetzen, wird in Kapitel 4 und 5 ausführlicher dargestellt. Dabei wird unterschieden zwischen einerseits Umwelt*einwirkungen*, die durch Agentien wie Chemikalien, Hitze, Lärm, Druck oder radioaktive Strahlung zustandekommen, und andererseits *Auswirkungen*, d. h. den Reaktionen von Organismen und Umweltsystemen auf Umwelteinwirkungen.

Einwirkungen können in Form von Konzentrations- oder Expositionsdaten dokumentiert werden, ohne daß die Mechanismen, nach denen die gemessene

---

15. Um dem Verdacht des „naiven Realismus" vorzubeugen: Auch diese Daten sind – selbstverständlich – nicht schlichtweg gegeben, sondern müssen anhand geeigneter Meßverfahren erhoben, auf Signifikanz geprüft und im Hinblick auf die als Auslöser in Frage kommenden Umwelteingriffe interpretiert werden. Erst am Ende eines solchen Prozesses stehen valide Aussagen über „zweifelsfrei konstatierte" anthropogene Umweltveränderungen.

16. Aus dem Bericht des *World Resources Institute* von 1992 (Vorfeld der Konferenz über Umwelt und Entwicklung der Vereinten Nationen in Rio, Juni 1992): „*Let the facts speak for themselves.* That has been the principle guiding the *World Resources* series from its first volume through this latest edition." Zusätzlich fügen die Autoren an dieser Stelle ein wertendes Votum an: „It is time, we believe, for one limited exception. As members of the *World Resources* Advisory Board, we have supervised an outpouring of data and information that underscores the alarming degree to which current patterns of human activity are impoverishing and destabilizing the natural environment and undermining the prospects of future generations. (...) The opportunity for action provided by UNCED (...) prompts this special statement. For while the agenda requiring international attention is now widely (...) acknowledged, we are deeply concerned that a sense of urgency is lacking and that the costs of delay are not adequately appreciated by governments." (*World Resources* 1992, S. xi).

Exposition zustande gekommen ist, (und diejenigen, nach denen diese Exposition möglicherweise zu Auswirkungen führt) im einzelnen und möglichst vollständig bekannt sein müssen. Einwirkungsdaten bieten somit eine Möglichkeit, das empirisch Gegebene anthropogener Umweltveränderungen darzustellen. Zudem können Umwelteinwirkungen, so die in Abschnitt 5.1 vertretene These, auch eigenständig, d. h. ohne Bezug auf Auswirkungen, im Sinne eines normativen Urteils bewertet werden.

2. *Außerwissenschaftlich* gegeben sind schließlich auch scheinbar selbstverständliche, aber unhintergehbare Grundbedingungen für umweltveränderndes Handeln: die Endlichkeit der Erde, die Begrenztheit aller Ressourcen und das Auftreten unvorhergesehener Nebenfolgen bei jedem umweltverändernden Handeln. Wie kann die naturwissenschaftliche Untersuchung auf diese Gegebenheiten Bezug nehmen?

Da es gerade diese Bedingungen sind, durch deren Mißachtung umweltveränderndes Handeln heute zu Umweltproblemen führt, ist diese letzte Frage zentral für die Rolle der Wissenschaften in der Umweltdebatte.[17] Eine mögliche Vorgehensweise, die an das unter 1. Ausgeführte anschließt, geht davon aus, daß die erwähnten Grundbedingungen umweltverändernden Handelns auch in handlungsleitende Normen wie z. B. das Vorsorgeprinzip oder verschiedene Gerechtigkeitsprinzipien einfließen: Das Vorsorgeprinzip zielt auf die Vermeidung unvorhergesehener, möglicherweise irreversibler Handlungsfolgen ab; Gerechtigkeitsprinzipien beziehen sich auf die Endlichkeit natürlicher Ressourcen und Regenerationskapazitäten, die die gerechte Verteilung von Ressourcen und Verschmutzungsrechten überhaupt erst zum Problem macht. Wenn naturwissenschaftliche Resultate auf normative Prinzipien wie das Vorsorgeprinzip, die Prinzipien von Verteilungsgerechtigkeit und Unparteilichkeit etc. bezogen werden (s. o., 1.), wird somit auch ein Bezug zu den genannten Grundbedingungen für umweltveränderndes Handeln hergestellt.

Der soeben skizzierte Ansatz, auf die Überkomplexität von Umweltsystemen mit einem verstärkten Bezug auf normative Prinzipien zu reagieren, wird in Kapitel 4 ausgeführt.

3.4 Normative Unbestimmtheit

3.4.1 Ökologie und Ethik?

Im vorangehenden Abschnitt zur Überkomplexität ging es vor allem um die Frage, inwieweit Umweltsysteme überhaupt scharf definiert sind und inwieweit sie deskrip-

---

17. Vgl. dazu auch Schäfer (1994, S. 74): „[Ökologische] Probleme sind erstens externe Probleme (...), denn sie bedrängen uns unabhängig davon, ob sie wissenschaftlich anerkannt sind. Und es sind *per se* keine Spezialprobleme, sind sie doch zu definieren als Effekte, in denen sich äußere Gegebenheiten diversester Art und menschliches Handeln überlagern (...).“

3.4 Normative Unbestimmtheit

tiv erfaßt werden können. Das Ziel einer deskriptiven Erfassung des Zustands von Umweltsystemen wäre der Vergleich dieses tatsächlichen Zustands mit einem ausgezeichneten Referenzzustand; durch diesen Vergleich würde der tatsächliche Zustand *bewertet*.[18] Die Überkomplexität von Umweltsystemen bedeutet, daß der Zustand von Umweltsystemen für einen solchen Vergleich nicht genügend vollständig erfaßt werden kann, und daß die gesuchte Bewertung deswegen nicht vollzogen werden kann.

Hinzu kommt jedoch weiterhin, daß auch der Referenzzustand selbst i. a. nicht bestimmt werden kann:

- *Ein Bezugspunkt, der „gesunde" und „geschädigte" Zustände von Ökosystemen definiert, ist nicht zugänglich. Insbesondere stehen keine aussagekräftigen Kriterien für die Stabilität von Ökosystemen zur Verfügung.*

   „Whatever the nature of the prime concern, the definition of ecosystem health reduces to a fundamental level of perception, that which is usable and appreciated, but often unquantifiable. (...) Constant Change has been the only consistent property of these gigantic inland ecosystems [the Great Lakes, M. S.] over the last 200 years." (Ryder 1990, S. 619).

   „(...) by arbitrarily extending or contracting spatial or temporal boundaries of an ecosystem, or community, one can arrive at radically different conclusions about stress." (Kolasa u. Picket 1992).

   „Depending on one's view, the stress is either present or absent. (...) too great a relativity of the stress makes it irrelevant as a theoretical concept." (Kolasa 1984).

   „The number of stability definitions to be found in the literature is limited only by the time spent on reading it. (...) But, unfortunately, the confusion is far from being just a problem of definitions. Many statements about stability have a simplistic or vague character and therefore are of little use. This unsatisfactory situation arose because of the enormous variety of ecological situations." (Grimm et al. 1992, S. 144) „There is no natural basis for making absolute stability statements." (Grimm et al. 1992, S. 150).

Aus dieser Tatsache wird hier die Folgerung gezogen, Umweltsysteme als *normativ unbestimmt* zu bezeichnen (vgl. Abb. 3.1).

Dies scheint dem Zusammenhang zwischen Ökologie und Ethik, wie er für den Umgang mit der ökologischen Krise gesucht und auch gefordert wird,[19] zu widersprechen: Als ein wichtiges Element dieses Zusammenhangs zwischen Ökologie und

---

18. In der hier angesprochenen „ökologischen" Bewertung vermischen sich die beiden Aspekte von quantitativer Einstufung und normativem Urteil (s. S. 4): Indem der gesuchte Referenzzustand normativ ausgezeichnet wird, wird der ökologischen Charakterisierung eines Umweltsystems zusätzlich die Funktion eines normativen Urteils übertragen. Inwiefern eine solche Konstruktion problematisch ist, wird in diesem Abschnitt ausgeführt.

19. „Der entscheidende Schritt einer Naturschutzethik besteht darin, Ökosysteme und Landschaften als *moral patients* einzustufen." (Ott 1993, S. 112).

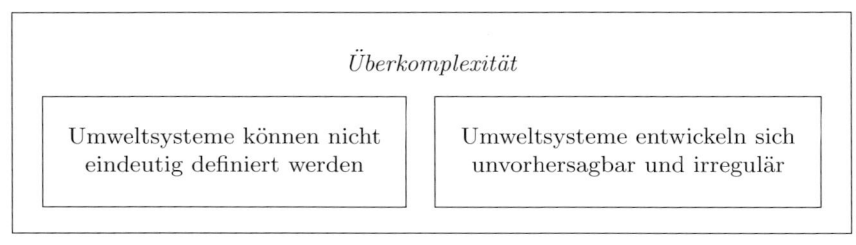

```
┌─────────────────────────────────────────────────────────────┐
│                      Überkomplexität                        │
│  ┌───────────────────────────┐  ┌───────────────────────────┐│
│  │ Umweltsysteme können nicht│  │ Umweltsysteme entwickeln sich│
│  │ eindeutig definiert werden│  │ unvorhersagbar und irregulär │
│  └───────────────────────────┘  └───────────────────────────┘│
└─────────────────────────────────────────────────────────────┘
```
Beschreibung
―――
Bewertung

```
        ┌──────────────────────────────────────────────┐
        │           normative Unbestimmtheit:          │
        │   kein natürlicher Referenzzustand erkennbar │
        └──────────────────────────────────────────────┘
```

Abbildung 3.1: Überkomplexität und normative Unbestimmtheit von Umweltsystemen, abgeleitet aus ökologischen Befunden (Berg u. Scheringer 1994).

Ethik wird i. a. der moralische Charakter des Verhältnisses zwischen Menschen und Tieren oder auch generell zu anderen nichtmenschlichen Lebewesen und sogar Landschaften gesehen (Ott 1993, S. 111f.; S. 144ff.). Es ist an dieser Stelle jedoch angebracht, zu prüfen, inwiefern eine solche Ausdehnung der moralischen Sphäre tatsächlich möglich ist:

Ein moralisches Verhältnis im eigentlichen Sinne ist ein Verhältnis zwischen Personen, die sich wechselseitig als Sozialpartner mit Rechten und Pflichten anerkennen. Dabei bedeutet „Anerkennung als Sozialpartner", daß diese Personen miteinander kommunizieren und handelnd interagieren können, und daß diese Interaktion den Normen, die für alle Mitglieder der Sozialgemeinschaft gelten, unterliegt (Tugendhat 1993, S. 57ff.). Wenn dann zusätzlich unterschieden wird zwischen *Subjekten* moralischer Normen einerseits – dies sind alle Sozialpartner mit Rechten und Pflichten – und andererseits *Objekten* oder *Adressaten* moralischer Normen, die nicht selbst Subjekte der Moral sind, z. B. Tiere, kann das moralische Verhältnis auf diese Adressaten der Moral ausgedehnt werden (Tugendhat 1993, S. 187ff.).

Diese Ausdehnung ist solange sinnvoll und möglich, wie es sich bei den Adressaten der Moral um *einzelne* Lebewesen handelt, die als eigenständige Subjekte, zumindest als Individuen mit Schmerzempfindung angesehen werden können, und mit denen der Mensch sich zumindest partiell identifizieren kann, z. B. durch Einfühlung und Mitleid. Vgl. dazu auch Tugendhat (1993, Kapitel IX) und Wolf (1988). Für das Verhältnis von Menschen zu einzelnen nichtmenschlichen Lebewesen sollte daher durchaus nach einer moralischen Bestimmung gesucht werden (was bereits nicht unproblematisch ist; vgl. dazu Tugendhat (1993, S.189ff.)): In vielen Fällen wird Nutz-, Haus- und Versuchstieren unzweifelhaft Leid zugefügt, und die Forderung, solche Tiermißhandlungen zu unterbinden, wird von der Feststellung, *Umweltsy-*

steme seien normativ unbestimmt, nicht abgeschwächt. Ein moralisches Verhältnis zu Tieren liegt – wenn auch oftmals implizit – dem *Tierschutz* zugrunde, und auch dem Ansatz, Umweltschäden durch die Schädigung einzelner Organismen und ihrer Lebenszusammenhänge zu beschreiben (Ott 1993, S. 111).

Die Forderung von Ott in Anmerkung 19 würde nun bedeuten, daß auch Ökosysteme, Landschaften oder Arten als „Quasi-Sozialpartner" gelten sollen, und daß sie auf dieser Grundlage als Adressaten der Moral in gleicher oder ähnlicher Weise vor Übergriffen geschützt werden können wie Tiere oder wie die eigentlichen Mitglieder der Sozialgemeinschaft. Vgl. dazu Anmerkung 1 auf S. 24 zum normativen Leitbild der funktionalen Integrität.

Im Gegensatz zu dieser Annahme wird hier die These vertreten, daß eine Extrapolation vom Tierschutz auf einen „Landschaftsschutz" oder „Naturschutz" *nicht* möglich ist, denn das Verhältnis eines Menschen zu anderen *individuellen*, nichtmenschlichen Lebewesen unterscheidet sich wesentlich vom Verhältnis eines Menschen zur ihn umgebenden Natur als *Gesamtheit*:[20] Landschaften, wissenschaftlich erfaßte „Umweltsysteme" oder gar die Natur als ganze sind *kein* individuelles Gegenüber, zu dem das Verhältnis durch Mitleid oder eine Moral bestimmt werden kann, und aus diesem Grund fallen anthropogene Umweltveränderungen in ihrer Totalität in einen normativ leeren Raum – normativ leer in dem Sinne, daß die Suche nach der „geschädigten Natur", z. B. ausgehend von toxikologischen Befunden, die an individuellen Organismen gewonnen wurden, nicht zu Normen für umweltveränderndes Handeln führt, das die ganze Biosphäre betrifft.[21]

Die dieser Überlegung zugrundeliegende Feststellung „Natur ist kein Subjekt" wird in der Literatur sowohl aus ethischer als auch aus ästhetischer Überlegung heraus formuliert:

- „Wir gehören in eine umfassende Gemeinschaft der leidensfähigen Kreatur, aber auch der Natur überhaupt. Diese Zusammengehörigkeit ist nicht eine moralische, aber sie kann Folgen für unser Moralverständnis haben, die nicht befriedigend geklärt werden können, bevor die Art dieser Zusammengehörigkeit nicht befriedigend geklärt wird. Hier stehen wir noch vor einem Rätsel unseres Selbstverständnisses." (Tugendhat 1993, S. 191).

- „Die 'Anerkennung' der Natur 'als Subjekt' ist die falsche Anerkennung der Natur. Die volle ästhetische Wahrnehmung der Natur ist die eines Bereichs, der

---

20. Auch wenn die „Natur als ganze" oder die „Gesamtheit der Naturzusammenhänge" keine konkret faßbaren Entitäten sind, ist es hier notwendig, sich auf sie zu beziehen, denn von den heutigen technisch-industriellen Umwelteingriffen sind nicht nur gewisse Organismen oder Gruppen von Organismen betroffen, sondern tatsächlich die ganze Biosphäre wird verändert.

21. Toxikologische Befunde sind durchaus relevant für die Frage, welche eventuell fischgiftigen Substanzen in der Nähe einer Forellenzucht gehandhabt werden dürfen. Von solchen einzelnen, annähernd punktuellen Umwelteingriffen kann jedoch nicht auf großmaßstäbliche Umweltveränderungen extrapoliert werden. Vgl. Gethmann (1993, S. 248): „Es ist ein besonderes ethisches Problem, einen argumentativen Übergang von den moralischen Rechten von Individuen und Exemplaren zu den von ihnen gebildeten Arten zu erfinden."

weder Subjekt noch subjekthaft und deswegen für die sprachlich – als Subjekt – lebenden Naturwesen unvergleichlich bedeutsam ist." (Seel 1991, S. 365f.).

Die Bezeichnung „ökologische Krise" bezieht sich also nicht so sehr auf das Verhältnis des Menschen zu anderen einzelnen Lebewesen, sondern auf das Verhältnis des Menschen zur ihn umgebenden Natur als ganzer, also auf seine *eigenen* Lebenszusammenhänge.[22] Das eigentliche Problem der ökologischen Krise wird daher durch Befunde zur Schädigung einzelner – wenn auch sehr vieler – nichtmenschlicher Organismen nicht wirklich erfaßt.

Daher wird hier die Position vertreten, daß es in praktischer Hinsicht sinnvoller ist, anthropogene Umweltveränderungen als Eingriffe in die Rechte von Menschen, also von *tatsächlichen* Mitgliedern der Sozialgemeinschaft, zu betrachten, anstatt neue Moraladressaten zu konstruieren: Unter diesem Aspekt sind anthropogene Umweltveränderungen *zweifelsfrei* moralisch relevant; sie werden dabei *von vornherein* als sozialethische Probleme verstanden und nicht als primär ökologische Probleme, die anschließend ethisch „aufgefangen" werden müssen; vgl. dazu Kapitel 4.

3.4.2 Normative Unbestimmtheit: Begründungen

Nach den Ausführungen des vorangehenden Abschnitts umfaßt die Sprechweise, Umweltsysteme als normativ unbestimmt zu bezeichnen, die folgenden beiden Aussagen: (1) Die Gesamtheit der Naturzusammenhänge übersteigt den Geltungsbereich menschlicher Normensysteme; (2) die wissenschaftliche Untersuchung der Natur bringt keine Normen zur Regelung des Naturverhältnisses hervor.

Im einzelnen stehen hinter diesen Aussagen zwei empirische Feststellungen, ein ethisches sowie ein erkenntnistheoretisches Argument:

1. *Ökologisch:* Hier geht es vor allem um den im vorangehenden Abschnitt angeführten Befund, daß Umweltsysteme dem menschlichen Beobachter keinen intrinsischen Sollzustand offenbaren, und daß Leitgrößen wie Biodiversität, Stabilität von Ökosystemen etc. bereits *rein deskriptiv* nicht geeignet sind, als eindeutiges Maß für Umweltbelastungen zu fungieren.[23]

---

22. Vgl. Schäfer (1994, S. 79): „Verursachend und erleidend steht der Mensch als Definiens im Begriff der Krise."

23. "Shannon-Weaver diversity is a dubious index. (...) There are no available criteria for precisely measuring community diversity under natural conditions." (Goodman 1975, S. 260)
„Auch sollten Aussagen aufgrund von Diversitätsindices mit äußerster Sorgfalt und Vorsicht betrachtet werden – keinesfalls sollte mit ihnen 'weitergerechnet' werden. Überbewertungen haben diese Indices inzwischen weitgehend in Verruf gebracht, so daß in der neuesten Literatur kaum noch mit ihnen gearbeitet wird." (Remmert 1992, S. 234)
Während die Beurteilung von Umweltveränderungen zwar Ähnlichkeiten zur Frage nach der menschlichen Gesundheit aufweist (Honnefelder 1993, S. 256), stehen für die Erkennung von Umweltbelastungen also *keine* solchen empirisch gegebenen Leitgrößen zur Verfügung, wie die Abweichung von der Körpertemperatur von 37 °C beim Menschen einen Indikator für Krankheit bildet.

3.4 Normative Unbestimmtheit

Wenn von ökologischen *Bewertungen* die Rede ist, sind dies also keine Bewertungen, die auf „ökologisch gegebenen" Werten beruhen, sondern Bewertungen, die von einem speziellen *menschlichen* Standpunkt aus, im Sinne eines menschlichen Interesses am Zustand einer Landschaft, an der Existenz einer Spezies oder an einem Biotop vorgenommen werden (Plachter 1992, S. 9ff.), vgl. unten, Punkt 3. Das dabei vertretene Interesse ist in vielen Fällen durchaus berechtigt, sollte aber als menschliches Interesse offengelegt und gegenüber konfligierenden Interessen begründet[24] werden – gerade, damit es besser durchgesetzt werden kann. Vgl. dazu den Aufsatz von E. Bierhals (1984) „Die falschen Argumente? – Naturschutz-Argumente und Naturbeziehung", wo die mangelnde Aussagekraft ökologischer Naturschutzargumente untersucht wird.

2. *Gesellschaftlich:* Hier wird die – ebenfalls empirische – Feststellung von oben, S. 27 (Bewertungsproblem) aufgenommen, daß sich Normen wie gesellschaftlich etablierte Schadensbegriffe überwiegend an unmittelbar wahrnehmbaren Ereignissen entwickelt haben und sich deshalb immer nur auf Teilaspekte von Umweltveränderungen beziehen, und daß Normen für die umfassende Bewertung von Umweltveränderungen deswegen weitgehend fehlen.

    Auch wenn umfassendere Normen z. B. in Form von Naturschutzgesetzen[25] formuliert sind, bleiben sie weitgehend wirkungslos, da sie kaum praxisbezogen und nur ungenügend operationalisiert sind:

    - „Generell leidet die naturschutzrechtliche Eingriffsregelung unter vielen Vollzugsproblemen, wie unbestimmten Rechtsbegriffen, offenen Erhebungs- und Bewertungsfragen, sowie Bestimmungsproblemen bei Ausgleichs- und Ersatzmaßnahmen. Hier besteht ein erheblicher Bedarf an Verwaltungsvorschriften und Arbeitshilfen zur sachgerechten Auslegung und zum Vollzug der rechtlichen Bestimmungen." (Strauch 1991, S. 24)

    - „(...) die Frage darf also nicht bloß lauten: Ist bestehendes Recht verletzt?, sondern: In welchem Maß ist bestehendes Recht verletzt? Im weiteren ist eine eindeutige Beantwortung dieser Fragen nur dort möglich, wo konkrete Grenzwerte vorliegen, deren Überschreitung mit geeigneten Methoden klar feststellbar ist. (...) Die meisten Rechtsnormen finden sich jedoch als verbale Formulierung, welche durchwegs ein mehr oder weniger breites Interpretationsspektrum zulassen." (Bürgin *et al.* 1985, S. 17)

3. Das *ethische* Argument dafür, Umweltsysteme als normativ unbestimmt zu bezeichnen, ergibt sich aus der wesensmäßigen Unterscheidung von normativen

---

24. Damit ist kein abstrakter und nur theoretisch relevanter Begründungsanspruch gemeint. Eine Begründung hat vielmehr die praktische Aufgabe, eine Behauptung auf eine allen Parteien gemeinsame Basis zurückzuführen, so daß sie von den Opponenten leichter akzeptiert oder zumindest nachvollzogen werden kann.

25. „Dem Aussterben einheimischer Tier- und Pflanzenarten ist durch die Erhaltung genügend grosser Lebensräume (Biotope) und andere geeignete Massnahmen entgegenzuwirken. (...)" Art. 18, Schweizerisches Bundesgesetz über den Natur- und Heimatschutz.

und deskriptiven Aussagen: Aus deskriptiven Sätzen können – rein logisch – keine normativen Sätze gefolgert werden. Aus diesem Grund tritt das Problem des *naturalistischen Fehlschlusses* auf, wenn gewisse Zustände von Umweltsystemen ohne weiteres als Grundlage von Normen angesehen werden, die menschliches Handeln bestimmen sollen; vgl. dazu z. B. Honnefelder (1993, S. 257) und Schäfer (1994, S. 166f.). Dabei bezieht sich die Bezeichnung „Fehlschluß" auf den im logischen Sinn unzulässigen Schritt, aus *deskriptiven* Aussagen über den Zustand von Umweltsystemen *normative* Sätze zur Anleitung umweltrelevanten Handelns zu folgern.[26]

Wenn jedoch deskriptiven Aussagen über den Zustand von Umweltsystemen unmittelbar ein normativer Gehalt zugeordnet wird, z. B. indem hohe Biodiversität als „intrinsisches" Gut angesehen wird, ist der Schluß auf weitere Normen – „Umwelteingriffe, die die Biodiversität vermindern, sind unzulässig" – *logisch* korrekt.[27] In diesem Fall muß jedoch der normative Gehalt der empirischen Prämisse begründet werden, und dies ist wegen des normativen Naturbegriffs, der dann benötigt wird, über den aber insbesondere die modernen Naturwissenschaften *nicht* verfügen und über den auch außerhalb der Naturwissenschaften keine Einigkeit besteht, nicht ohne weiteres möglich (vgl. dazu auch Schäfer (1994, S. 166ff.)).

Somit ist festzuhalten: Ohne eine Begründung, die explizit auch auf bereits geltende Normen und Werte gestützt ist, können aus Befunden zum Zustand von Umweltsystemen – auch *wenn* sie Abweichungen von einem Referenzzustand markieren würden – keine Normen für umweltrelevantes Handeln abgeleitet werden. Der naturwissenschaftlich erfaßte Zustand von Umweltsystemen als solcher hat keinen normativen Gehalt.

4. Das *erkenntnistheoretische* Argument für die normative Unbestimmtheit von Umweltsystemen bezieht sich auf die grundsätzliche Frage, ob ein Sollzustand von Umweltsystemen überhaupt erkennbar sein *kann* (im Gegensatz zur hinter dem ethischen Argument stehenden Frage, wie Normen für umweltrelevantes Handeln gegenüber anderen Personen begründet werden können). Es besagt:

---

26. Allerdings ist nicht völlig klar, inwieweit die Unterscheidung zwischen rein deskriptiven Sätzen und rein normativen Sätzen wirklich durchgehalten werden kann. Scheinbar rein deskriptive Feststellungen können, schon weil sie überhaupt getroffen werden oder durch die Form, in der sie getroffen werden, auch einen wertenden Anteil haben, der nicht ohne weiteres „absepariert" werden kann, und zwar aus folgendem Grund: Die unterschiedlichen Wertsysteme, die das Naturverhältnis verschiedener Personen oder gesellschaftlicher Gruppen bestimmen, sind – zumindest zur Zeit – bei weitem nicht transparent. Für eine strikte Unterscheidung zwischen deskriptiven und normativen Sätzen über Umweltsysteme und umweltrelevantes Handeln wäre – über den Verweis auf den naturalistischen Fehlschluß hinaus – eine vollständige ethische und erkenntnistheoretische bzw. naturphilosophische Rekonstruktion dieser Wertsysteme erforderlich, weil nur dann empirische Befunde und die „zugehörigen" Wertaussagen in ein klares Verhältnis gesetzt werden können. Bisher wurden die Wertsysteme, die umweltrelevantes Handeln bestimmen, nicht in diesem Ausmaß rekonstruiert.

27. Insofern steht die Bezeichnung „naturalistischer Fehlschluß" weniger für ein logisches Problem als für ein inhaltliches Begründungsproblem; vgl. vorangehende Anmerkung.

Die Naturzusammenhänge bilden die Bedingung für die Existenz von Menschen als erkennenden und handelnden Subjekten, und diesen Subjekten stehen die Bedingungen, die ihre Entstehung und Existenz bestimmen, weder als transparenter, d. h. vollständig erfaßbarer Erkenntnisgegenstand, noch als Objekt der Verfügungsgewalt oder Gegenstand des Mitleids gegenüber. Aus diesem Grund ist der Zustand von Umweltsystemen prinzipiell nicht erfaßbar, und insbesondere ist ein Sollzustand nicht einmal *denkbar*: „Von dem, was mehr ist als er selbst, kann der Mensch nicht wissen, wie es sein soll." Vgl. dazu auch Honnefelder (1993, S. 262).

Dieses Argument ist *erstens* relevant als eine prinzipielle, d. h. nicht auf empirische Befunde gestützte Begründung für die Überkomplexität (Naturzusammenhänge sind kein transparenter Erkenntnisgegenstand) und normative Unbestimmtheit (Naturzusammenhänge sind kein abgegrenzbares Schutzobjekt) von Umweltsystemen.

Zweitens ist es relevant für die Frage, ob durch naturwissenschaftliche Erkenntnis Vorgaben für ein „*Global Environmental Engineering*",[28] d. h. für ein technisches Management des globalen biogeochemischen Systems, gewonnen werden können (bei *gegebener* gesellschaftlicher Einigung, umweltveränderndes Handeln an solchen Vorgaben zu orientieren). Das Argument bedeutet für diese Frage, daß Mechanismen, die das Verhalten des globalen Umweltsystems bestimmen und deren Kenntnis somit Umwelteingriffe zur erfolgreichen Steuerung[29] dieses Systems ermöglichen würde, der menschlichen Erkenntnis prinzipiell nicht zugänglich sind. Deswegen würden Versuche eines „*Global Environmental Engineering*" grundsätzlich zu unvollständig voraussehbaren Resultaten führen und das bereits ablaufende „*Global Environmental Change*" zusätzlich verschärfen.

Drittens macht das Argument deutlich, daß es einerseits für den Menschen aufgrund seiner vielfältigen Eingebundenheit in Umweltsysteme keinesfalls bedeutungslos ist, in welchem Zustand sich diese Umweltsysteme tatsächlich befinden (sonst stünden wir nicht in einer ökologischen Krise), daß es jedoch andererseits keine äußere Meßlatte gibt, an der abgelesen werden kann, wie diese Umweltsysteme beschaffen sein sollen.[30] Somit ist die scheinbar nach außen orientierte Frage, wie die Umwelt beschaffen sein soll, zugleich eine nach innen

---

28. So der Titel einer Stellungnahme in *Nature*, in der die Möglichkeit erörtert wird, das Ozonloch durch Injektion von mehreren tausend Tonnen Propan oder Butan in die Stratosphäre zu „schließen" oder das ozeanische Planktonwachstum durch Zugabe von über 10^5 Tonnen Eisen pro Jahr zu „düngen" und so anthropogenes CO_2 zu binden (Cicerone *et al.* 1992, Martin *et al.* 1990).

29. „Erfolgreiche Steuerung" bedeutet dabei, daß der intendierte Effekt tatsächlich eintritt und daß umfangreiche Nebenfolgen, die den intendierten Effekt, auch wenn er eintritt, möglicherweise bei weitem überkompensieren, ausgeschlossen werden können.

30. „Auch wenn wir nicht machen können, was wir wollen, sagt uns 'die Natur' nicht, was wir tun sollen." (Gethmann 1993, S. 247)

gerichtete Frage, wie jedes einzelne Subjekt handeln und wie eine Gesellschaft ihr umweltrelevantes Handeln organisieren will.[31]

Dieses zuletzt angeführte erkenntnistheoretische Argument bezieht sich vor allem auf das spezifische Problem einer Zivilisation, deren Naturverständnis weitgehend technisch-instrumentell ist und die die ganze Biosphäre mit ihren Umwelteingriffen beeinflußt. Das Argument besagt, daß es weder möglich ist, die Biosphäre oder erhebliche Teile von ihr als „Quasi-Sozialpartner" in das Moralsystem aufzunehmen noch sie – „idealerweise" auch noch gleichzeitig – nach Maßgabe technischer Normen zu optimieren.

Hinter dieser Aussage steht folgende Überlegung: Bei der Vorstellung, Ökosysteme, Landschaften oder die Natur als ganze könnten als *moral patients* eingestuft werden, werden diese Systeme vom einzelnen Organismus her gedacht, für den es ein normatives Leitbild wie die in Anmerkung 1 auf S. 24 eingeführte körperliche Integrität gibt. Dieses Leitbild wird auf größere Systeme übertragen und verschiebt sich dabei in ein Leitbild der *funktionalen* Integrität, denn größere Systeme erscheinen nicht mit derselben Evidenz als individuelle Lebewesen wie einzelne Organismen, sondern sie werden überwiegend wissenschaftlich, d. h. im Hinblick auf ihre funktionalen Zusammenhänge erfaßt.[32] Dieses Leitbild der funktionalen Integrität macht jedoch zugleich auch eine Optimierung nach *technischen* Normen denkbar und wünschbar; der mitleidsethisch motivierte Zugang und der ingenieurwissenschaftliche Zugang zum Problem der ökologischen Krise berühren sich hier. Beide gehen jedoch von einer Unterbestimmung der Natur aus, indem die Naturzusammenhänge entweder als Gegenstand des Mitleids oder als Objekt der Verfügungsgewalt angesehen werden.

Um einem Mißverständnis vorzubeugen: Damit ist nicht gesagt, daß nicht gewisse Aspekte der Naturzusammenhänge, in die eine Gesellschaft eingebunden ist, im Normensystem dieser Gesellschaft repräsentiert sein können. Es ist im Gegenteil unerläßlich für umweltverträgliches Handeln, daß die Naturzusammenhänge im gesellschaftlichen Normensystem gegenwärtig sind. Obige These besagt lediglich, daß diese Repräsentation weder in Form technischer Normen noch durch die Anerkennung der Natur als Subjekt und damit als Sozialpartner bewerkstelligt werden kann.

Aus diesem Grund ist es für die Bewältigung der ökologischen Krise von erheblicher Bedeutung, inwieweit neben dem bisherigen technisch-instrumentellen Naturverhältnis moderner Gesellschaften auch andere Naturzugänge gefunden oder wieder eröffnet werden.[33] Dabei geht es nicht allein um die – wissenschaftliche – Na-

---

31. „Es handelt sich [bei der ökologischen Krise] immer um tiefgreifende Störungen der gesellschaftlichen Naturverhältnisse – und nicht etwa von Naturzusammenhängen." (Becker 1993, S. 43)

32. Vgl. dazu Ott (1993, S. 153ff.), Abschnitt zur *Ökologischen Pathognomik*.

33. Vgl. Becker (1993, S. 44): „Kulturelle Regulationen der gesellschaftlichen Naturverhältnisse werden durch technisch-wissenschaftliche ersetzt. (...) Ich leite als Zwischenergebnis (...) die

turerkenntnis und die – technische – Naturbeherrschung, sondern um die grundsätzliche Anerkennung und kulturelle Ausformung der „Grenze zwischen Wildnis und Zivilisation".[34]

3.5 Zusammenfassung

Überkomplexität und normative Unbestimmtheit wurden in den vorangehenden Abschnitten als zwei *Leitbegriffe* eingeführt, die die Schwierigkeiten bei der Beschreibung und Bewertung anthropogener Umweltveränderungen benennen sollen. Sie werden Umweltsystemen als Eigenschaften zugeordnet, weil auf diese Weise erkennbar wird, daß die rein wissenschaftliche, empirisch orientierte Untersuchung von Umweltsystemen für die Bewertungsfrage in eine Sackgasse führt: Anstelle eines Schadensbegriffs, der den gewünschten oder unerwünschten Zustand eines Umweltsystems erkennbar werden ließe, stößt man auf eine nicht mehr strukturierbare Fülle von Befunden und kontroverse Bewertungsfragen, also das Gegenteil dessen, was die wissenschaftliche Untersuchung eigentlich liefern soll.

Aus diesem Resultat wird im folgenden Kapitel die Konsequenz gezogen, die auslösenden Handlungen stärker in die Betrachtung mit einzubeziehen und die Bewertung anthropogener Umweltveränderungen auf normative Kriterien zu stützen, die für das Verhältnis zwischen handelnden Personen gelten. Hinter diesem Ansatz steht die Tatsache, daß von (fast) allen anthropogenen Umweltveränderungen immer auch andere Menschen als allein die handelnden Akteure betroffen sind, und daß Umweltprobleme deswegen auch als sozialethische Probleme anzusehen sind.

These ab, daß sich in den sogenannten Umweltproblemen die unbewältigten Folgen von Industrialisierung, Technisierung und Verwissenschaftlichung gesellschaftlicher Naturverhältnisse zeigen."

34. So der Untertitel von H. P. Duerrs *Traumzeit* (Duerr 1984).

Kapitel 4

Umweltchemikalien, Reichweite und ökologische Gerechtigkeit

Im vorangehenden Kapitel wurde dargestellt, daß Normen für die Bewertung und Anleitung umweltverändernden Handelns nicht an Umweltsystemen oder an Veränderungen von Organismen und Ökosystemen direkt „abgelesen" werden können. Dies bedeutet, daß der naturwissenschaftlich-ingenieurwissenschaftlich geprägte Ansatz, einen Schadensbegriff zu suchen, der sich ausschließlich auf den geschädigten Gegenstand, d. h. auf das Objekt menschlicher Handlungen, bezieht, bei der Bewertung anthropogener Umweltveränderungen nicht weiterführt. Daher wird im folgenden versucht, die Bewertung anthropogener Umweltveränderungen stärker auf allgemein akzeptierte Grundprinzipien zur Bewertung menschlicher Handlungen wie die Goldene Regel, das Verursacherprinzip oder das Vorsorgeprinzip zu stützen: Während der Zustand isoliert betrachteter Umweltsysteme normativ unbestimmt ist, unterliegen umweltverändernde Handlungen, wenn man sie als Handlungen versteht, die immer auch andere Personen betreffen, ethisch reflektierten Bewertungskriterien.

Dieser Ansatz führt in das Feld der ökologischen Gerechtigkeit. Unter diesem Begriff werden nach A. Leist (1996) diejenigen Gerechtigkeitsprobleme zusammengefaßt, die aufgrund der ökologischen Krise entstehen.[1] Leist (1996, S. 392ff.) führt eine Reihe von Beispielen für solche Gerechtigkeitsprobleme an, so das Problem, daß viele Entwicklungsländer heute auf Technologien verzichten müssen, deren ökologisches Schädigungspotential durch die Industrieländer bereits ausgeschöpft wurde, z. B. die Nutzung von FCKW. Ein anderes Beispiel ist der Export von Technologien mit hoher Umweltbelastung aus den Industrieländern mit ihren relativ hohen Umweltstandards in Länder mit tieferen Umwelt- und Sozialstandards. Ein Grundproblem der ökologischen Gerechtigkeit besteht darin, daß die Strategie der Industrieländer, Armut durch industrielles Wachstum zu beseitigen, gerade ange-

---

1. Die Wortwahl „ökologisch" hat sich im ethischen Sprachgebrauch eingebürgert; ökologische Gerechtigkeit ist ein Teilbereich der ökologischen Ethik (die Bedeutung des Begriffs „Ökologie" ist hier umfassender als die rein naturwissenschaftliche Bedeutung, die in Kapitel 3 im Vordergrund steht). Daneben wird auch die Bezeichnung „Umweltethik" verwendet; im englischen Sprachgebrauch wird von *environmental equity* oder *environmental justice* gesprochen (Harding u. Holdren 1993, Sachs 1996).

sichts der Umweltbelastungen durch zunehmende Industrialisierung nicht weltweit umgesetzt werden kann.

Aus dem vielschichtigen Bereich dieser Gerechtigkeitsprobleme, die sowohl ökonomische Probleme, soziale Probleme als auch Umweltprobleme umfassen, wird im folgenden ein Aspekt herausgegriffen, nämlich Gerechtigkeitsprobleme durch Chemikalienexpositionen, die räumlich und zeitlich verlagert werden.

Dabei werden viele der ethischen Grundsatzfragen, die sich im Bereich der ökologischen Gerechtigkeit stellen, nicht diskutiert; man vergleiche dazu Leist (1996). Das Ziel besteht vielmehr darin, mit den Gerechtigkeitsprinzipien diejenigen ethischen Normen für die Bewertung von Umweltveränderungen heranzuziehen, die trotz aller offenen Fragen vergleichsweise unstrittig sind.[2]

Bei dem damit angestrebten Brückenschlag zwischen ethischer Norm und umweltchemischem Sachverhalt wird die generelle Frage nach dem Verhältnis zwischen empirischen Befunden und Werturteilen berührt; einer kurzen Erörterung dieser Frage ist daher der erste Abschnitt dieses Kapitels gewidmet.

4.1 Zum Problem des Werturteils in naturwissenschaftlichen Untersuchungen

In den modernen Naturwissenschaften ist es üblich, die Feststellung von Befunden und die Formulierung von Werturteilen als zwei getrennte Schritte anzusehen; die Bestimmung naturwissenschaftlicher Befunde wird als weitgehend deskriptiver und „wertfreier" Prozeß verstanden.

Die Trennung oder genauer: Unterscheidung von Datenerhebung und Werturteil ist in den Geschichts-, Rechts- und Sozialwissenschaften ebenfalls von erheblicher Bedeutung. Sie wird dort im Gegensatz zu den Naturwissenschaften auch explizit thematisiert und diskutiert („Werturteilsstreit", vgl. A. Pieper (1994, S. 106, mit weiteren Angaben)); exemplarisch angeführt seien die Aufsätze von M. Weber zur *„Objektivität" sozialwissenschaftlicher und sozialpolitischer Erkenntnis* (Weber 1985a) und zur *„Wertfreiheit" der soziologischen und ökonomischen Wissenschaften* (Weber 1985b), die Ausführungen von E. Agazzi (Agazzi 1995, S. 155ff.), der historische Überblick von R. Koselleck (Koselleck 1977) sowie eine juristische Arbeit von K. H. Ladeur (1994). Diese Diskussion fehlt in den Naturwissenschaften, d. h. sie wird von Naturwissenschaftlern selbst nicht geführt, was mit dem naturwissenschaftlichen Selbstverständnis, generell nur rein deskriptiv zu arbeiten, zusammenhängen dürfte.

In jüngster Zeit wird jedoch auch von Naturwissenschaftlern zunehmend artikuliert, daß die *Umweltnaturwissenschaften* eine andere Aufgabe und Funktion haben

---

2. Verschiedene Autoren plädieren dafür, bei unklaren und kontroversen Bewertungsfragen – und um solche handelt es sich in der Umweltdebatte – auf möglichst unstrittige und grundlegende Normen, nämlich Gerechtigkeitskriterien, zurückzugreifen, so Höffe (1993, S. 96, 173 u. 259), Schäfer (1994, S. 88f.) und Birnbacher (1988, S. 269).

als herkömmliche Naturwissenschaften (Markl 1994, S. 253), und daß sich dies auch auf den Zusammenhang von Faktenerhebung und Bewertung auswirkt.

Diese Auffassung vertrete auch ich hier, und ich möchte sie noch zusätzlich akzentuieren: Untersuchungsgegenstand der Umweltnaturwissenschaften sind die Konsequenzen umweltrelevanten Handelns, d. h. ihre Problemstellungen ergeben sich aus praktischen Bereichen, nicht aus einem disziplinimmanenten Erkenntnisstreben. Diese praxisbezogenen Problemstellungen umfassen neben der Erhebung von Befunden auch die Bewertung umweltrelevanten Handelns. Umweltnaturwissenschaften sind verbunden mit politischen, ökonomischen und rechtlichen Belangen; sie reichen in den Bereich des Normativen hinein, und zwar nicht nur mit ihren Resultaten, sondern auch mit ihrer *Problemstellung*.[3] Ladeur (1994) betont die Notwendigkeit, diese Erkenntnis in der rechtlichen Praxis stärker zu berücksichtigen:

- „Risiken unterhalb der traditionellen Gefahrengrenze sind so vielfältig, daß auch die Sammlung von Informationen, die nicht ohne weiteres über Erfahrung verfügbar sind, in rechtlicher Form prozeduralisiert werden muß. Ungewißheit muß als normatives Problem akzeptiert und durch Suchverfahren strukturiert werden, sie kann nicht nur als faktisches Problem der Sachverhaltsermittlung angesehen werden." (Ladeur 1994, S. 13)

- „Die Trennung von Ermittlung, Bewertung und Berücksichtigung in der Entscheidung kann, wie sich aus den vorstehenden Überlegungen ergibt, nicht strikt durchgehalten werden." (Ladeur 1994, S. 17)

Diese letzte Forderung gilt jedoch nicht allein für die rechtliche Praxis, sondern hat auch Konsequenzen für die naturwissenschaftliche Praxis. Sie führt dazu, daß auch in der naturwissenschaftlichen Methodik der Zusammenhang zwischen Beschreibung und Bewertung von Umweltveränderungen nicht, wie bisher üblich, als die Abfolge von Beschreibung (möglichst umfassend und wertneutral) und anschließender Bewertung angesehen werden kann. Vielmehr muß umgekehrt der Beschreibung, d. h. der Auswahl von Meßgrößen, ein Werturteil, das die Auswahl der Meßgrößen mitbestimmt, vorangestellt werden. Ansatzweise klingt dies bei H. Markl an (Markl 1994, S. 252): „Wann immer solche empirisch-naturwissenschaftlichen Erkenntnisse tatsächlich auf Mensch oder Natur angewandt werden sollen, ist dies unmöglich, ohne sich zugleich *oder eigentlich schon vorher* darüber klar zu werden, welche Schädigungswahrscheinlichkeiten mit welchen Schädigungsfolgen für hinnehmbar, tragbar, zumutbar, verordnungsfähig oder rechtlich vertretbar zu halten sein sollen (...). (Hervorhebung MS)"

---

3. Man beachte dazu die Feststellung, die M. Weber 1918 für die Sozialwissenschaften getroffen hat: „Sie [eine Diskussion praktischer Wertungen, MS] befruchtet vielmehr, wenn sie richtig geführt, die empirische Arbeit auf das Nachhaltigste, indem sie ihr die Fragestellungen für ihre Arbeit liefert." (Weber 1985b, S. 511) Diese Feststellung kann heute in ähnlicher Form auf die Umweltnaturwissenschaften übertragen werden.

Dieser bei Markl nicht weiter ausgeführte Gedanke wird im folgenden explizit verfolgt. Er verlangt zum einen, daß nach wie vor möglichst klar zwischen Werturteil und naturwissenschaftlicher Untersuchung *unterschieden* werden muß, damit nicht wissenschaftliche Kompetenz unreflektiert in den Dienst einer Weltanschauung gestellt und zur Zementierung dieser Weltanschauung verwendet wird (gerade diese Vermischung soll nach M. Weber durch die Unterscheidung von Werturteil und Datenerhebung verhindert werden).

Andererseits bedeutet der bei Markl angesprochene Gedanke, daß die *Trennung* beider Schritte aufgehoben wird. Höffe (1993, S. 257) formuliert die sich damit ergebende Problemstellung in folgender Weise:

> *„Man muß vielmehr (...) zwei Elemente, die zunächst einmal heterogen sind, einen Sachverhalt und eine Norm bzw. einen Wert, in eine Beziehung zueinander bringen."*

Solange sich eine Norm auf den Zustand wohldefinierter Objekte bezieht (technische Normen), ist mehr oder weniger offensichtlich, welche Indikatoren zur Umsetzung dieser Norm geeignet sind, z. B. sind dies für die Trinkwasserqualität die Indikatoren Keimgehalt; pH-Wert; Mineralgehalt, insbesondere Wasserhärte; Summenparameter für organische Verunreinigungen etc. (Völkel 1995, vgl. auch Sontheimer 1986, S. 52f.). Dieser Fall steht hier nicht im Vordergrund; er fällt unter die Ausführungen zum Schadensbegriff, s. S. 25. Sobald eine Norm jedoch ein allgemein formuliertes Prinzip zur Bewertung menschlicher Handlungen darstellt (ethische Normen), ist viel weniger offensichtlich, welche Indikatoren zu ihrer Umsetzung geeignet sind. Welche Indikatoren erfordert z. B. das Prinzip der Nachhaltigkeit, wenn es auf die Emission von Chemikalien angewendet werden soll?

Die Beziehung zwischen ethischer Norm und naturwissenschaftlichem Sachverhalt ist weder in den Naturwissenschaften noch in der Philosophie ein traditioneller Untersuchungsgegenstand. Die deswegen leicht auftretenden Mißverständnisse beschreibt Höffe (der seine Überlegungen auf die Wissenschaftsethik als Vermittlungsebene zwischen Norm und Sachverhalt bezieht) wie folgt: „In der Regel geht es der Wissenschaftsethik nicht anders als jeder angewandten Ethik: sie pflegt zu enttäuschen. Den "Praktiker" enttäuscht sie, weil er zu wenig Sachverstand am Werk sieht, außerdem keine fertigen Rezepte erhält, den Philosophen, weil man auf sein Interesse an Letztbegründung nicht eingeht. Beide Seiten verkennen die eigentümliche Aufgabe, daß etwas Drittes gesucht wird, nicht ein Kompromiß zwischen Rezept und Letztbegründung, sondern eine Vermittlungsleistung. In einem ursprünglichen, der Professionalisierung noch vorangehenden Sinn handelt es sich sogar um eine philosophische Aufgabe. Ob Philosophen vom Fach sie ausüben oder Juristen, ob Theologen, Naturwissenschaftler oder Mediziner, spielt dafür keine Rolle." (Höffe 1993, S. 256)

Hier wird nun ein Versuch unternommen, diese Vermittlungsleistung zwischen den heterogenen Elementen Norm und Sachverhalt von naturwissenschaftlicher Seite aus zu erbringen. Der Ansatz, mit dem bereits *innerhalb* der naturwissenschaftlichen Projektkonzeption die Trennung von Beschreibung und Bewertung aufgehoben werden kann, umfaßt zwei Schritte: Zunächst wird möglichst explizit geklärt, welche normativen Prinzipien auf die untersuchten Umweltveränderungen angewendet werden sollen. Anschließend werden naturwissenschaftliche Indikatoren gewählt oder auch neu entwickelt, die geeignet sind, diese Prinzipien umzusetzen. Zugespitzt formuliert bedeutet diese Vorgehensweise:

> *Eine umweltnaturwissenschaftliche Untersuchung wird durchgeführt, damit einer normativen Position Geltung verschafft werden kann.*

Dies soll konkret bedeuten, daß Sachverhalte, die bislang nicht unter die betrachtete Norm gestellt wurden, als Anwendungsfälle für diese Norm erkannt und anerkannt werden.[4]

4.2 Gerechtigkeitsprinzipien und ihre Anwendung auf Umweltprobleme

Umweltverändernde Handlungen sind an Zielen und Zwecken ausgerichtet; aus ihnen ziehen die jeweiligen Akteure einen intendierten Nutzen. Dem Nutzen, der von den Akteuren beansprucht wird, stehen die nicht intendierten *Nebenfolgen* der Handlungen gegenüber: Auch und gerade die nicht intendierten Umweltveränderungen müssen letztendlich handelnden Subjekten zugewiesen und von diesen verantwortet, d. h. einer Bewertung unterworfen und ggf. entschädigt oder wiedergutgemacht werden (Schäfer 1994, S. 55ff.).

Es geht also bei der Bewertung anthropogener Umweltveränderungen um die Verteilungsgerechtigkeit von intendiertem Nutzen und Nebenfolgen und um den gerechten Ausgleich zwischen den von Nutzen und Nebenfolgen unterschiedlich betroffenen Personen oder Parteien. Für die Verteilung von Nutzen und Nebenfolgen gelten auch in den stark segmentierten modernen Gesellschaften weitgehend unstrittige normative Prinzipien wie die Goldene Regel, das Verursacherprinzip und das Vorsorgeprinzip, und im folgenden wird versucht, den Wirkungsbereich dieser Prinzipien verstärkt auf anthropogene Umweltveränderungen auszudehnen.

Die Relevanz von Gerechtigkeitsprinzipien für die Bewertung anthropogener Umweltveränderungen ergibt sich daraus, daß durch umweltverändernde Handlungen immer – direkt und indirekt – auch Menschen, die am Nutzen, den der Akteur aus seiner Handlung gewinnt, nicht teilhaben, betroffen sind, z. B. durch unmittelbare

---

4. „Was mit einer sog. Ethik der Verantwortung mithin gefordert ist, ist keine neue Begründung für neuartige Handlungsmaximen, sondern eine (pragmatische) *Regelung von Zuständigkeiten und die emphatische Betonung von moralisch-praktischen Normen in Handlungskontexten, wo sie bislang keine Rolle spielten* – sei es, daß wir sie dort für entbehrlich oder nicht einschlägig hielten, sei es, weil wir sie dort nicht anzuwenden verstanden." (Schäfer 1994, S. 88, Hervorhebung im Original)

Einschränkung ihrer eigenen Nutzungs- oder Erlebnisinteressen an Natur bis hin zur Gefährdung ihrer Lebensgrundlagen.[5]

4.2.1 Das Operationalisierungs-Problem

Die soeben benutzte Sprechweise, „den Wirkungsbereich der Prinzipien auf Umweltveränderungen auszudehnen", bezieht sich auf die Distanz zwischen ethischer Norm und naturwissenschaftlich festgestelltem Sachverhalt, die überbrückt werden muß. Jede Norm muß umgesetzt, *operationalisiert* werden, d. h. es müssen beobachtbare oder meßbare Größen – *Indikatoren* – definiert werden, die die Art und das Ausmaß einer Umweltveränderung anzeigen und es ermöglichen, die Norm auf die Umweltveränderung anzuwenden.

Hier soll insbesondere die *Wahlfreiheit* in der Definition der Indikatoren betont werden: Umweltveränderungen existieren *nicht* in einer fest vorgegebenen Weise, die eine eindeutige Beschreibung mit nachfolgender Bewertung erzwingt, sondern die naturwissenschaftliche Beschreibung einer Umweltveränderung kann sich erheblich nach den zugrundegelegten Normen richten.

Bei Umweltveränderungen bedeutet die Operationalisierung einer Norm daher die Anpassung der Beschreibung von Sachverhalten an die Erfordernisse dieser Norm.[6]

Konkret bedeutet dies, daß die Indikatoren, die zur Beschreibung einer Umweltveränderung verwendet werden, im Hinblick auf die betrachtete Norm, also einen wissenschaftsexternen Maßstab, ausgewählt oder auch neu formuliert werden.

Hier ist es wichtig, ein Mißverständnis zu vermeiden. Die Wahlfreiheit in der Beschreibung anthropogener Umweltveränderungen bedeutet nicht, daß die Tatsache in Zweifel steht, daß *überhaupt* anthropogene Umweltveränderungen in erheblichem Ausmaß stattfinden und daß – z. T. lebenswichtige – Güter durch diese Umweltveränderungen beeinträchtigt werden. Diese Tatsache wird durch Befunde wie Artenverlust, Bodenverlust, verstärkte UV-Einstrahlung durch Ozonabbau in der Stratosphäre, Anstieg der troposphärischen CO_2-Konzentration etc. eindeutig dokumentiert (*World Resources* 1992). Erst die zweite Frage, welche Güter im einzelnen beeinträchtigt werden und wie diese Beeinträchtigungen zu bewerten sind,

---

5. „Wer zur Umweltzerstörung beiträgt, greift in die Rechte anderer ein." (Höffe 1993, S. 173) Bisher wird in der Umweltdebatte vielfach unterschätzt, wie stark die Belange Unbeteiligter, die von generellen Interessen an intakter Umwelt bis zu spezifischen Nutzungsansprüchen reichen, durch Umweltveränderungen tatsächlich gestört werden (Schäfer 1994, S. 168f.; Bierhals 1984, S. 121; Höffe 1993, S. 176ff.).

6. Dies widerspricht der unter Naturwissenschaftlern gängigen Sichtweise, daß auf einen (mehr oder weniger) eindeutig gegebenen Sachverhalt verschiedene Normen angewendet werden können, und daß zwar die Wahl der Normen variabel und letztendlich beliebig ist, die Beschreibung des Sachverhalts jedoch festliegt (z. B. die von Weise und v. Embden (1995) vertretene Position). Hinter dieser Sichtweise steht jedoch ein nicht angemessener Naturalismus, wie Gethmann u. Mittelstraß (1992, S. 18) zeigen.

4.2 Gerechtigkeitsprinzipien und ihre Anwendung auf Umweltprobleme

führt auf die Frage nach einer geeignet zu wählenden Beschreibung dieser Umweltveränderungen.

Die Operationalisierung bildet die oben erwähnte Vermittlungsleistung zwischen Norm und Sachverhalt und bestimmt die Resultate einer Untersuchung anthropogener Umweltveränderungen wesentlich. Die Bedeutung des Operationalisierungs-Schrittes kann gar nicht hoch genug eingeschätzt werden, da bei Wahl ungeeigneter Indikatoren die normativen Prinzipien, die zur Anwendung kommen sollen, nicht greifen, und andererseits die mit erheblichem zeitlichem und finanziellem Aufwand erhobenen naturwissenschaftlichen Befunde nicht bewertet werden können.

Wie Höffe schreibt und wie auch bei Ladeur anklingt,[7] ist das Operationalisierungsproblem ein in dieser Form neues und bisher weitgehend ungelöstes Problem: eine Kombination aus Werturteil und naturwissenschaftlichem Untersuchungsgegenstand, die zu einer umweltnaturwissenschaftlichen Problemstellung führt. Daher ist es hilfreich, Kriterien zum Vergleich und zur Beurteilung verschiedener Operationalisierungs-Ansätze heranzuziehen. Als solche Kriterien dienen hier die folgenden Fragen:

1. Wie anerkannt, wie gut begründet,[8] wie transparent und intuitiv nachvollziehbar sind die zugrundegelegten Normen?

2. Auf welche *Dimensionen* beziehen sich die verwendeten Indikatoren, und nach welchen *Skalen* sind ihre Werte eingeteilt? Über Dimension und Skala kann geprüft werden, welcher Zusammenhang zwischen Norm und Indikator besteht: Deckt die Dimension den Aussagebereich der Norm ab? Läßt die Skala den Schweregrad einer Umweltbelastung erkennen (Referenzpunkt?), und wie gut ermöglicht sie den Vergleich verschiedener Umweltbelastungen?

    Neben Dimensionalität und Skalierung sind die weiteren *Bezugsgrößen* eines Indikators wesentlich: Welcher Zeitraum und welches räumliche Gebiet, welche Population werden abgedeckt, und mit welcher Auflösung?

3. Sind die Indikatoren empirisch plausibel, d. h. welche Phänomene erfassen sie mit welcher Genauigkeit und Vollständigkeit? Wie praktikabel sind die Indikatoren, d. h. welcher meßtechnische Aufwand wird benötigt; welchen Unsicherheiten sind die Resultate unterworfen?

---

7. „Hier ist zu berücksichtigen, daß Entscheidungen mit und unter Ungewißheitsbedingungen nur möglich sind, wenn eine praktikable Form der Operationalisierung von Bewertungskriterien für Umwelteinwirkungen gefunden werden kann." (Ladeur 1994, S. 19) Demzufolge sind Bewertungskriterien für Umwelteinwirkungen gemäß Ladeur bisher *nicht* in praktikabler Form operationalisiert.

8. Zum Begründungsproblem bei ethischen Normen vgl. z. B. Tugendhat (1993, Erste Vorlesung). Mit „Begründung" ist hier immer eine praxisbezogene Begründung gemeint, s. Anmerkung 24 auf S. 39. Auch ohne daß absolute normative Instanzen zur Verfügung stehen, können die in einer Gesellschaft tatsächlich wirksamen ethischen Normen, die es *immer* gibt, zu einem gewissen Ausmaß begründet werden. Dabei ist es, so Tugendhat (1993, S. 26ff.) hilfreich, *verschiedene* Normensysteme hinsichtlich ihrer Begründbarkeit zu vergleichen (relative Begründung), anstatt nach einer absoluten Begründung für ein spezielles Normensystem zu suchen.

(Zur vergleichenden Betrachtung von Risikoindikatoren vgl. auch Femers und Jungermann (1992a, 1992b), wo jedoch der explizite Bezug auf normative Prinzipien nicht behandelt wird.)

Zum Vergleich mit dem Reichweiten-Konzept, das nachfolgend in Abschnitt 4.2.5 dargestellt wird, werden zunächst die Ansätze von L. Schäfer (1994) sowie von G. Pfister und O. Renn (1995) und der Syndrom-Ansatz des Wissenschaftlichen Beirates für Globale Umweltveränderungen (WBGU 1996) betrachtet. (Diese Abschnitte dienen zur ausführlicheren Darstellung des Operationalisierungs-Problems und können übersprungen werden, ohne daß dadurch die Argumentation unterbrochen wird.)

4.2.2 Körperliche Integrität als Indikator

L. Schäfer legt in seiner Studie „Das Bacon Projekt. Von der Erkenntnis, Nutzung und Schonung der Natur" Elemente der praktischen Philosophie Kants für die Bewertung anthropogener Umweltveränderungen zugrunde (Schäfer 1994, S. 192). Dabei betont er neben den Pflichten gegen andere vor allem auch die Pflichten, die der Mensch gegen sich selbst hat, d. h. Pflichten zur Erhaltung seiner leiblichen Gesundheit: „Grundlegend ist der Gedanke der Selbstverpflichtung, aus ihm leiten sich auch die Pflichten her, die wir gegen unsere Mitmenschen haben." (Schäfer 1994, S. 194) „Aus diesen Partien halte ich zunächst einmal fest, daß wir verpflichtet sind, für unsere Gesundheit Sorge zu tragen." (Schäfer 1994, S. 196)

Schäfers Vorschlag zur Operationalisierung führt davon ausgehend auf Indikatoren, die die Beeinträchtigung der menschlichen Gesundheit (im weitesten Sinne) erfassen (Schäfer 1994, Kap. 6.6 bis 6.8): „Aufgrund des metabolischen Eingelassenseins unseres Körpers in die Zirkulationsprozesse der Natur können wir unseren Körper als Sensorium für die Verträglichkeit der äußeren Bedingungen, unter denen wir leben, betrachten." (Schäfer 1994, S. 225) „Unsere leibliche Integrität fungiert gleichsam als ein potentieller Falsifikator für die Zulässigkeit technischer Verfahren." (Schäfer 1994, S. 243)

Zur Indikatorfunktion des körperlichen Empfindens formuliert Schäfer insbesondere drei Thesen (Schäfer 1994, S. 237–242): Das körperliche Wohlergehen als Sensor einer intakten Umwelt bedürfe erstens der diagnostischen und prognostischen Unterstützung durch die Medizin; zweitens müsse es durch statistische Gesamtheiten und Auswertungsverfahren ergänzt werden, und drittens könne es auf Organismen anderer Spezies ausgedehnt werden.

Den Vorschlag von Schäfer nach den auf S. 51 angeführten drei Kriterien ausführlich zu diskutieren, ist hier nicht beabsichtigt; die Erörterung muß sich auf folgende Bemerkungen beschränken:

Kriterien (2) und (3): Die Indikatoren werden bei Schäfer nicht soweit konkretisiert, daß ihre Dimensionen und Skalen erkennbar sind; insofern ist nicht offensichtlich, welchem Befund welches Gewicht gegeben werden soll (verschiedene gesundheitliche Beeinträchtigungen bei verschiedenen Bevölkerungsgruppen). Denkbar ist, daß geeignet definierte Indikatoren im Rahmen des Gesundheitssystems erhoben werden können und daß sich damit durchaus Aussagen über die Unverträglichkeit vieler Umweltveränderungen gewinnen lassen; man vergleiche dazu epidemiologische Untersuchungen wie z. B. bei Swain (1991), Neus *et al.* (1995), Jacobson u. Jacobson (1996).

Kriterium (1): Die Hauptfrage zu Schäfers Ansatz ist m. E. jedoch, ob ein Recht zur Selbstschädigung nicht zu gewissem Ausmaß (stärker als bei Kant) zugestanden werden muß, während das Recht zur Schädigung *anderer* wesentlich größeren Einschränkungen unterliegt als ein solches Recht zur Selbstschädigung. Diese Frage richtet sich darauf, ob die Betonung der Pflichten, die man gegen sich selbst hat, von dem Problem ablenken könnte, daß bei Umweltveränderungen neben der Selbstschädigung so gut wie immer auch die Schädigung anderer anzuerkennen und zu bewerten ist, und ob durch Schäfers Ansatz die Schädigung anderer genügend klar erfaßt wird.

Ein weiterer Punkt, der hier festgehalten werden soll, ist, daß auch bei Schäfer die Umsetzung normativer Prinzipien nicht auf die in der Umweltdebatte bislang gängigen Indikatoren (Human- und Ökotoxizität, Biodiversität, Ozonabbau- und Treibhauspotential, etc.) führt. Dies ist ein Beispiel dafür, daß andere als die bisher gängigen naturwissenschaftlich motivierten Indikatoren relevant werden, wenn man explizit von einer normativen Prämisse ausgeht (Hauptthese aus Kapitel 1).

4.2.3 Indikatoren zur Messung einer nachhaltigen Entwicklung

In ihrer Studie „Ein Indikatorensystem zur Messung einer nachhaltigen Entwicklung in Baden-Württemberg" (Pfister u. Renn 1995) verfolgen Pfister und Renn explizit eine Operationalisierung des Leitbilds der nachhaltigen Entwicklung. Das Leitbild der Nachhaltigkeit bildet eine „normative Vorgabe über die Verteilung von bedürfnisbefriedigenden Ressourcen zwischen den Generationen" (Pfister u. Renn 1995, S. 4). Allerdings beschränken sich die Autoren auf das *ökonomische* Verständnis von Nachhaltigkeit: Das Wohlfahrtsniveau der Gesellschaft soll im Zeitablauf konstant bleiben (Pfister u. Renn 1995, S. 3).

Die ökonomische Ausformulierung dieser normativen Vorgabe führt auf drei *Nutzungsregeln*, die (1) die Substitution verbrauchten natürlichen Kapitals durch künstliches Kapital, (2) ein Gleichgewicht zwischen der Inanspruchnahme *erneuerbarer* Ressourcen und ihrer Regenerationsfähigkeit und (3) einen Ausgleich des Verbrauchs *erschöpfbarer* Ressourcen durch erneuerbares natürliches Kapital fordern (Pfister u. Renn 1995, S. 8ff.). Aus den Nutzungsregeln werden dann acht „Bedingungen einer nachhaltigen Entwicklung" abgeleitet, die genauer festlegen, in welcher Weise verschiedene natürliche Ressourcen (substituierbare, erneuerbare, erschöpfbare etc.) genutzt werden dürfen, wenn die Nutzungsregeln eingehalten werden sollen (Pfister u. Renn 1995, S. 12ff.).

Die Bedingungen einer nachhaltigen Entwicklung sollen schließlich mittels quantitativer Indikatoren empirisch überprüfbar gemacht werden: „Wesentliche Funktion der Indikatoren ist es, den Erfolg politischer Maßnahmen und wirtschaftlicher Veränderungen nach Maßgabe der normativen Nutzungsregeln nachvollziehen zu können. Dazu muß die Menge der Meßgrößen, die für eine vollständige Abbildung der Nachhaltigkeitssituation benötigt würden, so weit reduziert werden, daß die

Messung einerseits Gültigkeit beanspruchen, andererseits aber der Politik und der Öffentlichkeit wirksam vermittelt werden kann." (Pfister u. Renn 1995, S. 6f.)

Dabei wird unterschieden zwischen einer „Nachhaltigkeitsbeobachtung", die die *dauerhaften* Auswirkungen umweltbelastender Aktivitäten erfassen soll, und einer „Umweltbeobachtung", die sich auf Auswirkungen bezieht, die die *heutige* Generation belasten (Pfister u. Renn 1995, S. 21f.). Als Ausgangspunkt für die Konstruktion eines Systems zur Nachhaltigkeitsbeobachtung wird das System zur Umweltbeobachtung der OECD verwendet, das die Kategorien Klimastabilität, Ozonschicht, Eutrophierung, Versauerung, Umwelttoxizität, Artenvielfalt etc. umfaßt (SRU 1994, S. 94). Dieses System wird um die Kategorien „künstlicher Kapitalstock", „importierte erschöpfbare Ressourcen" und „importierte erneuerbare Ressourcen" erweitert, so daß eine Liste von „Nachhaltigkeitsgütern" resultiert (Pfister u. Renn 1995, S. 24). Diesen Nachhaltigkeitsgütern werden schließlich korrespondierende ökonomische und naturwissenschaftliche Indikatoren zugeordnet. Pfister und Renn liefern eine ausführliche Übersicht über die Schwierigkeiten, die sich bei der weiteren Ausarbeitung dieser Indikatoren ergeben, und über mögliche Ansätze, mit diesen Schwierigkeiten umzugehen (Pfister u. Renn 1995, S. 25ff.). Der Vorschlag, Beeinträchtigungen von Umweltsystemen indirekt in Form von Einwirkungen oder Immissionen zu erfassen (Pfister u. Renn 1995, S. 28), deckt sich mit den Überlegungen von Scheringer *et al.* (1994).

Zur Diskussion des Ansatzes von Pfister und Renn: *Kriterium (1):* Das Nachhaltigkeitsleitbild ist eine politisch breit abgestützte normative Vorgabe, die ihrerseits auf dem Prinzip der intergenerationellen Gerechtigkeit beruht (SRU 1994, S. 45). Allerdings untersuchen Pfister und Renn die normative Fundierung dieses Leitbildes nicht explizit; eine ethische Argumentation wird nicht geführt. Durch die Beschränkung auf das Nachhaltigkeitsleitbild besteht die Gefahr, daß die erheblichen *gegenwärtigen* Umweltbelastungen und die damit verbundenen Verletzungen *intra*generationeller Gerechtigkeit vernachlässigt werden. Es gibt m. E. keinen Grund, die intergenerationelle Gerechtigkeit *stärker* zu berücksichtigen als die intragenerationelle Gerechtigkeit.

Kriterium (3): Viele der aufgeführten Indikatoren sind zunächst empirisch plausibel. Andererseits wirft ihre Handhabung viele methodische und praktische Probleme auf, wie sie in Kapitel 2 der vorliegenden Arbeit beschrieben wurden; manche Indikatoren stehen noch überhaupt nicht als praktikable Meßgrößen zur Verfügung, z. B. die Vielfalt von Landschaften und Ökosystemen (Pfister u. Renn 1995, S. 32f.).

Kriterium (2): Hier werden die Schwierigkeiten, die das Operationalisierungs-Problem auch beim Ansatz von Pfister und Renn aufwirft, am deutlichsten. Alle vorgeschlagenen ökonomischen und naturwissenschaftlichen Indikatoren erfordern *normative Zusatzannahmen*, wie die Autoren selbst konstatieren: „Bei dieser Vorgehensweise stellt sich zum einen das Problem, daß die Auswahl und Messung dieser Größen wissenschaftlich (d. h. intersubjektiv gültig) nicht begründbar sind und bestenfalls auf dem Verhandlungswege konsensual (...) festgelegt werden können. Weitere normative Elemente fließen in die Aggregation der Meßgrößen (durch die Konstruktion von Indizes) ein. Die Gefahr einer normativen Beeinflussung dessen, was als wohlfahrtserhöhend bzw. -erhaltend gelten soll, erscheint deshalb außerordentlich hoch." (Pfister u. Renn 1995, S. 26)

„Die verschiedenen Kategorien des zu betrachtenden natürlichen Kapitals werden durch die sektorale Abgrenzung der Nachhaltigkeitsgüter vorgegeben und stellen insofern eine normativ gesetzte Auswahl dar. Auf eine Aggregation dieser Teilaspekte zu einem Index sollte dennoch verzichtet werden, um den Grad der normativen Annahmen nicht weiter zu erhöhen." (Pfister u. Renn 1995, S. 27)

Die normativen Hintergründe dieser Auswahl von Kategorien zur Umweltbeobachtung werden nicht untersucht, sondern bleiben unaufgelöst. Hier besteht eine erhebliche Lücke im Ansatz von Pfister und Renn, denn die von ihnen zugrundegelegten OECD-Kategorien haben keinen ausreichenden Bezug zum Nachhaltigkeitsleitbild.[9] Daher liefert der Ansatz von Pfister und Renn auch mit der Ergänzung um die genannten zusätzlichen Kategorien keine wirkliche Operationalisierung des Nachhaltigkeitsleitbildes: Der Zusammenhang zwischen dem Leitbild und den Indikatoren ist nicht stringent, d. h. weder folgen die Indikatoren ohne erhebliche Zusatzannahmen aus dem Leitbild, noch geben die Indikatoren den normativen Gehalt des Leitbildes wieder. Insbesondere wird der für das Nachhaltigkeitsleitbild wesentliche *Zeitaspekt*, d. h. die Dauerhaftigkeit von Umweltveränderungen, nicht explizit in die Indikatorenbildung einbezogen, z. B. in Form einer Größe wie der Persistenz, die die Dauerhaftigkeit von Umweltbelastungen direkt beschreibt. Der Nachhaltigkeitsaspekt wird im Ansatz von Pfister und Renn also nicht über den Zeitbezug, sondern ausschließlich über ökonomisch inspirierte Bilanzen zwischen Ressourcenverbrauch und -erneuerung bzw. -ersatz berücksichtigt. Für diese Bilanzen wird angenommen, daß es einen gewissen „nachhaltigen" Wert gibt; daß dieser Wert tatsächlich zugänglich und gar meßtechnisch faßbar ist, wird nicht plausibel gemacht.

4.2.4 Syndrome des Globalen Wandels

„Syndrome des Globalen Wandels" ist die Bezeichnung für einen umweltwissenschaftlichen Ansatz, der vom wissenschaftlichen Beirat für globale Umweltveränderungen der deutschen Bundesregierung entwickelt wurde (WBGU 1996) und am Potsdamer Institut für Klimafolgenforschung ausgearbeitet wird (Schellnhuber *et al.* 1997). Das Ziel des Syndrom-Ansatzes ist es, solche Problemtypen zu identifizieren und zu analysieren, die im Rahmen des globalen Wandels weltweit an verschiedenen Stellen auftreten können und die die Lebensqualität der betroffenen Bevölkerung eindeutig beeinträchtigen, z. B. das „Sahel-Syndrom". Damit soll es möglich werden, die Entwicklungen zu verhindern, die zur Ausbildung solcher

---

9. „Im ersten Entwurf der OECD von Indikatorbereichen sind keine klaren Kriterien oder keine Systematik zu erkennen, welche die Auswahl nachvollziehbar machen würde." „Auch dem überarbeiteten OECD-Indikatorensatz liegt noch kein ökologisches Modell zugrunde, sondern lediglich Vereinbarungen internationaler Experten, welche Umweltbereiche als wichtig erachtet werden." „Auch der neue OECD-Indikatorensatz genügt nicht den Anforderungen bezüglich Transparenz, Raum- und Zielbezug sowie Selektionskriterien." (SRU 1994, S. 95, S. 99, S. 100)

Probleme führen: „(...) a successful "Earth System Management" as defined by Agenda 21 presupposes in the first place a solid "Earth System Analysis" (...)" (Schellnhuber *et al.* 1997, S. 20).

Die untersuchten Problemkomplexe werden in bewußter Anlehnung an den medizinischen Sprachgebrauch als *Syndrome* bezeichnet: „The term syndrome is used here in a double sense: on the one hand neutrally, in the sense of the literal, ancient Greek meaning as a "flowing together of many factors", on the other hand normative, in the sense of medical terminology as "a complex clinical picture"". (Schellnhuber *et al.* 1997, S. 20) Jedes Syndrom umfaßt wiederum eine Reihe von *Symptomen* und die Art ihres Zusammenwirkens; die Symptome werden als die Grundelemente zur Beschreibung des globalen Wandels angesehen: „The symptoms provide a dynamic and transdisciplinary language to describe Global Change phenomena" (Schellnhuber *et al.* 1997, S. 21). Beispiele für Symptome sind: Verstädterung, zunehmende Bedeutung von Nicht-Regierungs-Organisationen, zunehmende Mobilität, zunehmender Verbrauch von Energie und Ressourcen. Auch die Bezeichnung „Symptome" ist in Anlehnung an den medizinischen Sprachgebrauch gebildet: „(...) the term "symptom", although analogous to medicine, does not refer explicitly to a value judgement: symptoms are not necessarily "good" or "bad", they can be either or both." (Schellnhuber *et al.* 1997, S. 21)

Die Syndrome werden eingeteilt in die Gruppen „Nutzungs-Syndrome", „Entwicklungs-Syndrome" und „Senken-Syndrome". Beispiele für Syndrome aus diesen drei Gruppen sind das Sahel-Syndrom (Übernutzung von Böden), das Aralsee-Syndrom (Landschaftszerstörung durch großräumige Umgestaltungen) und das Hoher-Schornstein-Syndrom (weiträumige Verteilung von Chemikalien). Die Bezeichnungen beziehen sich nicht auf einzelne Situationen wie die Sahel-Zone und den Aralsee, sondern sind als Namen für typische Muster aus sozialen, wirtschaftlichen, technischen Prozessen und den damit verbundenen Umwelteingriffen zu verstehen: „They [syndromes] are defined as *archetypical patterns of civilization-nature interactions*, which can be understood from the methodological point of view also as *sub-dynamics of Global Change*." (Schellnhuber *et al.* 1997, S. 23; Hervorhebungen im Original)

Die Syndrome werden hinsichtlich der zugrundeliegenden Handlungsmuster und Kausalzusammenhänge analysiert, und für jedes Syndrom werden zentrale Fragenkomplexe herausgearbeitet, die mehrere Bereiche wie z. B. Biosphäre, Atmosphäre, Ökonomie und Wissenschaft/Technologie umfassen. Die disziplinenübergreifende, d. h. transdisziplinäre Bearbeitung dieser Fragenkomplexe soll sich nach Integrationskriterien richten, von denen eines die kohärente systemtheoretische Modellbildung und Simulation der Syndromprozesse ist. Das Ziel ist dabei, die Disposition einer Gegend für ein bestimmtes Syndrom zu erfassen, und die Expositionsfaktoren zu eruieren, die den „Mechanismus des Syndroms aktivieren" können (Schellnhuber *et al.* 1997, S. 25). Indikatoren haben im Syndrom-Ansatz somit v. a. die Aufgabe, Disposition und Expositionsfaktoren anzuzeigen.

Im Hinblick auf die normative Beurteilung von Umwelteingriffen ist der Syndrom-Ansatz beachtenswert, weil er von „evidenten" Problemen ausgeht. Dies heißt, daß nicht auf explizite normative Kriterien Bezug genommen wird, mit deren Hilfe die Relevanz, die Dringlichkeit und der Schweregrad von Umweltveränderungen beurteilt werden. Schellnhuber *et al.* (1997) beginnen ihre Ausführungen vielmehr mit einer Liste von Aspekten des globalen Wandels wie Wasserverschmutzung, Bodenverlust, Bevölkerungswachstum und zunehmenden Diskrepanzen hinsichtlich Ausbildung, Wohlstand und Lebensqualität. Sie fahren dann fort (S. 19): „All this is very real, even though the intensity and criticality of each single phenomenon listed above might be debated. In its totality, however, Global Change is clearly about to transform the *operational mode of the planetary ecosystem*, thereby generating cascades of significant (and possible irreversible) impacts on a majority of individuals in present and future generations." (Hervorhebung im Original). Weiterhin (S. 20): „The group of syndromes is thus limited to evident misdevelopments in the recent history of civilization-nature relations, which in their totality and linkage make up the complex of problems outlined above" (S. 20). „Rather than defining sustainable development in a positive manner by listing various desiderata, it may be more practical and useful to qualify, in a negative way, *non-sustainable development*" (S. 33).

Der Syndrom-Ansatz kann somit nicht direkt hinsichtlich der verwendeten Normen und Indikatoren beurteilt werden. Als Alternative zur möglichst expliziten Bewertung, wie sie bei Schäfer (1994) und auch hier mit dem Bezug auf Gerechtigkeitsprinzipien angestrebt wird, ist er hilfreich, weil er das Problem gewissermaßen von der Gegenseite angeht.

Festzuhalten ist dabei jedoch, daß auch der Bezug auf „evidente" Probleme mehr oder weniger implizite Bewertungen umfaßt: Schellnhuber *et al.* führen Nicht-Nachhaltigkeit und signifikante irreversible Einflüsse auf eine Vielzahl von Personen aus den gegenwärtigen und zukünftigen Generationen als negative Aspekte des globalen Wandels an. Damit werden konkrete menschliche Bedürfnisse und die intergenerationelle Gerechtigkeit als Bewertungskriterien herangezogen. Vor allem die konkreten menschlichen Bedürfnisse sind es, die dann bestimmte Probleme evident erscheinen lassen: Evidenz spiegelt eine übereinstimmende Wahrnehmung vieler Personen und einen sozialen Konsens über die Bedeutung eines Problems wider. Auch Evidenzen sind nicht objektiv gegeben, sondern bilden einen spezifischen „Filter", durch den Probleme wahrgenommen und selektiert werden. Die dahinterstehenden Bewertungen bleiben im Einzelfall ausgeblendet; vgl. auch die Ausführungen zum Schadensbegriff auf S. 24.

Zudem führt auch die medizinische Sprechweise von Syndromen und Symptomen eine implizite Bewertung ein; Schellnhuber *et al.* erwähnen selbst die normative Bedeutung des Syndrom-Begriffs. Es ist jedoch strittig, inwieweit die Vorgehensweise der Medizin bei Diagnose und Therapie auf die Umweltforschung übertragen werden kann; man vergleiche dazu Bayertz (1988).

Da sich der Syndrom-Ansatz nicht explizit auf Normen stützt, sind die Indikatoren nicht darauf ausgelegt, zwischen Norm und Sachverhalt zu vermitteln. Vielmehr beziehen sie sich auf Schlüsselstellen in den Mechanismen, nach denen die Syndrome ablaufen. In dieses Vorgehen fließen viele Annahmen über die Natur der

Syndrome und ihren Ablauf sowie über die Aussagekraft der systemtheoretischen Modellierung ein, die hier nicht erörtert werden können.

Der Syndrom-Ansatz ist einerseits auf konkrete Typen von Umweltproblemen orientiert, und da er sich auf die „Evidenz" dieser Probleme stützt, kommt er ohne einen normativen „Überbau" aus. Andererseits bleiben die – in der Umweltforschung unerläßlichen – Bewertungen dadurch weitgehend implizit. Dies birgt m. E. zwei Schwierigkeiten in sich: (1) Bei unhinterfragten Evidenzen besteht die Gefahr, daß sie nur ein unvollständiges oder auch unzutreffendes Bild von den Problemen liefern. (2) Der globale Wandel läßt sich zwar als eine Aufgabe für die Optimierung und das Management von Systemen ansehen – Schellnhuber *et al.* sprechen auf S.33, wenn auch mit Vorbehalt, von *„Earth System Management"*. Auf jeden Fall umfaßt das „System", das optimiert und gesteuert werden soll, aber auch Interessenkonflikte zwischen verschiedenen Akteuren. Es läßt sich fragen, ob ein Management-Ansatz, der ohne explizite Bewertungen arbeitet, geeignet ist, um solche Interessenkonflikte zu lösen. Wenn die Positionen verschiedener Akteure, ihre Handlungen und die Folgen, die sie für andere Akteure haben, mit expliziten und begründeten Kriterien bewertet werden, dürfte es leichter sein, zwischen den widerstreitenden Interessen zu vermitteln. Dieser Punkt könnte beim Syndrom-Ansatz aus den Augen geraten.

4.2.5 Gerechtigkeitsprinzipien und Reichweite

Nach dem Blick auf die Ansätze von Schäfer, von Pfister und Renn sowie auf den Syndrom-Ansatz wird nun der Zusammenhang zwischen Gerechtigkeitsprinzipien und den Indikatoren „räumliche und zeitliche Reichweite", mit deren Hilfe Chemikalienexpositionen charakterisiert werden sollen, untersucht. Dabei soll vor allem gezeigt werden, inwiefern das Reichweiten-Konzept die obigen Kriterien (1) und (2) erfüllt, die sich auf die Gültigkeit und Aussagekraft der Normen und auf den Zusammenhang zwischen Indikatoren und Normen beziehen. Für das dritte Kriterium (empirische Plausibilität der Indikatoren) s. Kapitel 6 und 7.

Gerechtigkeitsprinzipien ...

Die Gerechtigkeitsprinzipien, auf die die Indikatoren „räumliche und zeitliche Reichweite" hier ausgerichtet werden, sind:

- Die *Goldene Regel*: „Was du nicht willst, das man dir tu', das füg auch keinem andern zu" (Höffe 1993, S. 173) und der *kategorische Imperativ*: „Handle so (allen gegenüber) wie du aus der Perspektive einer beliebigen Person wollen würdest, daß alle handeln." (Formulierung nach Tugendhat 1993, S. 83); zum Zusammenhang zwischen Goldener Regel und kategorischem Imperativ s. Tugendhat (1993, S. 80ff.). Damit ist auch die Forderung nach *Verteilungsgerechtigkeit* eingeschlossen, denn willkürliche, d. h. ungerechte Bevorzugungen von Personen sind nicht im Einklang mit dem kategorischen Imperativ.

- Die Prinzipien von *Verfahrensgerechtigkeit* und *Unparteilichkeit* (Höffe 1993, S. 173,179): Unparteilichkeit ist nach Tugendhat (1993, S. 368) für jegliche Gerechtigkeit konstitutiv. „Sie bedeutet keineswegs schon Egalität, Gleichheit, sondern beinhaltet, daß nur derjenige ein gerechtes Urteil fällt, der den Fall unparteiisch, d. h. unangesehen der Person entscheidet, und das heißt positiv: ausschließlich mit Rücksicht auf das, was die Betroffenen auf Grund dessen, was sie getan haben, *verdienen.*"

- Das *Verursacherprinzip:* Das Verursacherprinzip besagt, daß etwaige (Neben-)Folgen von Umwelteingriffen in den Verantwortungsbereich des Verursachers fallen und nicht von der Allgemeinheit getragen werden.

- Das *Vorsorgeprinzip:* Das Verhältnis des Vorsorgeprinzips zu den eigentlichen Gerechtigkeitsprinzipien ist nicht ganz klar.[10] Das Vorsorgeprinzip verbindet vor allem zwei Elemente: (1) den Anspruch, daß ungerechtfertigte Schädigungen zu vermeiden sind (dies ist ein Element der Rechtsethik bzw. folgt aus dem kategorischen Imperativ) und (2) den Blick auf den *zukünftigen Verlauf* dieser Schädigungen oder der Faktoren, die Schädigungen auslösen könnten, wie z. B. Chemikalienexpositionen. Seine Bedeutung liegt darin, daß es vor allem auch irreversible Entwicklungen, also Schadenspotentiale von maximaler Zukunftswirksamkeit, wie sie mit vielen heutigen Umweltveränderungen gegeben sind, einem starken Rechtfertigungsanspruch unterwirft. Praktisch relevant ist das Vorsorgeprinzip deswegen, weil es sich gegenwärtig international für die Gesetzgebung zum Umweltschutz als Leitprinzip etabliert (Cameron u. Abouchar 1991, Nollkaemper 1991).

    Schließlich berührt sich das Vorsorgeprinzip durch die Fokussierung auf zukünftige Entwicklungen mit der häufig formulierten, jedoch selbst nicht völlig transparenten Forderung nach *Nachhaltigkeit* der Umweltnutzung (SRU 1994, S. 45ff.). Ein wesentliches Element nachhaltiger Umweltnutzung ist, daß die intergenerationelle Gerechtigkeit gewährleistet wird (SRU 1994, S. 45), d. h. auch die Nachhaltigkeitsforderung ist in einem zentralen Punkt auf Gerechtigkeitsprinzipien begründet.

Diese Gerechtigkeitsprinzipien decken einen weithin akzeptierten moralischen Fundus ab (Tugendhat 1993, S. 81ff.; Höffe 1993, S. 173, 259), so daß Kriterium (1) von S. 51 als erfüllt angesehen werden kann.

... und Reichweite

Durch die Kombination mit den Indikatoren „Persistenz und Reichweite" soll die praktische Wirksamkeit dieser Prinzipien auch bei den schwierigen Bewertungsfragen, die sich in der Umweltdebatte ergeben, genutzt werden. Die Verwendung von Persistenz und Reichweite ist durch die Vorstellung motiviert, daß durch eine zeitliche und räumliche Reichweite, die vom Standpunkt des Akteurs und vom

---

10. Höffe (1993, S. 279ff.) spricht in einem ganzen Kapitel von einer „Kultur der Rechtzeitigkeit", ohne jedoch das Vorsorgeprinzip zu erwähnen.

Zeitpunkt der Handlung aus gemessen wird, der von der auslösenden Handlung betroffene Bereich und die betroffene Zeitspanne angegeben werden können, und daß auf diese Weise Information darüber erhalten wird, inwieweit andere Personen als der Akteur selbst von einer Umweltveränderung betroffen sind. (Damit ist nur ein Aspekt der Verteilungsfrage abgedeckt, da die Verteilung auf verschiedene Bevölkerungsgruppen, die zur selben Zeit am selben Ort leben, nicht erfaßt wird.) Der Begriff „Reichweite" wird bei H. Jonas und G. Picht mehrfach verwendet, wenn der Einflußbereich menschlichen Handelns und damit auch der Bereich, der in der Verantwortung der Handelnden liegt, beschrieben wird (Jonas 1984, S. 9, 15, 22f., 214; Picht 1969, S. 327, 334, 340). Auch Höffe spricht von der gestiegenen Reichweite heutiger Naturzerstörung (Höffe 1993, S. 117, 128).

Im einzelnen sind bei der Einführung der Indikatoren R und τ folgende Überlegungen maßgeblich:

1. Die räumliche und zeitliche Erstreckung oder Verteilung von Handlungsfolgen, insbesondere auch die Verteilung der Nebenfolgen von Umwelteingriffen, ist ein wesentlicher Gegenstand der genannten Gerechtigkeitsprinzipien.

2. Diese räumliche und zeitliche Erstreckung kann durch naturwissenschaftliche Meßgrößen („Reichweiten" R und τ) bestimmt oder zumindest abgeschätzt werden.

3. Deswegen wird eine Anwendung der Gerechtigkeitsprinzipien auf umweltveränderndes Handeln möglich, wenn die Reichweiten der durch dieses Handeln ausgelösten Umweltveränderungen ermittelt werden.

Diese Überlegung, die Kriterium (2) von S. 51 aufnimmt, wird im folgenden ausgeführt und – zumindest ansatzweise – begründet. Dabei wird als eine vorläufige Vereinfachung für den anschaulichen Gebrauch des Begriffs „Reichweite" zunächst nur eine *einzelne* Handlung betrachtet, die an einem Ort im Raum und zu einem Zeitpunkt (den beiden Nullpunkten der Reichweiten-Skalen) stattfindet. Ein Beispiel dafür ist die stoßförmige Freisetzung einer chemischen Substanz in einen Flußlauf, in dem sich dann unterhalb der Einleitestelle für eine gewisse Dauer eine mehr oder weniger weit reichende Kontaminationsfahne bildet.

Wenn sich viele Chemikalienfreisetzungen von einer größeren Zahl von Emittenten überlagern, treten zusätzliche Fragen auf (z. B. wo der Nullpunkt liegt; ob mehrere Reichweiten unterschieden werden müssen, die sich ggf. auch überlagern), die im folgenden Abschnitt behandelt werden.

Unter der vorläufigen Beschränkung auf einzelne punktförmige Umwelteingriffe kann folgender Zusammenhang zwischen dem Begriff „Reichweite" und den normativen Prinzipien hergestellt werden:

1. *Verursacherprinzip:* Das Verursacherprinzip führt auf die Frage, wo und wann durch einen Umwelteingriff überhaupt Umwelteinflüsse ausgelöst werden, die dem Verursacher zuzurechnen sind. Wenn eine zeitliche und räumliche Reichweite der freigesetzten Einwirkungsfaktoren angegeben wird, wobei der Nullpunkt der zeitlichen und räumlichen Reichweiten-Skala beim Verursacher des

Umwelteingriffs liegt, kann als eine Norm festgelegt werden, daß alle Folgen innerhalb einer solchen Reichweite dem Verursacher zuzurechnen sind. Dabei sind allerdings folgende Punkte zu beachten:

- Umfaßt der von R und τ abgesteckte Bereich tatsächlich alle Folgen, die dem Eingriff kausal eindeutig zugeordnet werden können? Es ist möglich, daß auch außerhalb dieses Bereichs Folgen auftreten, die als relevant angesehen werden.
- Die kausale Verantwortung für Handlungsfolgen ist nicht mit der moralischen Verantwortung identisch (Leist 1996). Auch wenn die kausale Verantwortung zutreffend erfaßt wird (welche Folgen sind dem Umwelteingriff kausal zuzurechnen, und wann und wo treten sie auf?), muß die moralische Verantwortung für die erfaßten Handlungsfolgen eigens zugewiesen werden. Dabei sollte allerdings in plausibler Weise auf die kausalen Zusammenhänge Bezug genommen werden.

2. *Verteilungsgerechtigkeit:* Hier geht ein, daß es gegen den kategorischen Imperativ und die Goldene Regel verstößt, wenn der Nutznießer eines Umwelteingriffs die Nebenfolgen verlagert und anderen Betroffenen aufbürdet, die keine Nutznießer sind (ohne daß zumindest Kompensationen ausgehandelt wurden). Zur Operationalisierung des Grundsatzes, daß bezüglich Nutzen und Nebenfolgen Verteilungsgerechtigkeit bestehen soll, muß empirisch festgestellt werden, wie Nutzen und Nebenfolgen räumlich, zeitlich und auch zwischen verschiedenen Bevölkerungsgruppen verteilt sind.

Ein Aspekt dieser Frage ist die Auslösung von Nebenfolgen in anderen Gebieten und zu späteren Zeiten. Die Indikatoren räumliche und zeitliche Reichweite sollen im Sinne einer groben Abschätzung erfassen, ob und wie stark Nebenfolgen räumlich und zeitlich ausgelagert oder „verschoben" werden. Dabei verlangt der Grundsatz der Gleichbehandlung – von dem abzuweichen eigens gerechtfertigt werden müßte (Tugendhat 1993, S. 374) –, daß eine gleiche Belastung an verschiedenen Orten und zu verschiedenen Zeiten gleich gewichtet wird. Wenn sich also eine Umweltveränderung, z. B. die Kontamination durch eine chemische Substanz, über ein zeitliches und/oder räumliches Intervall gleichmäßig erstreckt, müssen alle Punkte dieses Intervalls mit gleichem Gewicht in das Resultat für die Reichweite eingehen. Dies bedeutet, daß der Zahlenwert für die Reichweite – mehr oder weniger genau – die Länge dieses Intervalls angeben muß; wenn er kleiner wäre, würde die Betroffenheit der Gebiete, die außerhalb des von der Reichweite markierten Punkts liegen, nicht erfaßt.[11] Die Definitionen der Meßgrößen für die zeitliche und räumliche Reichweite werden in Kapitel 6 so gewählt, daß sie diese Forderung erfüllen, s. S. 97.

Offen ist dann noch die Frage, wie die Verteilung des Nutzens, der aus dem Umwelteingriff resultiert, mit der so erfaßten Verteilung der Umweltbelastung

---

11. Vgl. die Argumentation gegen eine Diskontierung zukünftiger Umweltbelastungen in Berg *et al.* (1995, S. 33). Zur Diskontierungsfrage vergleiche man auch Leist (1996, S. 420ff.).

verglichen werden soll, und wie insbesondere ein stärker beim Akteur konzentrierter, d. h. ein kurzreichweitiger Nutzen mit einer längerreichweitigen Umweltveränderung abzuwägen ist. Dieses Problem der Güterabwägung wird hier nicht weiter verfolgt, sollte aber in Zukunft verstärkt untersucht werden.

3. *Vorsorgeprinzip:* Erstens liegt bereits in der Berücksichtigung einer zeitlichen Reichweite ein vorsorgendes Element, weil auf diese Weise der zukünftige Verlauf einer Umweltbelastung erfaßt und in die gegenwärtige Entscheidung einbezogen wird.

Zweitens bedeutet auch die erst im folgenden Kapitel näher erläuterte Vorgehensweise, die zeitliche und räumliche Reichweite als Reichweite von Umwelt*ein*wirkungen und nicht von Umwelt*aus*wirkungen zu bestimmen, eine Umsetzung des Vorsorgeprinzips: Einwirkungen sind Auswirkungen im Ereignisablauf zeitlich und logisch bzw. kausal vorgeordnet, und daher können, wenn die Bewertung von Umweltveränderungen auf Einwirkungen gestützt wird, Maßnahmen bereits getroffen werden, *bevor* Auswirkungen eintreten. Dieser Punkt ist unabhängig von der Tatsache, daß die zeitliche Reichweite als solche bereits das Vorsorgeprinzip aufnimmt; vgl. die ausführliche Darstellung dieses Punktes in Abschnitt 5.1.

Diese ersten Überlegungen zum Zusammenhang zwischen Gerechtigkeitsprinzipien und den Indikatoren R und τ beschränken sich auf die einfachste Situation mit einem einzelnen Emittenten (und Nutznießer), der eine in seine Umgebung hineinreichende Chemikalienexposition auslöst. Im folgenden Abschnitt wird nun die Situation mit mehreren Emittenten untersucht, deren Emissionen sich überlagern.

4.3 Räumliche Reichweite bei mehreren Emittenten

Bei mehreren Emittenten ist die Situation deutlich komplizierter. Daher wird hier nur die räumliche Überlagerung von Expositionen aus mehreren Quellen, die an verschiedenen Orten liegen, diskutiert. Die zeitliche Abfolge mehrerer Emissionen hingegen wirft Fragen auf, die über den Rahmen dieser Studie hinausgehen: Wovon hängt die Dauerhaftigkeit einer chemischen Technologie und damit auch die Dauer von Chemikalienexpositionen in der Umwelt ab? Wer ist wann bereit, in die Entwicklung einer neuen Technologie zu investieren und eine alte Technologie zu ersetzen? Wie wird die Verantwortung für Schäden aus zurückliegenden Emissionen unter den Emittenten aufgeteilt, wenn diese zu verschiedenen Zeiten und mit verschiedener Kenntnis über mögliche Schadwirkungen der Stoffe aktiv waren?

4.3.1 Kombinierte räumliche Reichweite

Bei einem einzelnen Emittenten beschreibt die räumliche Reichweite die Verteilungsdynamik, der eine Substanz nach der Emission unterworfen ist und die von chemischem und biologischem Abbau sowie von der Mobilität der Substanz und ihrer Verteilung durch Wind- und Wasserströmungen bestimmt wird. Diese Reichweite stellt somit ausschließlich das Resultat von Prozessen dar, die in der Umwelt, also außerhalb der Technosphäre, ablaufen. Sie wird im folgenden als stoffbezogene Reichweite bezeichnet, da sie das Stoffverhalten in der Umwelt beschreibt.

Bei mehreren Emittenten überlagert sich diese Verteilungsdynamik mit der räumlichen Anordnung der Emittenten, d. h. die Abstände zwischen den Emittenten beeinflussen den räumlichen Konzentrationsverlauf ebenfalls. Beispiele dafür sind die Freisetzung von Agrochemikalien an vielen verschiedenen Orten (Goodrich *et al.* 1991) oder zusammenhängende Grundwasser-Kontaminationen durch CKW-Lösungsmittel in Industriegebieten (Kinzelbach 1987, S. 2f.). Neben den Abbau- und Verteilungsprozessen, die in der Umwelt ablaufen, muß in diesem Fall also auch die Verteilung der Substanzen durch gezielten Transport erfaßt und beurteilt werden. Dadurch überlagern sich im Resultat für die Reichweite Aussagen über Prozesse in der Umwelt und Aussagen über technische Prozesse. Diese räumliche Reichweite wird im folgenden als *kombinierte räumliche Reichweite* bezeichnet.

Für die weitere Ausarbeitung des Indikators „räumliche Reichweite" sind somit folgende Fragen relevant: (1) Inwieweit ist es auch in dieser komplizierteren Situation sinnvoll, eine Größe wie die räumliche Reichweite R zur Charakterisierung von Expositionsfeldern zu verwenden? (2) Wie kann man die Beiträge der beiden Komponenten, Stofftransport in der Umwelt und Stofftransport durch Vertrieb im ökonomischen System, unterscheiden?

Die Verwendung eines Indikators für das räumliche Ausmaß von Expositionsfeldern mit vielen Emittenten ist deswegen sinnvoll, weil die Größe von solchen „zusammengesetzten" Expositionsfeldern vor allem bei kleineren und mittleren stoffbezogenen Reichweiten unterschätzt wird, wenn allein diese niedrigen stoffbezogenen Reichweiten betrachtet werden. Solche zusammengesetzten Expositionsfelder entstehen i. a. nicht durch die zufällige Nachbarschaft mehrerer Emittenten. Vielmehr besteht durch den Verwendungszweck und den Vertrieb eines Stoffs ein Zusammenhang zwischen mehreren gleichartigen Emittenten, und daher sollte dieser Zusammenhang auch bei der Chemikalienbewertung berücksichtigt werden.

Bezüglich der beiden Komponenten Stofftransport in der Umwelt und Stofftransport durch gezielten Vertrieb lassen sich zwei Extremfälle unterscheiden:

1. Die stoffbezogene Reichweite ist viel größer als der Abstand der Emittenten, so daß fast die gleiche Situation wie bei einem einzigen Emittenten besteht. Dies ist der Fall bei FCKW und CO_2, wo unabhängig von der Anzahl und Anordnung der Emittenten ein globale räumliche Reichweite resultiert.[12] Jeder einzelne Emittent trägt in diesem Fall mit seiner Emissionsmenge zur Höhe der

---

12. CO_2 gehört nicht zu den hier betrachteten organischen Umweltchemikalien; da es wie FCKW ein inertes atmosphärisches Spurengas ist, beträgt seine räumliche Reichweite ebenfalls 40 000 km; zu den Schwierigkeiten bei der Abschätzung seiner zeitlichen Reichweite s. Berg und Scheringer (1995, S. 290ff.).

Exposition bei, jedoch nicht zu ihrer Reichweite. Die Reichweite kann durch Wegfall einzelner Emittenten nicht verringert werden.

2. Die stoffbezogene Reichweite ist gleich oder kleiner als der Abstand der Emittenten; in diesem Fall kann das Expositionsfeld – zumindest näherungsweise – in die Beiträge verschiedener Emittenten oder Emittentengruppen aufgelöst werden, und seine Reichweite kann durch Wegfall einzelner Emittenten oder Emittentengruppen verringert werden.

Wenn ein Expositionsfeld mit mehreren Emittenten anhand einer kombinierten Reichweite charakterisiert wird, sollte diese Reichweite in das Spektrum eingeordnet werden, das zwischen diesen beiden Extremfällen liegt.

4.3.2 Normativer Bezug

Auch für den Fall mit mehreren Emittenten kann ein Bezug zwischen dem Indikator „räumliche Reichweite" und den Gerechtigkeitsprinzipien hergestellt werden:

Verursacherfrage

Wenn statt eines einzigen Emittenten, der zugleich den Nullpunkt der Reichweiten-Skala festlegt, mehrere Emittenten auftreten, ist der Nullpunkt der Reichweiten-Skala weniger offensichtlich. Dadurch ist auch die Verursacherfrage komplizierter: Während die *stoffbezogene* Reichweite auch bei mehreren Emittenten jedem einzelnen Emittenten als Verursacher zugerechnet werden kann, sind für die kombinierte Reichweite eines größeren Expositionsfeldes (oder einer ganzen Technologie) nicht ausschließlich einzelne Emittenten verantwortlich.

In einem ersten Schritt kann die kombinierte räumliche Reichweite dazu verwendet werden, die Länge oder den Durchmesser des Expositionsfeldes zu bestimmen, ohne daß ein Nullpunkt festgelegt wird, der die Position eines Verursachers bezeichnet.

Darüber hinaus können die Emissionsmengen der einzelnen Emittenten, sofern sie bekannt sind, zur Klärung der Verursacherfrage herangezogen werden: Die Exposition wird den einzelnen Emittenten entsprechend ihrem Anteil an der Gesamt-Emissionsmenge zugerechnet. In Form des *Schwerpunkts* kann aus den Emissionsmengen dann auch ein Nullpunkt bestimmt werden, der das Zentrum des Expositionsfeldes und ggf. auch die Lage des Hauptemittenten bezeichnet. Dieser Fall ist bei FCKW und CO_2 gegeben: Aufgrund des mengenmäßigen Übergewichts liegt der Nullpunkt der globalen Reichweite von FCKW und CO_2 in den Industrieländern. Die Verursacherfrage muß in diesem Fall innerhalb der Industrieländer weiterverfolgt werden.

Schließlich müssen in die Diskussion der Verursacherfrage auch andere Akteure als allein die Emittenten einbezogen werden, z. B. Gesetzgebung und Verwaltung, denen ebenfalls eine Verantwortung für die Entstehung großreichweitiger Expositionsfelder zukommt, wenn sie die Zulassung für den weiträumigen Einsatz einer Technologie erteilen.

Verteilungsgerechtigkeit

Die Frage der Verteilungsgerechtigkeit wird bei der Freisetzung von Chemikalien grundsätzlich durch folgende Konstellation aufgeworfen: Eine Gruppe von Nutznießern praktiziert die Nutzung von Chemikalien in so ausgedehnter Weise (und akzeptiert etwaige Nebenfolgen aufgrund persönlicher Präferenzen und/oder Schutzmöglichkeiten), daß auch Nichtnutzer von der Chemikalienexposition und daraus resultierenden Nebenfolgen betroffen sind. Dabei können sich Nutznießer und Nichtnutzer in verschieden großer räumlicher Distanz befinden und in verschiedenem Ausmaß von der Exposition betroffen sein:

Die stärkste Diskrepanz zwischen der Situation der Nutznießer und der Nichtnutzer besteht, wenn sich Nutznießer und Nichtnutzer in großer räumlicher Distanz befinden und wenn die Nebenfolgen überwiegend oder sogar vollständig über diese Distanz verlagert werden. Ein Beispiel ist der Gebrauch von CKW-Pestiziden in tropischen Gebieten, die sich in Polargebieten akkumulieren, wodurch dort lebende Personen einer *höheren* Exposition unterworfen sind als die Personen im Nutzungsgebiet.[13] Ein weiteres Beispiel ist die Verschmutzung eines Wasserlaufs, bei der die Anlieger unterhalb des Emittenten stärker betroffen sind als der Emittent selbst.

Solche Fälle werden von der stoffbezogenen Reichweite erfaßt, die den Stofftransport in der Umwelt beschreibt. Wenn die stoffbezogene Reichweite hoch ist, besteht der Bezug zur Verteilungsgerechtigkeit auch bei Emissionen aus mehreren Quellen durch diesen Verlagerungseffekt: Das Expositionsfeld reicht dann über das Gebiet der Emittenten hinaus und betrifft auch unbeteiligte Personen. Ein Beispiel sind die globalen FCKW-Expositionen, die ausschließlich aus den Industrieländern, dort jedoch von vielen Emittenten, stammen.

Der entgegengesetzte Fall ist gegeben, wenn Nutznießer und Nichtnutzer sich im selben Gebiet befinden, z. B. in einer Region. Hier sind die Nichtnutzer der Chemikalieneinwirkung und möglichen Nebenfolgen auch ohne räumliche Verlagerung ausgesetzt, so daß vor allem die Verteilungsgerechtigkeit *innerhalb* dieses Gebiets betroffen ist. Die Verteilungsgerechtigkeit ist u. a. dann verletzt, wenn das betrachtete Gebiet durch die Emissionen der Nutznießer überproportional oder sogar vollständig exponiert ist (große Reichweite[14]), denn dann können sich die

---

13. "These compounds [toxaphene and others] have never been used within 1 000 miles of the Arctic and have not been used in the United States in the last decade. It is ironic that they may represent more of a threat to arctic Native American populations (through dietary intake) than drinking water, with its burden of widely used modern pesticides, does to those living in the corn belt." (Richards u. Baker 1990, S. 401)
    "Clausen and Berg reported that Greenlanders appear to contain higher levels PCBs than individuals from industrialized areas. (...) A tragic feature of this issue is that northern residents who are exposed to these chemicals do not enjoy many of the benefits associated with their use." (Wania u. Mackay 1993a, S. 17)
    Allerdings ist die Verlagerung von Nebenfolgen nicht ironisch oder tragisch, sondern sie verstößt vor allem gegen den Grundsatz von *fairness* und Verteilungsgerechtigkeit.

14. Die maximale – kombinierte – räumliche Reichweite ist in diesem Fall durch die Größe des betrachteten Gebiets gegeben.

Nichtnutzer dieser Exposition nicht oder nur schwer entziehen. Wenn hingegen die Emissionen auf einen Teil des Gebiets beschränkt bleiben, besteht für die Nichtnutzer zumindest eine gewisse Möglichkeit, auf den nicht-exponierten Teil des Gebiets auszuweichen.

Als ein erstes Beispiel für diesen Fall kann ein Restaurant dienen, dessen Gäste zur Hälfte Raucher und zur Hälfte Nichtraucher sind. (Bei diesem Beispiel geht es nicht um die Frage, inwiefern Rauchen schädlich ist, und auch nicht um eine Stigmatisierung von Rauchern, sondern um die Frage, wie das Interesse von Nichtrauchern, an einem rauchfreien Tisch zu essen, gewahrt werden kann.)

Wenn an jedem Tisch geraucht wird, ist die Reichweite maximal; Nichtraucher können sich der Exposition nicht entziehen. Wenn ein Raucher-Bereich eingerichtet wird, der soweit abgetrennt ist, daß sich der Rauch nicht im ganzen Raum verteilt, ist die kombinierte Reichweite durch die Größe dieses Raucherbereichs gegeben. Die Verteilungsgerechtigkeit ist solange verletzt, wie der Raucherbereich mehr als die Hälfte der zur Verfügung stehenden Tische umfaßt. (Falls der Raucherbereich *weniger* als die Hälfte der Tische umfaßt, ist dies unter der Gerechtigkeitsperspektive weniger schwerwiegend, denn der unfreiwillige Verzicht der Raucher auf das Genußmittel ist weniger schwerwiegend als die unfreiwillige Exposition der Nichtraucher: Das Gebot, andere nicht zu schädigen, hat Vorrang vor dem Anspruch auf ein Genußmittel.)

Ein großmaßstäbliches Beispiel für diesen Fall ist die Freisetzung von Agrochemikalien (Düngemittel und Pestizide):[15] Wichtige *Nutznießer* sind in diesem Fall (die Liste hat keinen Anspruch auf Vollständigkeit):

- Produzenten aus der chemischen Industrie, die die Substanzen vertreiben,
- Landwirte, die durch den Einsatz von Agrochemikalien ihre Erträge steigern,
- Abnehmer aus der Nahrungsmittelindustrie, die dadurch ihre Rohmaterialien zu niedrigen Preisen beziehen,
- Konsumenten, die landwirtschaftliche Produkte zu niedrigen Preisen beziehen.

Betroffene *Nichtnutzer* sind (ebenfalls ohne Anspruch auf Vollständigkeit):

- Landwirte, die ohne oder mit geringerem Einsatz von Agrochemikalien arbeiten wollen,

---

15. Dieses Beispiel wird betrachtet, weil durch die Verwendung von Agrochemikalien erhebliche Stoffmengen in die Umwelt gelangen. Fragen des Natur- und Landschaftsschutzes bleiben dabei ausgeklammert; das Beispiel kann und soll keine detaillierte Analyse der Landwirtschaftsproblematik leisten. Für einen Überblick vgl. z. B. SRU (1994, S. 301ff.), SRU (1996b), Wuppertal-Institut (1996, S. 236ff.).

Entsprechend zum ersten Beispiel geht es in diesem Beispiel nicht primär um die Frage, welche Art der landwirtschaftlichen Produktion die „bessere" ist, sondern um die Frage, in welcher Weise bei der Handhabung von Chemikalien die Interessen verschiedener Akteure berücksichtigt werden können.

- Konsumenten, die – ggf. auch zu höheren Preisen – Produkte erwerben wollen, die ohne den Einsatz von Agrochemikalien hergestellt wurden,
- Kommunen, die an einer Trinkwasserversorgung ohne Nitrat- und Pestizidgehalte interessiert sind.

Die räumliche Reichweite der Freisetzung von Agrochemikalien ist hoch, und zwar nicht primär durch die stoffbezogene Reichweite der Substanzen, sondern weil Agrochemikalien zur Zeit in vielen Industriestaaten weitgehend flächendeckend eingesetzt werden (nur 1% der landwirtschaftlichen Nutzfläche der Bundesrepublik Deutschland ist zur Zeit mit ökologischem Landbau genutzt (SRU 1994, S. 312); Nitrat- und Pestizidrückstände werden weiträumig im Grundwasser gefunden (Wuppertal-Institut 1996, S. 64f.)). Durch diese hohen Reichweiten sind die Nichtnutzer in folgender Weise eingeschränkt:

- Landwirten, die ohne den Einsatz von Agrochemikalien arbeiten wollen, wird es erschwert, rückstandsfreie Produkte herzustellen (Kontamination aus der Umgebung; indirekt durch ökonomische und organisatorische Hindernisse).
- Den Konsumenten wird erschwert, rückstandsfreie Produkte (einschließlich Trinkwasser) zu beziehen und sich so der Exposition zu entziehen. Dies wird dadurch belegt, daß die hohen Preise für Produkte aus ökologischem Landbau aus einer *Angebotsknappheit* resultieren (SRU 1994, S. 312).
- Den Kommunen und Wasserwerken wird erschwert, rückstandsfreies Trinkwasser bereitzustellen. Dies zeigt sich daran, daß Wasserwerke Zahlungen an Landwirte leisten, die auf den Einsatz von Agrochemikalien verzichten (Wuppertal-Institut 1996, S. 238).

Umgekehrt wird die Zunahme des ökologischen Landbaus, die Verbesserung der Trinkwasserqualität etc. möglich, sobald die Emission von Agrochemikalien – mengenmäßig *und* räumlich – verringert wird.

Die These, die mit diesem Beispiel gestützt werden soll, lautet somit: Hohe kombinierte räumliche Reichweiten sind ein Hinweis auf ausgedehnte Nutzungsweisen und damit auch auf mögliche Verletzungen der Verteilungsgerechtigkeit. (Die Verteilungsgerechtigkeit ist verletzt, wenn es den Nichtnutzern dadurch, daß die Nutzer ihre Interessen verfolgen, erschwert wird, ihrerseits ihre eigenen Interessen wahrzunehmen.[16])

Wie das Beispiel der Agrochemikalien zeigt, ist die realistische Situation – mehrere Emittenten, deren Emissionen sich überlagern – deutlich komplizierter als der Fall eines einzelnen Emittenten, wie er in Abschnitt 4.2 betrachtet wurde. Vor allem

---

16. Wenn hier von Interessenwahrnehmung etc. die Rede ist, geht es immer um einen Interessenausgleich im Rahmen normativer „Leitplanken", wie sie eben in Form von Gerechtigkeitsprinzipien zur Verfügung stehen. Ohne einen solchen Rahmen führt das Kräftespiel von Interessen zu willkürlichen, ineffizienten und durchaus nicht wünschenswerten Konstellationen (vgl. dazu z. B. Scheringer u. Jaeger (1998)).

wird erkennbar, daß es nicht nur um die räumliche und zeitliche Verlagerung von Expositionen geht, sondern daß immer auch zwischen verschiedenen Gruppen innerhalb eines bestimmten Gebietes Verteilungsfragen und Interessenkonflikte gelöst werden müssen.

Grundsätzlich jedoch reicht das Problempotential von Chemikalien ab einer gewissen Langlebigkeit und Mobilität über die unmittelbare Umgebung des Gebrauchs hinaus. Aus diesem Grund wird hier die Reichweite von Chemikalienexpositionen besonders betont. Mit den Überlegungen dieses Kapitels sollen Ansätze geliefert werden, mit denen die Verteilungsfragen und Gerechtigkeitsprobleme, die sich im Zusammenhang mit Chemikalienexpositionen ergeben, angegangen werden können. Es geht dabei keineswegs darum, abschließende „Lösungen" für solche Probleme zu liefern; vielmehr sollen Ansatzpunkte für die Frage gegeben werden, wie sich ethische Kriterien und naturwissenschaftliche Befunde konkret in Beziehung setzen lassen. Damit soll unterstrichen werden, daß Umweltprobleme in Zukunft verstärkt auch als sozialethische Probleme diskutiert werden sollten – eine Diskussion, die noch an ihrem Anfang steht.

Kapitel 5

Persistenz und Reichweite als Maße für Umweltgefährdung

In diesem und den folgenden beiden Kapiteln werden Persistenz und Reichweite als naturwissenschaftliche Meßgrößen definiert. Dabei ist es sinnvoll, von bisher verwendeten Definitionen für die Persistenz auszugehen: „Persistenz ist die Eigenschaft eines Stoffes, chemisch stabil gegenüber Einflüssen und Kräften der Umwelt zu sein. Persistenz ist einerseits technologisch erwünscht (Qualitätsmerkmal Haltbarkeit), andererseits ökologisch unerwünscht, wenn Einträge in die Umwelt zu einer Anreicherung des Stoffes in den Umweltmedien führen. (...) Die Persistenz eines Stoffes kann quantitativ durch seine Halbwertszeit oder im Fall von Gasen durch seine mittlere atmosphärische Lebensdauer beschrieben werden." (Römpp 1993, S. 540). Weitere Definitionen sowie Überlegungen zum Stellenwert der Persistenz finden sich bei Stephenson (1977), IUPAC (1980), Ballschmiter (1985) und Klöpffer (1994a).

Die Persistenz beschreibt also die Zeitdauer, in der die Menge der betrachteten Substanz bis auf einen bestimmten Bruchteil chemisch und/oder biologisch abgebaut wird, z. B. die Halbwertszeit mit 50% Abbau. Etwas allgemeiner ausgedrückt, charakterisiert die Persistenz den Verlauf einer Konzentrationskurve in der Zeit, und zwar unabhängig vom absoluten Wert der Konzentration, sondern allein relativ zum Ausgangswert.

Analog zu dieser Funktion der Persistenz wird hier die räumliche Reichweite als eine Größe eingeführt, die den Verlauf einer Konzentrationskurve im Raum charakterisieren soll. In den folgenden Abschnitten wird dargestellt, welche Eigenschaften Persistenz und Reichweite haben, wenn man sie in dieser Weise definiert, wie sie als Indikatoren für die Chemikalienbewertung interpretiert werden können, und welche Mißverständnisse bei ihrer Anwendung vermieden werden sollten.

5.1 Umweltgefährdung und Umweltschaden

Zur Illustration der folgenden Ausführungen wird die Freisetzung von FCKW als Beispiel betrachtet. Wie in Kapitel 2 dargestellt, kann der Ereignisablauf bei einer Chemikalienemission mit dem allgemeinen Schema von Emission, Exposition und Wirkungen beschrieben werden (vgl. Abb. 5.1):

1. *Ebene 1 (Emission):* Auf der Ebene des Umwelteingriffs (Handlungen) liegt die *Emission*. Sie wird charakterisiert durch die physikalisch-chemischen Ei-

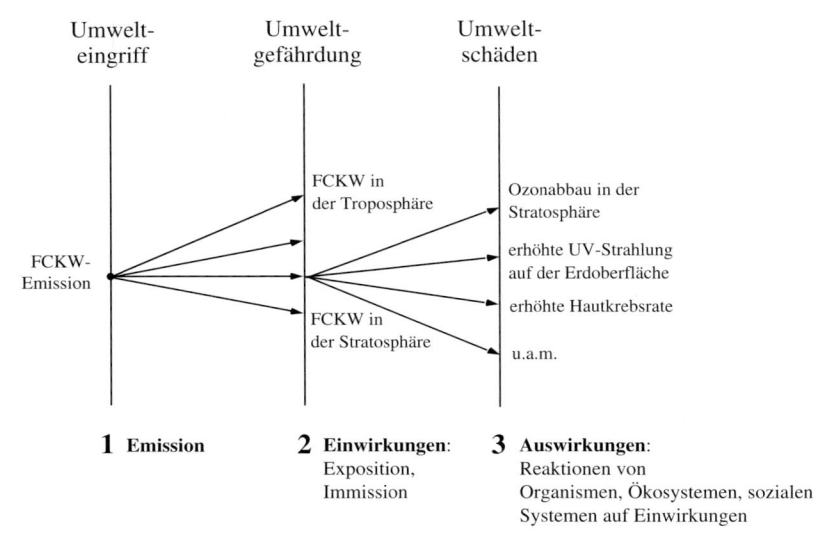

```
Umwelt-          Umwelt-          Umwelt-
eingriff         gefährdung       schäden

                 FCKW in          Ozonabbau in der
                 der Troposphäre  Stratosphäre

FCKW-                             erhöhte UV-Strahlung
Emission                          auf der Erdoberfläche

                                  erhöhte Hautkrebsrate
                 FCKW in
                 der Stratosphäre u.a.m.


1 Emission       2 Einwirkungen:  3 Auswirkungen:
                   Exposition,      Reaktionen von
                   Immission        Organismen, Ökosystemen, sozialen
                                    Systemen auf Einwirkungen
```

Abbildung 5.1: Emission, Einwirkungen und Auswirkungen als Stufen im Ereignisablauf mit Umwelteingriff, Umweltgefährdung und Umweltschäden als normativer Entsprechung (nach Scheringer et al. 1994, Berg u. Scheringer 1994).

genschaften der freigesetzten Substanz, durch die freigesetzte Menge bzw. die Rate der Freisetzung (Menge pro Jahr), sowie durch den Freisetzungsort und -zeitpunkt.

FCKW wurden von den 50er Jahren bis in die 70er Jahre in Mengen von bis zu 1 Mio. Tonnen pro Jahr emittiert, und zwar nahezu ausschließlich aus Quellen auf der nördlichen Hemisphäre.

2. *Ebene 2 (Exposition, Immission oder Einwirkung):* Die Emission führt über komplizierte Transport- und Transformationsprozesse in der Umwelt zur *Exposition*.[1] Die in die Umwelt gelangenden Stoffmengen können mit den Methoden der chemischen Analytik detektiert werden, so daß ein Datensatz von Konzentrationsmeßwerten resultiert. Anhand dieser Meßwerte kann man sich ein Bild von der räumlichen Verteilung und dem zeitlichen Verlauf der Konzentration in der Umwelt machen, ohne daß man die Transformations- und Transportprozesse (Pfeile zwischen Ebene 1 und Ebene 2) in Form von Kausalzusammenhängen zu kennen braucht.

Im Falle der FCKW zeigen die Meßwerte, daß FCKW wie z. B. CCl_3F (Freon 11) sich in der Troposphäre annähernd gleichmäßig und global verteilen (Standley

---

1. Die Exposition ist ein Maß dafür, wie stark ein Organismus oder ein ausgewählter Ort einer chemischen Substanz ausgesetzt ist. Die Exposition wird davon bestimmt, wie lange und in welcher Konzentration die betrachtete Substanz einwirkt. Die Dimension der Exposition ist das Produkt aus einer Konzentrationsdimension und einer Zeitdimension. Vgl. Kapitel 2 und 6.

u. Hites 1991, S. 6f.). Die räumliche Reichweite R von F-11 beträgt damit 40 000 km, was dem Erdumfang und zugleich dem Maximalwert für R entspricht (R kann als Längen- oder Flächenmaß definiert werden, vgl. Abschnitt 6.1.2). Die Persistenz τ entspricht der atmosphärischen Lebensdauer der FCKW von einigen Jahrzehnten (Standley u. Hites 1991, S. 8). Die Emissionen aus den 70er Jahren sind also noch bis in das nächste Jahrhundert hinein maßgeblich für die FCKW-Konzentrationen in der Stratosphäre.

3. *Ebene 3 (Wirkungen):* Schließlich treten an von der Exposition betroffenen Orten die verschiedensten *Wirkungen*, genauer *Aus*wirkungen, auf: Organismen, Populationen von Organismen, Ökosysteme, aber auch abiotische Systeme wie die Stratosphäre reagieren auf die Anwesenheit der hinzugekommenen Substanzen und verändern sich. Unter Auswirkungen sind somit generell die Reaktionen von Organismen und Umweltsystemen auf anthropogene Einwirkungen zu verstehen.

Das übliche Verfahren zur Bewertung von Umweltchemikalien soll es erlauben, den Schweregrad der Auswirkungen zu erfassen und anhand dessen die Emission als die auslösende Handlung zu beurteilen. Die Schwierigkeiten, die sich dabei ergeben, wurden in den Kapiteln 2 und 3 allgemein diskutiert, und sie werden auch am Beispiel der FCKW deutlich: Zunächst sind seit dem Beginn der Industrieproduktion von FCKW über 25 Jahre vergangen, bis der stratosphärische Ozonabbau überhaupt vermutet (Molina u. Rowland 1974) und dann auch experimentell bestätigt wurde (Farman *et al.* 1985).

Danach hat sich die Bestimmung des detaillierten Ursache-Wirkungs-Zusammenhangs beim Ozonabbau durch FCKW als kompliziert und langwierig erwiesen; sie ist bis heute nicht abgeschlossen (Künzi u. Burrows 1996). Die Dokumentation und Beurteilung aller Effekte, die nach dem Ozonabbau durch verstärkte UV-Einstrahlung resultieren, wie z. B. Hautkrebs bei Menschen; Erblindung von Schneehasen in Patagonien; Schädigung der Kleinorganismen im Oberflächenwasser und damit der ganzen Nahrungskette der Weltmeere (Smith *et al.* 1992) ist überhaupt nicht mehr möglich.

Bei der Definition der Indikatoren Persistenz und Reichweite wird nun der Ansatz verfolgt, Einwirkungen und Auswirkungen nicht nur als Stufen im Ereignisablauf zu unterscheiden (eine Unterscheidung, die üblich und weitgehend offensichtlich ist), sondern auch *getrennt zu bewerten* (was bislang nicht praktiziert wird):

- Auswirkungen werden als *Schäden* bewertet, sofern sie erfaßt werden können und in den Geltungsbereich einer Norm fallen. Dies ist bei heutigen anthropogenen Umweltveränderungen vielfach nicht erfüllt (Bewertungsproblem, s. Abschnitte 3.2 bis 3.4).

- Einwirkungen bilden die Vorstufe von Auswirkungen und können dementsprechend mit einer normativen Kategorie, die den Schäden logisch vorgeordnet ist, als *Umweltgefährdungen* (*environmental threat*) bewertet werden (Scheringer *et al.* 1994, Berg u. Scheringer 1994).² Für diese Bewertung wird nicht gefragt, ob Schäden *manifest* sind, sondern ob und in welchem Ausmaß Schäden *möglich* sind.³

Diese eigenständige Bewertung der Einwirkungen wird in Abschnitt 8.1 als *expositionsgestützte* Chemikalienbewertung bezeichnet und im Vergleich zur Bewertung von Auswirkungen, die dementsprechend als *wirkungsgestützt* bezeichnet wird, diskutiert. In welcher Weise auch andere Umwelteingriffe als die Emission von Chemikalien anhand der ausgelösten Umweltgefährdungen bewertet werden können, wird bei Jaeger (1998) untersucht.

Auf der Ebene der Gefährdung tritt das Bewertungsproblem, nämlich daß entschieden werden muß, welche Auswirkung ein Schaden und somit relevant für die Bewertung einer Umweltveränderung ist, nicht auf, denn *jede* Umwelteinwirkung kann Auswirkungen auslösen, die – nach unterschiedlichen Kriterien und von unterschiedlichen Personen – negativ bewertet werden können. Aus diesem Grund ist jede Umwelteinwirkung als Umweltgefährdung zu bewerten (normatives Urteil).

Bei dieser umfassenden Bewertung ist allerdings von zentraler Bedeutung, daß *Maßzahlen* zur Verfügung stehen, mit deren Hilfe zwischen verschiedenen Umweltgefährdungen differenziert werden kann (quantitative Einstufung). Persistenz und Reichweite werden als quantifizierbare Indikatoren verwendet, die diese Differenzierung zwischen verschiedenen Umweltgefährdungen ermöglichen.

5.2 Methodische Konsequenzen

5.2.1 Prävention

Das Beispiel der FCKW zeigt einen wesentlichen Vorteil, der sich bei der vorverlagerten Erfassung von Umweltveränderungen in Form von Einwirkungen und der ebenfalls vorverlagerten Bewertung der Einwirkungen als Gefährdungen ergibt: Wenn nicht grundsätzlich abgewartet werden muß, bis Schäden manifest geworden sind, sondern bereits die Expositionen bewertet werden können, können auch Maßnahmen zur Reduktion der Umweltgefährdung bereits früher getroffen werden, z. B. der Wechsel zu anderen Lösungsmitteln.⁴

---

2. Bei Problemstellungen, die wie das Bewertungsproblem unlösbare Schwierigkeiten aufwerfen, besteht die Methode der Wahl darin, die Vorbedingungen dieser Problemstellungen zu untersuchen (Höffe 1993, S. 184).

3. Scheinbar liegt dieser Frage ein Zirkelschluß zugrunde: Wie läßt sich die Möglichkeit von Schäden bestimmen, ohne daß die Schäden selbst bekannt sind? Gefragt wird hier jedoch nach den in der *kausalen Ereignisabfolge* vorgeordneten Bedingungen dafür, daß später *möglicherweise* als Schäden bewertete Auswirkungen eintreten. Diese Bedingungen sind unabhängig vom tatsächlichen späteren Eintreten dieser Auswirkungen und von der dann vorgenommenen Bewertung.

4. „Wegen der langen Reaktionszeit von Ökosystemen (...) ist es in vielen Fällen sinnvoller, frühzeitig von Gefährdungen (...) als von eingetretenen Schäden auszugehen." (SRU 1994, S. 91)

Somit bietet die Bewertung auf der Ebene der Einwirkungen eine wichtige Möglichkeit zur Umsetzung des Vorsorgeprinzips. Dieser Punkt wird in Kapitel 8, Abschnitte 8.2 und 8.3, ausführlicher angesprochen.

5.2.2 Komplexitätsreduktion

Die Beschränkung auf Einwirkungen führt sowohl auf deskriptiver wie auf normativer Seite zu einer systematischen Begrenzung der Fragestellung und damit zu einer Reduktion der Komplexität, die das Bewertungsverfahren verarbeiten muß.[5]

Mit dieser Beschränkung auf Einwirkungen werden Auswirkungen nicht für unwesentlich oder harmlos erklärt. In allen Fällen, bei denen Auswirkungen deskriptiv und normativ faßbar sind – vor allem bei überschaubaren Umweltveränderungen mit transparentem Ursache-Wirkungs-Zusammenhang und direktem Kontakt zwischen Verursachern und Betroffenen –, ist es selbstverständlich, die Bewertung auf Auswirkungsbefunde zu stützen. Wenn jedoch eine Vielzahl von Substanzen und ihre z. T. unbekannten Folgeprodukte in niedrigen Konzentrationen über lange Zeiten auf eine Vielzahl von Organismen und Spezies einwirken, sind die Auswirkungen nicht faßbar, d.h. ihr Erscheinungsbild ist diffus, sofern sie überhaupt erkennbar und bekannt sind, und sie sind nicht zurechenbar und von unklarem Schweregrad (Wahrnehmungsproblem, Bewertungsproblem).

Vor allem in diesem Fall, wenn also valide Auswirkungsbefunde (noch) nicht zur Verfügung stehen, bietet die eigenständige Erfassung und Bewertung der Einwirkungen eine hilfreiche „Zwischenebene", auf der Stoffe verglichen und erste Aussagen über ihr Umweltverhalten getroffen werden können. Bereits Einwirkungen sind – unabhängig davon, ob Auswirkungsbefunde verfügbar sind oder nicht – normativ relevant.

Weiterhin erlaubt die Beschränkung auf Einwirkungen einen systematischen *Umgang mit Unsicherheit:* In der Umweltdebatte ist die Frage, wie mit der grundlegenden Unkenntnis zukünftiger Ereignisse und Entwicklungen umgegangen werden soll, von erheblicher Bedeutung (Wiman 1991, Wynne 1992, Ladeur 1994). Unterschieden werden dabei drei verschieden starke Formen der Unsicherheit: *Risiko*, *Ungewißheit* und *Unbestimmtheit* (s. Tabelle 5.1).

In diesem Sinne bilden nur die wenigsten Umweltveränderungen ein Umwelt*risiko* oder eine Situation unter *Ungewißheit*, wie sie in der Entscheidungstheorie diskutiert wird (Jakubowski *et al.* 1997, S. 20ff.): Meistens sind die Auswirkungen, die letztendlich aus einem Umwelteingriff resultieren, völlig unbekannt (vgl. die ökologischen, ökonomischen und politischen Folgen von Treibhauseffekt und Klimawandel), so daß *Unbestimmtheit* als die stärkste Form von Unsicherheit besteht

---

5. Vgl. z.B. Mackay u. Southwood (1992, S. 511): „No attempt is made here to translate environmental concentrations into probabilities of adverse effects because this is a much more complex task, but it seems prudent, at least as a first step, to understand and manage or control the concentrations and exposures which are believed to be a primary determinant of these effects."

Tabelle 5.1: Vergleich von Risiko, Ungewißheit und Unbestimmtheit (Dürrenberger 1994).

	Risiko	Ungewißheit	Unbestimmtheit
Mögliche Ereignisse	bekannt	bekannt	nicht bekannt
Zugehörige Wahrscheinlichkeiten	bekannt	nicht bekannt	nicht bekannt

(Jakubowski *et al.* (1997) sprechen hier auch von *Undeutlichkeit* und *Unkenntlichkeit*).

Aus diesem Grund kann das Risiko-Konzept, das ursprünglich aus der Entscheidungstheorie und den Ingenieurwissenschaften stammt, auf die meisten Umweltveränderungen nicht angewendet werden: Umweltveränderungen sind keine im Sinne des Risiko-Konzepts kalkulierbaren Umweltrisiken, sondern sie umfassen viele im Vorhinein unbekannte Einzelereignisse auf sehr vielen verschiedenen Ebenen (Veränderungen bei Einzelorganismen und Populationen bis hin zu wirtschaftlichen und politischen Folgen). Daher sind Wahrscheinlichkeitsbetrachtungen auf der Ebene der Auswirkungen i. a. weder nötig noch möglich. Vgl. dazu auch Scheringer *et al.* (1998).

Die Unbestimmtheit vieler Folgen, die ein Umwelteingriff nach sich zieht, ist aufgrund der Überkomplexität der betroffenen Systeme *irreduzibel*. Dies heißt, daß auch bei noch so intensiver Forschungsarbeit immer Wissenslücken verbleiben, die auch durch weitere Forschung nicht geschlossen werden können, oder daß sich auch trotz neu gewonnener Befunde immer weitere Wissenslücken auftun.

Durch den Übergang auf die Ebene der Einwirkungen kann diese Schwierigkeit ein Stück weit umgangen werden: Im Vergleich zu den Auswirkungen können die vorangehenden Einwirkungen i. a. einfacher erfaßt oder zumindest abgeschätzt werden, und da mit den Einwirkungen eine in sich konsistente Zwischenebene zur Verfügung steht, schlagen die Unsicherheiten bei der Bestimmung der Auswirkungen nicht auf das Gesamtresultat der Bewertung durch, sondern bleiben auf den zweiten Schritt, die wirkungsgestützte Bewertung, beschränkt.

Bemerkung zum Sprachgebrauch: Der Begriff „Gefährdung", wie er in Abschnitt 5.1 eingeführt wurde, umfaßt alle drei Kategorien von Unsicherheit: Risiken, Ungewißheit und Unbestimmtheit. Demgegenüber beschreibt der Begriff „Gefahr" im deutschen Recht eine Situation, in der ein absehbares Schadensereignis unmittelbar bevorsteht, während der Begriff „Risiko" im Recht Schadensereignisse mit kleiner Eintrittswahrscheinlichkeit und wenig gesichertem Wissen bezeichnet.[6] Dieser rechtliche Risikobegriff umfaßt somit auch Aspekte von Ungewißheit und Unbestimmtheit, während Gefahr sich konkret auf ein bekanntes und bevorstehendes Schadensereignis bezieht. Der Begriff „Gefährdung", wie er hier verwendet wird, ist also deutlich umfassender und weniger spezifisch als der rechtliche Begriff der Gefahr. Weil es jedoch schwierig ist, bei Umwelteingriffen so verläßliche Ge-

---

6. Persönliche Mitteilung von G. Winter, Universität Bremen.

fahrenprognosen zu stellen, wie der rechtliche Gefahrenbegriff sie verlangt, ist der rechtliche Begriff der Gefahr für die Bewertung von Umwelteingriffen und ihren Konsequenzen unzureichend (Kloepfer 1998).

5.2.3 Trennung von Reichweite und Emissionsmenge

Wie zu Beginn dieses Kapitels erwähnt, liefert die Persistenz Informationen über den zeitlichen Konzentrationsverlauf relativ zur anfänglich vorhandenen Stoffmenge. Dies heißt, die Persistenz beschreibt die Geschwindigkeit der Abbauprozesse, und diese ist in den meisten Fällen unabhängig von der freigesetzten Menge. Bei ansonsten unveränderten Bedingungen hat ein Stoff also dieselbe Persistenz, wenn ein Gramm und wenn eine Tonne emittiert wird.

Dies gilt in analoger Weise auch für die räumliche Reichweite: Sie beschreibt die Wirksamkeit des Transports in der Umwelt unabhängig von der freigesetzten Stoffmenge und charakterisiert den räumlichen Konzentrationsverlauf relativ zur Konzentration am Freisetzungsort.

Aufgrund dieser Eigenschaft sind Persistenz und Reichweite stoffspezifische oder stoffbezogene Größen.[7] Nur auf diese Weise können sie als Stoffeigenschaften verstanden und zum Vergleich und zur Klassifizierung verschiedener Stoffe verwendet werden. Die freigesetzte Stoffmenge ist demgegenüber ein zusätzlicher „Gewichtungsfaktor", der angibt, welche absolute Konzentrationshöhe das Konzentrationsmuster hat, dessen räumliche und zeitliche Ausdehnung von Persistenz und Reichweite beschrieben wird.[8]

---

7. Die Bezeichnung „stoffbezogen" besagt, daß Persistenz und Reichweite zwar den einzelnen Stoffen und nicht – wie es bei einer mengenabhängigen Definition notwendig wäre – bestimmten Freisetzungsereignissen zugeordnet werden. Sie sind jedoch keine reinen Stoffeigenschaften, da ihr Wert durch stoffunabhängige Umwelteinflüsse wie Temperatur, Windgeschwindigkeit, Bodenbeschaffenheit etc. erheblich mitbestimmt wird. Deswegen können sie immer nur in Bezug zu einem spezifischen Kontext bestimmt werden, sei dies ein spezifisches Freisetzungsereignis wie der Brandunfall von Schweizerhalle am 1.11.1986, für das die Stoffreichweiten im Rhein bestimmt werden können, oder ein standardisiertes Szenario, das in einem Modell berechnet wird.
Diese Kontextabhängigkeit besteht jedoch mindestens genauso stark für auswirkungsbezogene Größen wie die Toxizität (chronische oder akute Einwirkung, synergistische Effekte mit anderen Substanzen, Konstitution der betroffenen Organismen etc.).

8. Die Freisetzungsmenge fällt bei umweltrelevanten Stoffen, z. B. Pestiziden und Lösungsmitteln, vielfach mit der Produktionsmenge zusammen: „Es steht außer Zweifel, daß etwa die gesamte jährliche Produktion der chlorierten Lösungsmittel in die Umwelt eingebracht wird." (Bauer 1989, S. 984) "Most of the 17% of acetone produced that is used as solvents will be ultimately released into the environment" (Howard 1991, Vol. II, S. 10). Diese Menge beträgt bei Aceton jährlich weltweit 400 000 Tonnen (Streit 1994, S. 13). Daher erfordert Reduktion der Freisetzungsmenge in solchen Fällen eine Reduktion der Produktionsmenge, sofern nicht sehr wirksame Rückhaltesysteme entwickelt und eingesetzt werden und die Stoffe nicht auch in geschlossenen Systemen endgültig entsorgt werden. Dieses Ziel ist bei weitem noch nicht erreicht, und die Verminderung der Lösungsmittelemissionen bleibt eine dringende Aufgabe (May 1998).

Diese Mengenunabhängigkeit von R und τ hat eine wichtige Konsequenz im Hinblick auf Auswirkungen: Der Bereich und die Zeitdauer, in der ein Stoff Auswirkungen auslöst, ist durch Konzentrations- oder Mengenschwellen begrenzt, seien es Schwellenwerte für toxische Wirkungen oder lediglich Geruchsschwellen. Dieser Bereich und diese Zeitdauer hängen also – im Gegensatz zur Persistenz und Reichweite eines Stoffes – von der Freisetzungsmenge ab: Bei großen Emissionsmengen wird der Schwellenwert in einem größeren Bereich überschritten als bei kleineren Emissionsmengen.

Wenn dieser Bereich, in dem ein bestimmter Schwellenwert c_wirk überschritten wird, durch eine Distanz D gekennzeichnet wird, ist diese – wirkungsbezogene! – Distanz bei kleinen Emissionsmengen (M_1 in Abb. 5.2) kleiner und bei großen Emissionsmengen (M_2 in Abb. 5.2) größer als die stoffbezogene Reichweite R. Eine solche wirkungsbezogene oder mengenbezogene Distanz wird hier jedoch nicht verwendet, da sie nicht zum Stoffvergleich geeignet ist.

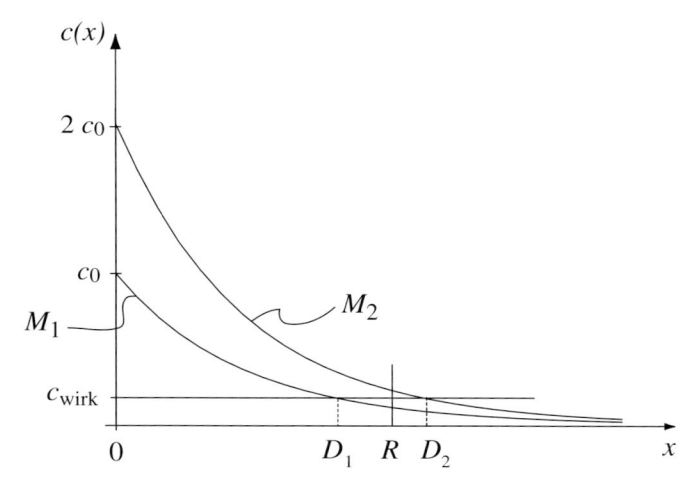

Abbildung 5.2: Mengenunabhängige Reichweite R im Vergleich zu den mengenabhängigen Distanzen D_1 und D_2, die anhand eines Schwellenwertes c_wirk definiert sind (nach Berg (1997)). Die Emissionsmengen M_1 und M_2 führen zu den Anfangskonzentrationen c_0 und $2 \cdot c_0$.

Die durch R und τ markierten Punkte sind somit durch keine toxikologische Besonderheit ausgezeichnet; Auswirkungen können, je nach emittierter Menge, vor oder auch hinter diesen Punkten auftreten.[9] Daran wird deutlich: Die Werte von R und τ deklarieren keine unmittelbar wahrnehmbaren Ereignisse, sondern Persistenz und Reichweite sind *Stellvertreter-Indikatoren* (*„proxy measures"*), die anstelle ei-

---

9. Dies gilt auch für alle bisher gebräuchlichen Definitionen der Persistenz: Sie sagen nichts über die Dauer von Auswirkungen aus. Der fehlende direkte Bezug zur Auswirkungsebene ist also bei der Persistenz nicht neu; er wurde jedoch bisher in der Literatur nicht thematisiert.

ner Vielzahl von Einzelbefunden zur Exposition und ggf. auch zu den Auswirkungen betrachtet werden können (Scheringer u. Berg 1994).

Durch die Einführung von R und τ werden also die Aspekte von Menge/Auswirkungen einerseits und Verteilungsverhalten/Exposition andererseits entkoppelt. Für R und τ müssen keine Grenzwerte bestimmt werden, die „schädliche" von „harmlosen" Reichweiten unterscheiden: Je größer die Reichweite einer Substanz ist, desto höher ist die Dringlichkeit, mit der die Freisetzungsmenge reduziert werden sollte; nach Möglichkeit sollten Stoffe mit hoher Reichweite durch solche mit geringerer Reichweite ersetzt werden. Vgl. dazu auch Kapitel 8.

5.3 Zwischenbilanz und Diskussion

Bevor in Kapitel 6 Methoden zur quantititiven Bestimmung von Persistenz und Reichweite eingeführt werden, wird hier eine kurze Zwischenbilanz zum bisher vorgestellten Konzept gezogen: Erstens werden die Inhalte und Ziele des Konzepts zusammengefaßt, zweitens werden seine Begrenzungen dargestellt, und schließlich werden mögliche Mißverständnisse angesprochen.

5.3.1 Inhalte und Ziele

Die Frage, wie Nutzen und Nebenfolgen aus dem Chemikaliengebrauch auf verschiedene Personen und Gruppen verteilt sind, ist eine chemiepolitische Grundfrage und daher auch relevant für die Chemikalienbewertung. Insbesondere geht es auch darum, ob Chemikalienexpositionen räumlich und zeitlich verlagert werden. Im Hinblick darauf wurden Persistenz und Reichweite als Meßgrößen für die Ausdehnung und Dauer von Stoffverteilungen in der Umwelt eingeführt. Sie werden auf der Ebene der Umwelteinwirkungen (Expositionen, Immissionen) bestimmt und sind als Stoffeigenschaften zu verstehen. Umwelteinwirkungen werden als Gefährdungen bewertet, so daß Persistenz und Reichweite als Maßzahlen für Gefährdungen, nicht jedoch für Schäden interpretiert werden können.

Die Eigenschaften dieses Konzeptes lassen sich hinsichtlich deskriptiver und normativer Seite unterscheiden:

Deskriptive Seite

- *Prävention:* Das Konzept ermöglicht eine präventive Stoffbeurteilung, weil Einwirkungen beurteilt werden können, bevor Auswirkungen manifest werden. Außerdem können Persistenz und Reichweite noch *vor* der tatsächlichen Stofffreisetzung aus den Stoffeigenschaften und aus Modellrechnungen zum Verteilungs- und Abbauverhalten leichter und damit auch früher abgeschätzt werden als Auswirkungen.

- *Praktikabilität, Komplexitätsreduktion, Umgang mit Unsicherheit:* Die Bestimmung von Persistenz und Reichweite erfordert einen geringeren Aufwand an Kosten und Zeit als bei die Untersuchung von Auswirkungen (verschiedene Tierversuche und Ökosystemstudien). Die Größen R und τ können leichter aus im

Labor bestimmten Stoffeigenschaften abgeschätzt werden als Auswirkungsbefunde. Sie sind weniger unsicher als Auswirkungsbefunde, weil sich in diesen die Unsicherheiten aus Expositionsanalyse *und* Wirkungsanalyse kumulieren. Eine Stoffbeurteilung anhand von Persistenz und Reichweite kann jederzeit durch geeignete Auswirkungsbefunde, also vor allem Toxizitätsdaten, ergänzt werden, was eine abgestufte Beurteilung möglich macht (s. dazu Kapitel 8).

- *Stoffklassifizierung:* Persistenz und Reichweite ermöglichen eine transparente Stoffklassifizierung (s. dazu Abschnitt 7.5). In diese Klassifizierung können viele verschiedene Stoffe einbezogen werden, da Persistenz und Reichweite einen „kleinsten gemeinsamen Nenner" aller Stoffe bilden: Grundsätzlich kann bei jedem Stoff bestimmt werden, wie er sich in der Umwelt verteilt und wie schnell er abgebaut oder – z. B. bei Metallen – in eine andere chemische Form umgewandelt wird.

- *Spezifischer Fokus:* Persistenz und Reichweite erfassen insbesondere zwei Aspekte von Umweltveränderungen durch Chemikalien, die wenig augenfällig sind: Dies ist erstens die Verdünnung von Stoffen, die aufgrund der Endlichkeit des globalen Systems keine Beseitigung ist. Sie wird durch die stoffbezogene Persistenz und Reichweite dokumentiert, inbesondere auch bei ungiftigen und unbrennbaren, scheinbar harmlosen Substanzen wie FCKW und CO_2.[10]

  Der zweite Aspekt ist der Zusammenhang scheinbar lokaler Expositionen, die auf einer verbreiteten Verwendung derselben chemischen Technologie beruhen (z. B. Verwendung von CKW-Lösungsmitteln). Dieser Zusammenhang läßt sich durch eine kombinierte Reichweite für gezielten Transport und anschließende Verteilung in der Umwelt erfassen.

Normative Seite

Persistenz und Reichweite sind Maßzahlen für Gefährdungen, nicht für Schäden, und liefern daher weniger konkrete Informationen über die Folgen einer Chemikalienemission, als auswirkungsgestützte Indikatoren dies im Einzelfall vermögen. Andererseits besteht bei Persistenz und Reichweite ein stärkerer Bezug zu normativen Kriterien als bei vielen auswirkungsgestützten Indikatoren, weil diese Indikatoren aus der inneren Logik naturwissenschaftlicher und technischer Disziplinen und weniger im Hinblick auf die Bewertung von Handlungen entwickelt wurden (vgl. dazu SRU (1996a, S. 254)).

---

10. CO_2 und auch Wasserdampf sind atmosphärische Spurengase, die natürlich vorkommen. Sie sind chemisch stabil, in komplexe biogeochemische Zyklen eingebunden und sehr relevant für das Erdklima, und sie haben eine globale Reichweite. Diese Reichweite signalisiert dann eine – erhebliche – Umweltgefährdung, wenn die anthropogenen Beiträge den atmosphärischen Gehalt erhöhen, wie es zur Zeit bei CO_2 der Fall ist. Durch den anthropogenen Beitrag ist der atmosphärische CO_2-Gehalt in relativ kurzer Zeit deutlich angestiegen, und die daraus resultierenden Folgen sind global wirksam. Grundsätzlich gilt das Gleiche für Wasserdampf: Wenn der atmosphärische Gehalt an Wasserdampf durch menschliche Tätigkeit z. B. auf das Doppelte des heutigen Niveaus gesteigert würde, wäre dies ein globales und gravierendes Umweltproblem.

Mit Hilfe von Persistenz und Reichweite kann nach der Beziehung zwischen Verursachern und Betroffenen, Prävention und Verteilungsgerechtigkeit gefragt werden:

- Wer ist der Urheber einer Chemikalienexposition? Wie gut ist das Verursacherprinzip anwendbar?
- Inwieweit ist das Vorsorgeprinzip berücksichtigt? Wird bei der Chemikalienentwicklung und beim Chemikaliengebrauch präventiv gedacht?
- Für wie lange bleibt eine Einwirkung bestehen, die aus einem Umwelteingriff resultieren kann?
- Wer ist von den aus einem Umwelteingriff resultierenden Einwirkungen betroffen? Wie sind Nutzen und Umwelteinwirkungen auf Nutznießer und zusätzlich Betroffene verteilt?

Diese Fragen beziehen sich auf den Zusammenhang zwischen auslösendem Umwelteingriff und resultierenden Umwelteinwirkungen (Gefährdungen) und ergänzen die bislang bei der Bewertung von Umweltveränderungen dominierenden Fragen nach Schadensart und -höhe. Dadurch wird die auswirkungsgestützte Bewertung durch eine zusätzliche Bewertung auf den Ebenen von Umwelteingriff und Umwelteinwirkungen ergänzt.

Anhand solcher Informationen über Dauer, Ausdehnung und Höhe von Einwirkungen können Auslöser und Betroffene im Hinblick auf Verteilungsgerechtigkeit, zureichende Vorsorge etc. über Ort, Dauer und Umfang von Chemikalienfreisetzungen verhandeln. Das Bewertungsverfahren ist dann nicht allein auf den Nachweis angewiesen, daß eine Chemikalienexposition ökologisch bedenklich oder unbedenklich ist. Dies ist insofern hilfreich, als diese ökologische Bedenklichkeit vielfach erst im Einzelfall überhaupt definiert werden kann, und der wissenschaftliche Nachweis i. a. langwierig ist. Gerade wenn die Beurteilung eines Umwelteingriffs wissenschaftlich strittig ist, hat die Qualität des Verfahrens, in dem über den Eingriff entschieden wird, neben der Frage der ökologischen Effekte eine erhebliche Bedeutung (Majone 1982).

5.3.2 Grenzen

Eine erste Grenze des hier vorgestellten Konzepts ist die Beschränkung auf Gefährdungen. Die Betrachtung von Gefährdungen anstelle von Schäden bedeutet, daß die betrachteten Umweltveränderungen deskriptiv überschaubarer werden, aber auch, daß sie in weniger aussagekräftiger Weise bewertet werden: Eine Gefährdung bedeutet keinen tatsächlichen Schaden bzw. nicht jede Gefährdung muß zu einem Schaden führen. Umweltschäden sind allerdings in vielen Fällen nicht bekannt oder nicht einmal definiert, so daß die Betrachtung von Gefährdungen einer völligen Unbestimmtheit vorzuziehen ist.

Weiterhin sagen Persistenz und Reichweite nichts über Wirkungen aus (dies ist die entsprechende Begrenzung auf deskriptiver Seite). Aus niedriger Persistenz und Reichweite folgt nicht, daß eine Substanz harmlos ist. Persistenz und Reichweite werden aus Expositionsdaten bestimmt; sie beziehen sich allein auf das Verteilungsverhalten und die Langlebigkeit einer Substanz, also auf ihre Anwesenheit in der Umwelt. Über das Auftreten von Auswirkungen ist damit noch keine Aussage getroffen. Es gibt zahlreiche Stoffe mit kleinen Reichweiten, die toxisch, brennbar oder in anderer Weise problematisch sind. Diese Stoffe müssen anhand dieser Eigenschaften beurteilt werden; vgl. dazu auch Abschnitte 8.1 und 8.2.

Drittens liefern Persistenz und Reichweite keine Information über die Höhe der Exposition. Sie müssen daher durch Angaben zur Emissionsmenge, zur Emissionsdauer und zum Emissionsmuster ergänzt werden.

Schließlich bestimmt neben der Verteilung in der Umwelt auch die Anzahl und Verbreitung der Emittenten das Expositionsmuster, und zwar umso stärker, je geringer die stoffbezogene Reichweite ist. Deswegen müßte die stoffbezogene Reichweite, die hier im Vordergrund steht, bei vielen Stoffen durch eine „ökonomische Reichweite" ergänzt werden. Damit könnte die in Abschnitt 4.3 eingeführte kombinierte Reichweite auf eine bessere Grundlage gestellt werden. Eine „ökonomische Reichweite" läßt sich jedoch nicht mit rein naturwissenschaftlichen Methoden bestimmen, sondern erfordert eine Untersuchung der gezielten Verteilung von Stoffen vor und während des Gebrauchs.[11]

5.3.3 Mögliche Mißverständnisse

Eine wichtige Frage für die Diskussion des Reichweiten-Konzepts lautet, inwieweit naturwissenschaftliche Meßgrößen wie Persistenz und Reichweite geeignet sind, normative Prinzipien aufzunehmen und in den empirischen Bereich zu „verlängern". Werden dabei empirischer und normativer Bereich nicht in unangemessener Weise vermischt? Werden die normativen Prinzipien nicht in zu starrer Weise fixiert, „eingekapselt"? Werden durch die Beschränkung auf Umwelteinwirkungen sowie auf räumliche und zeitliche Reichweite als Indikatoren nicht auch die empirischen Sachverhalte zu stark schematisiert, „zurechtgestutzt"? Dazu folgende Erläuterungen:

1. Generell ist es das Ziel *jeder* Operationalisierung normativer Prinzipien, diese Prinzipien zu „verlängern", damit geprüft werden kann, ob ein empirisch festzustellender Sachverhalt gegen eine ethische Norm verstößt. Normativer und deskriptiver Bereich werden dabei nicht vermischt, sondern *gekoppelt*, und zwar von einer explizit ausgewiesenen normativen Grundlage aus. Die normative Interpretation empirisch ermittelter Reichweiten bildet also *keinen* naturalistischen Fehlschluß.

---

11. Ballschmiter (1992, S. 509) führt einen Transportterm „Welthandel" auf. Berg (1997) führt konkret eine räumliche Reichweite für das System der globalen Erdöltransportschiffahrt ein und bestimmt sie anhand von Modellrechnungen quantitativ. Vögl *et al.* (1999) bestimmen die Verteilung von Lösungsmitteln durch Distribution und Verwendung in verschiedenen lösungsmittelhaltigen Produkten.

2. Indem hier Persistenz und Reichweite zur Umsetzung von Gerechtigkeitsprinzipien verwendet werden, wird durchaus nicht ausgeschlossen, daß diese Gerechtigkeitsprinzipien auch mit Hilfe anderer Indikatoren operationalisiert werden können. Eine Möglichkeit sind z. B. epidemiologische Untersuchungen, mit denen Auswirkungen erfaßt werden sollen (vgl. den Ansatz von L. Schäfer in Abschnitt 4.2.2).

   Insbesondere können (und sollten) die Gerechtigkeitsprinzipien in jedem zu behandelnden Einzelfall explizit auf zusätzliche Befunde, insbesondere auch auf geeignete Auswirkungsbefunde, angewendet werden, so daß eine differenzierte Bewertung des Einzelfalls möglich wird. Persistenz und Reichweite sind demgegenüber als allgemein formulierte Leitgrößen gedacht, die eine erste Orientierung geben sollen.

   Es ist nicht das Ziel des Reichweiten-Konzepts, die umweltpolitische Diskussion zu umgehen und einen „Kurzschluß" zwischen normativen Prinzipien wie dem kategorischen Imperativ und zulässigen und unzulässigen Umwelteingriffen herzustellen. Es geht vielmehr darum, *für* die umweltpolitische Diskussion und für partizipative Verfahren zur diskursiven Bewältigung von Umweltproblemen einen inhaltlichen Beitrag zu liefern: Partizipative Verfahren bilden einen essentiellen *verfahrensmäßigen* Rahmen, in dem über Art, Ausmaß und Zulässigkeit von Umwelteingriffen verhandelt werden kann. Allerdings stehen mit diesem Rahmen nicht auch schon die Argumente und Entscheidungskriterien zur Verfügung, die eine solche Diskussion ebenfalls benötigt. Vor diesem Hintergrund soll das Reichweiten-Konzept eine Argumentationshilfe liefern, mit der die normativ und deskriptiv sehr komplexe Problematik umweltverändernden Handelns strukturiert werden kann.

3. Mit der Beschränkung auf Einwirkungen sollen Auswirkungen nicht geringgeschätzt und toxikologische Befunde nicht ignoriert werden.

   Die Beschränkung auf Einwirkungen wäre nicht nötig, wenn feststünde, *welche* Auswirkungen für die Chemikalienbewertung relevant sind, und wenn die zugehörigen Dosis-Wirkungs-Beziehungen bekannt wären. Umweltveränderungen durch anthropogene Chemikalien umfassen jedoch sehr viel mehr Phänomene als nur die Auswirkungen bei einzelnen Organismen bestimmter Spezies. Weil unübersehbar viele Spezies und Ökosysteme betroffen sind, kann nicht ohne weiteres entschieden werden, welche Auswirkungen relevant sind. Zudem bewirken weiträumige Expositionen mit niedriger Konzentration überwiegend chronische, unscharf ausgeprägte, sich überlagernde Auswirkungen, die nicht mehr signifikant erfaßt und kausal zugerechnet werden können, auch wenn dies der intuitiv plausiblere Zugang zur Bewertung von Umweltchemikalien wäre (s. Abschnitte 3.3.1 und 3.4.1). Dies sind die Hauptargumente, im Rahmen des Reichweiten-Konzepts eine Argumentation zu entwickeln, die sich nicht auf Auswirkungen stützt.

4. Was besagt das Reichweiten-Konzept für einzelne konkrete, oftmals auswirkungsbezogene Problemstellungen, wo z. B. die Fischtoxizität eines Stoffs im Vordergrund steht? Da solche Probleme oft lokal begrenzt sind, ergeben sich

für sie kleine Reichweiten, und das Konzept scheint für ihre Bewertung nichts auszusagen.

Bei vielen konkreten Problemstellungen ist durch klar erkennbare Interessen (z. B. an der Nutzung von Fischbeständen), die durch einen Umwelteingriff verletzt werden, ein Bewertungsmaßstab gegeben. Solche Bewertungsmaßstäbe können jedoch meistens nicht auf andere Problemstellungen übertragen werden, d. h. sie liefern kein verallgemeinerbares Bewertungskonzept.

Daß lokale Effekte spezifisch betrachtet und beurteilt werden müssen, heißt jedoch andererseits nicht, daß die Gesamtexposition durch anthropogene Chemikalien vollständig in lokale Expositionen zerfällt, zwischen denen kein Zusammenhang besteht. Erstens gibt es Substanzen mit erheblichen stoffbezogenen Reichweiten, die unabhängig vom Freisetzungsmuster langreichweitige und langfristige Expositionen bewirken. Zweitens werden auch durch Substanzen mit geringer stoffbezogener Reichweite weiträumige Expositionen ausgelöst, wenn das Freisetzungsmuster viele gestreute Emittenten umfaßt. Allerdings ist die Frage, wie das Freisetzungsmuster systematisch in die Stoffbeurteilung einbezogen werden kann, wie erwähnt noch weitgehend offen.

Kapitel 6

Quantitative Bestimmung von Persistenz und Reichweite

6.1 Zeitlicher und räumlicher Konzentrationsverlauf

Nach den methodischen und ethischen Ausführungen der vorangehenden Kapitel und der ersten Illustration mit dem Beispiel FCKW wird nun die Frage behandelt, wie sich Persistenz und Reichweite aus Konzentrationswerten quantitativ bestimmen lassen. Zu diesem Zweck werden Verfahren benötigt, mit denen der zeitliche und räumliche Konzentrationsverlauf adäquat und informativ charakterisiert werden kann.

Diese Frage ist unabhängig davon, *wie* diese Konzentrationswerte bestimmt wurden; sie können entweder analytisch gemessen oder im Rahmen eines Modells berechnet worden sein. In diesem Kapitel werden daher noch keine Modellrechnungen durchgeführt und keine Annahmen zum Mechanismus von Abbau- und Transportprozessen getroffen. Es ist wichtig, zwischen einerseits einzelnen Modellen oder Meßverfahren und andererseits den Indikatoren Persistenz und Reichweite – oder anderen Indikatoren, die im Rahmen einer bestimmten Fragestellung zweckmäßig sind – zu unterscheiden: Persistenz und Reichweite können zwar nicht ohne Rückgriff auf Modelle und/oder Messungen bestimmt werden, aber ihre Relevanz und Aussagekraft ist nicht allein an die Eigenschaften eines spezifischen Modells oder Meßverfahrens geknüpft.

6.1.1 Bestehende Persistenz-Definitionen

Bei den gängigen experimentellen Verfahren zur Bestimmung der Persistenz wird eine definierte Ausgangsmenge der betrachteten Substanz verschiedenen Abbauprozessen unterworfen, z. B. aerobem biologischem Abbau während fünf Tagen, der den biologischen Sauerstoffbedarf (BSB_5) liefert, oder chemischem Abbau, der den chemischen Sauerstoffbedarf (CSB) liefert. Es gibt eine ganze Reihe von Abbautests, die z. T. auch durch die OECD normiert wurden (OECD 1992) und die sich in der experimentellen Anordnung und der Zeitdauer unterscheiden.

Wenn man weiterhin annimmt, daß der Abbau nach einer Kinetik 1. Ordnung verläuft, so daß die Stoffmenge oder Stoffkonzentration mit einer exponentiell fallenden Funktion $c(t) = c_0\, e^{-\kappa \cdot t}$ abnimmt, kann aus den gemessenen Werten die Geschwindigkeitskonstante oder Abbaurate κ und die Halbwertszeit $t_{1/2} = \ln 2/\kappa$

berechnet werden. (Ebenso können auch andere charakteristische Zeiten des Abbaus berechnet werden, z. B. $t_{95\%}$.) Neben Meßwerten wie dem CSB und dem BSB$_5$ werden häufig κ und $t_{1/2}$ zur Angabe der Persistenz τ benutzt (Verschueren 1983, Rippen 1987, Howard *et al.* 1991, Mackay *et al.* 1995). Alle diese Größen charakterisieren den zeitlichen Konzentrationsabfall, wie er in Abb. 6.1 dargestellt ist.

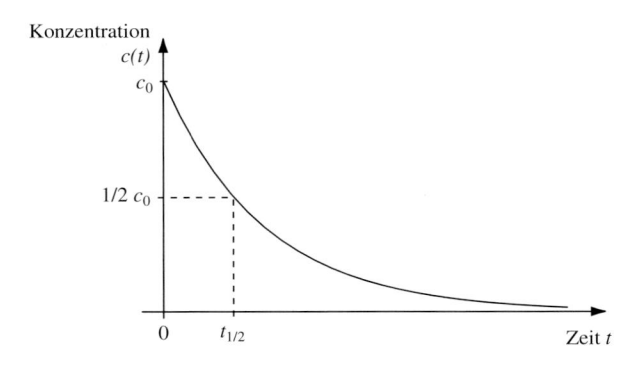

Abbildung 6.1: Exponentiell abnehmende Konzentration $c(t)$ im Verlauf der Zeit mit Halbwertszeit $t_{1/2}$.

Modelle für das Verteilungs- und Abbauverhalten stützen sich auf solche Abbauraten κ und berechnen das Zusammenspiel verschiedener Abbauprozesse. Auf diese Weise kann die Persistenz eines Stoffes in einem idealisierten Modellsystem berechnet werden, s. dazu Abschnitte 6.2 und 6.3.2.

6.1.2 Räumlicher Konzentrationsverlauf

Im Gegensatz zur Persistenz stehen bislang keine Meßgrößen zur Verfügung, mit denen die räumliche Konzentrationsverteilung charakterisiert werden kann. Dies mag damit zusammenhängen, daß sich der räumliche Konzentrationsverlauf in einigen Punkten vom zeitlichen unterscheidet:

- Die Stoffverteilung im Raum kann in verschiedene Richtungen erfolgen, so daß entweder eine kontaminierte Fläche oder eine kontaminierte Distanz bestimmt werden muß. Wenn der Stofftransport in allen Richtungen ungefähr gleich stark abläuft, hängen Distanz und Fläche direkt zusammen (Radius und Fläche eines Kreises); wenn der Transport in verschiedene Richtungen verschieden stark ist, muß hingegen eine unregelmäßige Fläche bestimmt werden. Nur wenn eine einzige Transportrichtung dominiert wie beim Stofftransport in einem Fluß, ähnelt die räumliche Konzentrationsverteilung dem zeitlichen Konzentrationsverlauf in Abb. 6.1, s. dazu das Beispiel von Disulfoton im Rhein, das auf S. 97 betrachtet wird.

6.1 Zeitlicher und räumlicher Konzentrationsverlauf

- Die größte Distanz, die zurückgelegt werden kann, ist der halbe Erdumfang, d. h. die räumliche Reichweite hat einen Maximalwert, während die Persistenz unbeschränkt ist.

- Auch bei einer einzelnen stoßförmigen Emission, die *zeitlich* immer zu einer abnehmenden Konzentrationskurve führt (es findet nur Stoffabbau statt, keine Stoffvermehrung), ist es möglich, daß ein *räumlich* ab- und wieder zunehmender Konzentrationsverlauf entsteht oder aber daß die höchste Konzentration gar nicht am Freisetzungsort auftritt. Dies ist z. B. bei einer wandernden Schadstoffwolke der Fall, die sich erst in einer gewissen Entfernung von der Quelle absetzt. Man kann also nicht ohne weiteres von einer „Halbwerts-Distanz" in Analogie zur Halbwertszeit sprechen, da eine solche Halbwerts-Distanz nicht für alle räumlichen Konzentrationsverteilungen bestimmt werden kann (s. Abb. 6.2 und Abschnitt 6.3.3).

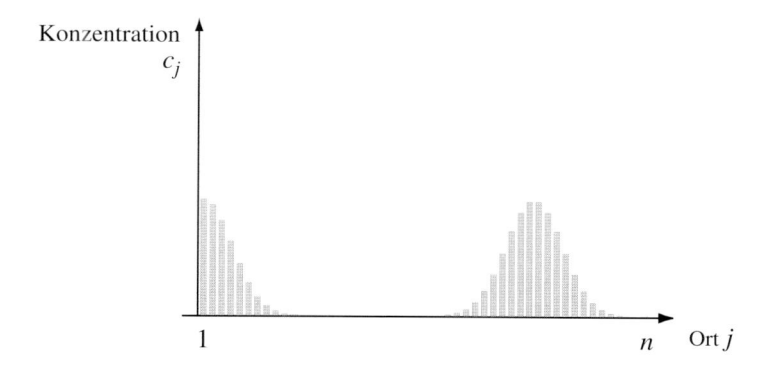

Abbildung 6.2: Beispiel für einen räumlichen Konzentrationsverlauf (schematisch), für den keine eindeutige Halbwertsdistanz bestimmt werden kann.

Der räumliche Konzentrationsverlauf zeigt somit eine größere Variabilität als der zeitliche, und es ist weniger offensichtlich, welche Größen geeignet sind, um ihn zu charakterisieren. (Allerdings ist auch der tatsächliche zeitliche Konzentrationsverlauf in der Umwelt deutlich vielfältiger, als einzelne Abbautests vermuten lassen: Da die Reaktionsbedingungen in der Umwelt stark variieren, setzt sich der Gesamtabbau aus vielen verschiedenen Einzelreaktionen zusammen. Wenn ein Stoff in die Umwelt freigesetzt wird, ist daher i. a. nicht zu erwarten, daß er, wenn man das Abbauverhalten experimentell verfolgt, dieselbe Persistenz aufweist wie in einem Labortest. Tatsächlich müßten also zahlreiche Abbauraten κ_i zu einer Gesamtreaktion zusammengefaßt werden. Auch diese Gesamtreaktion führt allerdings immer zu einem abnehmenden zeitlichen Konzentrationsverlauf.)

Außerdem ist es nicht möglich, weiträumigen Transport im Labor zu untersuchen, und auch seine Modellierung ist relativ aufwendig (vgl. Abschnitt 7.1). Schließlich wird vielfach angenommen, daß das Transportverhalten eines Stoffes bereits anhand seiner Persistenz und der physikalisch-chemischen Eigenschaften abgeschätzt werden kann. Diese Annahme beruht darauf, daß jeder Stofftransport Zeit benötigt, so daß persistente Stoffe weiter transportiert werden als kurzlebige.[1] Auch wenn diese Überlegung grundsätzlich zutrifft, ist das reale Transportverhalten von Umweltchemikalien doch so komplex, daß eine eigene Kennzahl für die räumliche Stoffverteilung durchaus nicht redundant zur Persistenz ist.

6.1.3 Konzentration und Exposition

Die Variabilität der Umweltbedingungen führt, wie zuvor erwähnt, dazu, daß die Persistenz von Ort zu Ort stark variieren kann. In gleicher Weise bleibt auch die räumliche Konzentrationsverteilung i. a. nicht zeitlich konstant, sondern verändert sich, wenn sich die Konzentrationen aufgrund der Verteilungs- und Abbauprozesse verändern. Zusätzlich kann sie auch dadurch fluktuieren, daß sich die Abbau- und Transportprozesse selbst zeitlich verändern, z. B. im Verlauf der Jahreszeiten.

Die Konzentration in der Umwelt fluktuiert also sowohl in räumlicher als auch in zeitlicher Hinsicht stark. Diese Fluktuation muß in beiden Dimensionen ein Stück weit unterdrückt werden, wenn die Werte, die für Persistenz und Reichweite bestimmt werden, von nicht zu vielen Faktoren abhängen sollen; allerdings geht dabei auch der Bezug zu einer spezifischen Umweltsituation verloren.

Bei der Persistenz ist dies möglich, indem sie nicht nur für Einzelreaktionen z. B. in einem bestimmten Bodentyp ermittelt wird, sondern als Gesamtpersistenz definiert wird, die die zeitliche Abnahme der *Gesamtstoffmenge* in einem gewissen System beschreibt (Vorschlag von Klöpffer (1994a)). Die Abnahme dieser Gesamtstoffmenge in einem System aus Boden, Wasser und Luft setzt sich aus vielen verschiedenen Beiträgen zusammen, deren Heterogenität durch die Zusammenfassung zu einem einzigen Prozeß jedoch herausgemittelt wird. Da es relativ schwierig ist, die Stoffverteilung und -abnahme in größeren Umweltsystemen experimentell über längere Zeit zu verfolgen, bieten sich für die Bestimmung einer solchen Gesamtpersistenz Modellrechnungen an. Dieser Ansatz wird hier verwendet; vgl. dazu Abschnitt 6.3.2, wo die Persistenz als Kennzahl der abnehmenden Gesamtstoffmenge definiert wird, und Abschnitt 7.3.2, wo das Modell beschrieben wird.

Bei der räumlichen Konzentrationsverteilung ist es möglich, die Konzentration an jedem Ort j über einen Zeitraum $[t_1, t_2]$ zu verfolgen und auf diese Weise die *Exposition* $e_j = \int_{t_1}^{t_2} c_j(t)\, dt$ zu bestimmen. Die Exposition beschreibt nur noch das Produkt aus der Stoffmenge, die im Intervall $[t_1, t_2]$ am Ort j vorhanden war, und der Zeitdauer von t_1 bis t_2; sie liefert hingegen keine Information über den Zeitverlauf der Konzentration. Wenn über sehr lange Zeiträume integriert wird –

---

1. "Any degradation, either as a photolytic or a hydrolytic process, reaction with OH radicals or any biotransformation, can shorten the time available for the transport of a molecule. Chemical stability, or as it is called in environmental chemistry, 'persistence' or 'residence time', is the basic requirement for spreading in the environment." (Ballschmiter 1991, S. 7)

bei Modellrechnungen kann über das ganze Intervall $[t_1, \infty[$ integriert werden –, ist die resultierende Gesamtexposition gänzlich unabhängig von der Zeit. In Kapitel 7 wird die räumliche Reichweite aus solchen zeitunabhängigen Expositionsverteilungen bestimmt.

Dies ist jedoch keine grundsätzliche Festlegung. Wenn man kürzere Zeitintervalle oder die Konzentrationswerte ganz ohne zeitliche Integration zugrundelegt, bezieht sich die räumliche Reichweite auf einen bestimmten Zeitpunkt, und man kann auch ihre zeitliche Veränderung verfolgen.

Der Übergang von der räumlich und zeitlich variablen Konzentration zur Gesamtstoffmenge $M(t)$, aus der dann die ortsunabhängige Gesamtpersistenz berechnet wird, filtert also die räumliche Variation der Konzentrationswerte heraus. Analog wird durch die Berechnung der Exposition e_j, aus der die zeitunabhängige räumliche Reichweite bestimmt wird, die zeitliche Variation der Konzentrationswerte nivelliert.

6.2 Emissionsszenarien

Bei der Untersuchung des räumlichen und zeitlichen Konzentrationsverlaufs können zwei idealisierte Szenarien unterschieden werden: Das eine ist die stoß- oder pulsförmige Freisetzung einer gewissen Stoffmenge (hier mit M_0, in kg, bezeichnet), die sich nach der Freisetzung räumlich verteilt und im Lauf der Zeit abgebaut wird und schließlich verschwindet. Das andere Szenario ist die kontinuierliche Emission einer bestimmten Stoffmenge pro Zeiteinheit (z. B. in kg/Tag), die solange zu einem Anstieg der Konzentrationen in der Umwelt führt, bis durch die Abbauprozesse genauso viel Stoff abgebaut wird, wie emittiert wird (Fließgleichgewicht oder *steady state*).

In der Realität überlagern sich diese beiden Szenarien: Die meisten Stoffe werden in einer komplizierten Abfolge von einzelnen Freisetzungen emittiert, die sich mit zeitlich und örtlich variierenden kontinuierlichen Freisetzungen überlagern. Für konzeptionelle Betrachtungen sind beide Szenarien jedoch eine sinnvolle Vereinfachung, die es ermöglicht, das Stoffverhalten konsistent zu modellieren und Größen wie Persistenz und Reichweite unter konsistenten und überschaubaren Bedingungen zu berechnen.

Das Szenario „Fließgleichgewicht" ist für viele Stoffe, die im Alltagsgebrauch verwendet und freigesetzt werden, das realistischere; das Puls-Szenario beschreibt demgegenüber, wenn man es realistisch interpretiert, einen Störfall mit einmaliger Stofffreisetzung. Bei der mathematischen Modellierung des Stoffverhaltens sind beide Szenarien jedoch weitgehend äquivalent, und auch die Berechnung von Persistenz und Reichweite kann mit beiden Szenarien erfolgen.

Beim Puls-Szenario beschreibt die Persistenz unmittelbar anschaulich die Abnahme der Stoffmenge, die nach der Emission in der Umwelt vorhanden ist, s. Abb. 6.1. Die räumliche Reichweite kann entweder zeitunabhängig aus der räumlichen Verteilung der Expositionswerte $e_j = \int_{t_1}^{\infty} c_j(t)\,dt$ bestimmt werden (dieses

Integral kann bei pulsförmiger Freisetzung berechnet werden), oder sie kann als zeitabhängige Größe aus der räumlichen Verteilung der Konzentrationen $c_j(t)$ ermittelt werden.

Beim Fließgleichgewicht beschreibt die Persistenz nicht die Konzentrationsabnahme, sondern die mittlere Aufenthaltszeit, die der Stoff in der Umwelt hat. Die Umwelt wird dabei als ein Reservoir betrachtet, das bis zu einer bestimmten Höhe, der *steady-state*-Konzentration, „gefüllt" ist und das vom Stoff in einer charakteristischen Zeit, der Persistenz, durchströmt wird. Die räumliche Reichweite kann in diesem Szenario aus der Verteilung der zeitlich konstanten *steady-state*-Konzentrationen bestimmt werden. Die Resultate, die auf diese Weise erhalten werden, sind identisch zu denen aus dem Puls-Szenario.

Im folgenden wird hier das Puls-Szenario mit der Emission der Stoffmenge M_0 an einem einzigen Ort betrachtet, und Persistenz und Reichweite werden für dieses Szenario definiert. Auch die Modellrechnungen in Kapitel 7 werden überwiegend für dieses Szenario durchgeführt. Diese Einschränkung macht die Diskussion übersichtlicher, ist jedoch nicht als grundsätzliche Beschränkung zu verstehen.

Die Einschränkung auf einen einzigen Emittenten bedeutet, daß hier zunächst nur die stoffbezogene Reichweite betrachtet wird, nicht jedoch die kombinierte Reichweite, in die neben der Stoffverteilung in der Umwelt auch der Abstand der Emittenten eingeht (s. Abschnitt 4.3). Eine Definition für die kombinierte Reichweite wird am Ende dieses Kapitels in Abschnitt 6.3.4 gegeben, und in Abschnitt 7.6 wird die kombinierte räumliche Reichweite für drei Substanzen mit unterschiedlicher stoffbezogener Reichweite berechnet.

Schließlich ist noch festzuhalten, daß im folgenden durchgängig *diskrete* Expositionsverteilungen betrachtet werden, d. h. das Gesamtsystem, in dem die Verteilungsdynamik von Umweltchemikalien untersucht wird, wird nicht als Kontinuum behandelt, sondern in n Teilvolumina der Größe v_j zerlegt. Mit e_j wird die Exposition im Volumen v_j bezeichnet; $c_j(t)$ und $m_j(t) = c_j(t) \cdot v_j$ bezeichnen die Konzentration und die Stoffmenge im Volumen v_j zum Zeitpunkt t. $V = \sum_j v_j$ ist das Gesamtvolumen des betrachteten Systems, $M(t) = \sum_j m_j(t)$ ist die im System enthaltene Gesamtstoffmenge zum Zeitpunkt t. Der Index j, der die Teilvolumina bezeichnet, wird gleichzeitig als räumliche Koordinate verwendet.

6.3 Definitionen von Persistenz und Reichweite

6.3.1 Verteilungsmaßzahlen

Bei der Persistenz ist es in gewissem Sinne evident, daß Größen wie die Halbwertszeit dazu geeignet sind, einen Kurvenverlauf wie in Abb. 6.1 zu charakterisieren. Andererseits zeigt der Blick auf räumliche Verteilungen, daß bei räumlichen Verteilungen nicht mehr ohne weiteres von einer analogen „Halbwertsdistanz" gesprochen werden kann (s. Abb. 6.2).

Daher ist es sinnvoll, verschiedene Maßzahlen, die grundsätzlich zur Charakterisierung von Verteilungen in Frage kommen, zu vergleichen, bevor Definitionen für Persistenz und Reichweite festgelegt werden. Solche Verteilungsmaßzahlen

6.3 Definitionen von Persistenz und Reichweite

sind Lagemaße wie der Mittelwert, der Median oder der Modus; Streuungsmaße wie die Standardabweichung sowie Maße für die Schiefe oder Asymmetrie und für die Wölbung oder Steilheit einer Verteilung (Ferschl 1978, Zar 1984). Alle diese Maßzahlen haben verschiedene Eigenschaften, und die Wahl einer geeigneten Maßzahl hängt ab von den Eigenschaften der Verteilung und dem Zweck, dem die Charakterisierung der Verteilung dient.[2]

- *Mittelwert und Standardabweichung:* Dies sind die üblichsten Maße, die verwendet werden, um eine Verteilung zu charakterisieren. Der Mittelwert (arithmetisches Mittel, „Durchschnitt") ist ein reines Lagemaß, das keine Information darüber enthält, *wo* die einzelnen Beiträge im Verhältnis zum Mittelwert liegen. Die Standardabweichung ist das zugehörige Streuungsmaß, das die mittlere Streuung der Einzelwerte relativ zum Mittelwert angibt.

  Mittelwert und Standardabweichung können für beliebige Verteilungen bestimmt werden, sie sind jedoch nicht robust, d. h. sie werden durch wenige stark abweichende Einzelwerte stark beeinflußt.

- *Quantile und Quantilsdifferenzen:* Das q-te Quantil einer Verteilung ist definiert als die Stelle j_q, die die Verteilung in zwei Teile mit dem Gewicht q und $1-q$ aufteilt (das Gewicht der Verteilung ist die Summe aller Einzelwerte). Dies ist z. B. der Median mit $q = 0.5$, das 1. Quartil mit $q = 0.25$ und das 3. Quartil mit $q = 0.75$.

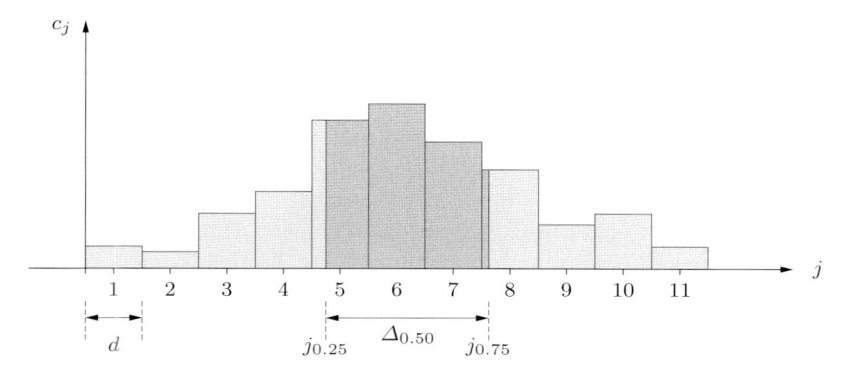

Abbildung 6.3: 1. und 3. Quartil sowie Quartilsdifferenz $\Delta_{0.50}$ der Konzentrationsverteilung $\{c_j\}_{j=1,\ldots,11}$. Der dunkel schraffierte Bereich enthält 50 % des Gewichts der Verteilung. d ist die Breite der räumlichen Abschnitte j.

---

2. "All measures of location and dispersion, and of similar properties, are to a large extent arbitrary. This is quite natural, since the properties to be described by such parameters are too vaguely defined to admit of unique measurement by means of a single number. Each measure has advantages and disadvantages of its own, and a measure which renders excellent service in one case may be more or less useless in another." (Cramér 1946, S. 181). Vgl. auch Ferschl (1978, S. 47).

Im Beispiel aus Abb. 6.3 erreicht die Verteilung $\{c_j\}_{j=1,\ldots,11}$ bei $j = 5$ 25% des Gewichts und bei $j = 8$ 75% des Gewichts, so daß das 1. und das 3. Quartil ($j_{0.25}$ und $j_{0.75}$) in diesen beiden Intervallen liegen. Die Quantile sind also *Lagemaße*, die angeben, an welcher Stelle der Anteil q des Gewichts der Verteilung erreicht wird.

Streuungsmaße ergeben sich aus der Differenz von zwei Quantilen, z. B. die Quartilsdifferenz, die den Bereich $\Delta_{0.50}$ angibt, in dem sich die mittlere Hälfte des Gewichts der Verteilung $\{c_j\}_{j=1,\ldots,11}$ befindet. Je ein Viertel des Gewichts befindet sich unter- und oberhalb dieses Bereichs $\Delta_{0.50}$, s. Abb. 6.3.

Quantile und Quantilsdifferenzen sind robust, d. h. sie werden durch stark von den übrigen Werten abweichende Einzelwerte nicht stark beeinflußt.

- *Halbwertsbreite und Äquivalenzbreite:* Die Halbwertsbreite ist definiert als der Wert, bei dem eine monoton fallende Verteilung auf die Hälfte des Ausgangswerts abgefallen ist.

  Die Äquivalenzbreite ist definiert als der Wert auf der Abszisse, für den Multiplikation mit dem Ausgangswert das Gewicht der ganzen Verteilung liefert. Siehe dazu folgenden Abschnitt, wo diese Größe für die Definition der Persistenz verwendet wird.

Wie in Abschnitt 5.2.3 ausgeführt, sind Persistenz und Reichweite als stoffbezogene Größen zu verstehen, die von der freigesetzten Stoffmenge M_0 unabhängig sind. Genau dies wird erreicht, indem R und τ nicht durch *Absolut*werte für die Stoffmenge $M(t)$ oder die Exposition $\{e_j\}$ definiert werden, sondern durch Maßzahlen wie Mittelwert, Standardabweichung, Halbwertsbreite etc., die von der absoluten Höhe der Exposition unabhängig sind und nur die *Form* der Verteilungen charakterisieren.

6.3.2 Persistenz

Wie in Abschnitt 6.1.3 angesprochen, wird die Persistenz hier aus dem Zeitverlauf der Gesamtstoffmenge bestimmt, die sich nach der Stoffemission in der Umwelt befindet (dargestellt durch die Funktion $M(t)$). Die im vorangehenden Abschnitt eingeführte Äquivalenzbreite t_{equiv} ist für diese Funktion $M(t)$ in folgender Weise definiert:

$$t_{\text{equiv}} \cdot M_0 = \int_0^\infty M(t) dt,$$

und die Persistenz τ wird auf dieser Grundlage definiert:

$$\tau = \frac{1}{M_0} \int_0^\infty M(t) dt.$$

Die anschauliche Bedeutung der Äquivalenzbreite ist in Abb. 6.4 dargestellt: Die Fläche unter der Kurve $M(t)$ entspricht der Fläche des Rechtecks mit den Seiten M_0 und τ. M_0 ist im Rahmen der Modellrechnungen eine bekannte Größe, und das Integral $\int\limits_0^\infty M(t)dt$ kann aus den Expositionswerten e_j bestimmt werden (s. Abschnitt A.4.2 in Anhang A).

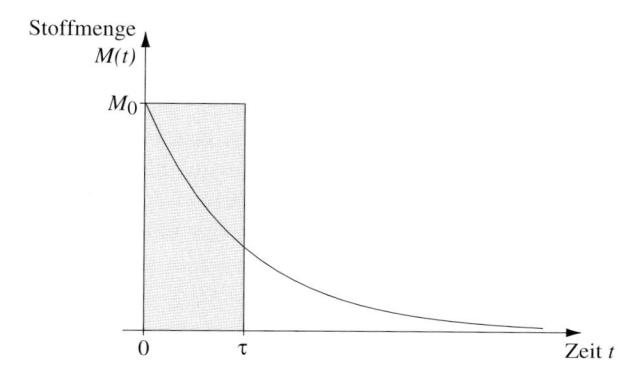

Abbildung 6.4: Persistenz τ als Äquivalenzbreite der Gesamtstoffmenge $M(t)$. Die Fläche des Rechtecks $\tau \cdot M_0$ und das Integral über $M(t)$ haben denselben Wert.

Für den speziellen Fall, daß die Stoffmenge mit einer exponentiell fallenden Funktion $M(t) = e^{-\kappa t} M_0$ abnimmt, hat die so definierte Persistenz den Wert $\tau = 1/\kappa$. Die zur Zeit τ vorhandene Stoffmenge $M(\tau)$ beträgt dann $0.368 \cdot M_0$, d. h. zur Zeit τ sind noch über 35% der ursprünglichen Stoffmenge vorhanden. Dies ist bei der Interpretation dieser Persistenzwerte zu berücksichtigen.

Für die Wahl dieser Definition von τ sprechen folgende Überlegungen: $M(t)$ bildet immer eine streng monoton fallende Funktion mit Anfangswert $M(0) = M_0$ (freigesetzte Stoffmenge). Wenn der Verlauf einer monoton fallenden Verteilung in Bezug auf einen fest vorgegebenen Anfangswert charakterisiert werden soll, sind Äquivalenzbreite und Halbwertsbreite zwei geeignete Maßzahlen. Für die Halbwertsbreite muß jedoch der Verlauf der Funktion $M(t)$ explizit bekannt sein, damit der Zeitpunkt $t_{\frac{1}{2}}$ mit $M(t_{\frac{1}{2}}) = \frac{1}{2} M_0$ bestimmt werden kann. Für die Bestimmung der Äquivalenzbreite hingegen wird nur das *Integral* über den Zeitverlauf $M(t)$ benötigt, das aus der Exposition berechnet werden kann. Dies stellt bei den Modellrechnungen eine erhebliche Vereinfachung dar, da die Exposition einfacher zu berechnen ist als die Konzentrationen $c_j(t)$, allerdings auch weniger Information liefert.

6.3.3 Räumliche Reichweite

Das Verteilungsverhalten von Umweltchemikalien ist in der Literatur ausführlich dokumentiert.[3] Dabei wird auch die Bedeutung des Verteilungsverhaltens und der

---

3. Vgl. z. B. Jury *et al.* (1983), Kinzelbach (1987), Yeh und Tripathi (1991), Poulsen und Kueper (1992) für den Stofftransport in Boden und Grundwasser; Schwarzenbach und Imboden (1984),

Mobilität von Umweltchemikalien für die Chemikalienbewertung betont (Hutzinger
et al. 1978, S. 16; Howard 1991, Vol. I, S. xvi); eine zugehörige Meßgröße wie die
räumliche Reichweite wird jedoch bisher nicht verwendet.

Zur Bestimmung der räumlichen Reichweite wird hier eine räumliche Verteilung
von Expositionswerten betrachtet (ähnliche Verteilungen werden z. B. bei Atlas *et
al.* (1993) und Tanabe (1988) dargestellt, wo Konzentrationsmeßwerte für Kohlenwasserstoffe und polychlorierte Biphenyle gegen die geographische Breite aufgetragen sind). Diese Verteilung spiegelt wider, wie stark ein Stoff nach der Freisetzung durch verschiedene Transportprozesse vom Freisetzungsort wegverfrachtet
wird. Die Transportprozesse führen dazu, daß neben dem Freisetzungsort selbst
immer auch weitere Orte der freigesetzten Substanz ausgesetzt – *exponiert* – sind.
Diese Ausdehnung der Exposition über den Freisetzungsort hinaus wird anhand
der räumlichen Reichweite quantifiziert.

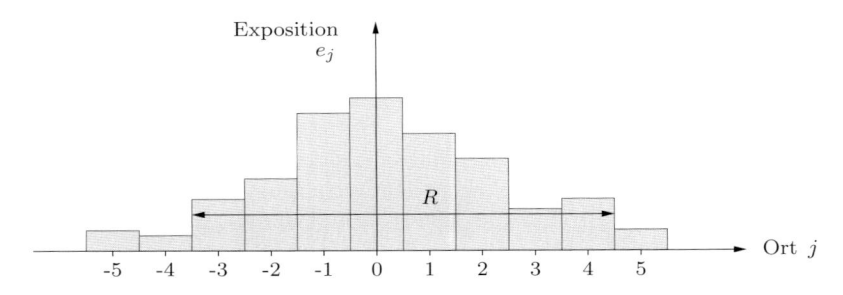

Abbildung 6.5: Verteilung exponierter Raumpunkte um den Freisetzungsort $j = 0$ herum mit räumlicher Reichweite R (schematisch).

Damit die räumliche Reichweite R als Maßzahl für die Breite der Expositionsverteilung eingeführt werden kann, müssen die Eigenschaften dieser Verteilung näher
betrachtet werden. Der Verlauf der Verteilung $\{e_j\}_{j=1,\ldots,n}$ kann je nach Mechanismus und Geschwindigkeit des Stofftransportes verschiedene Formen haben. Es
ist möglich, daß sich das Hauptmaximum der Verteilung, das ursprünglich beim
Freisetzungsort liegt, verschiebt, daß das Maximum sich abflacht und verbreitert,
und daß sich weitere Maxima ausbilden:

- $\{e_j\}$ hat ein einziges Maximum, das am Freisetzungsort liegt. Beispiel: Chemikalien im Rhein nach dem Unfall von Schweizerhalle; vgl. dazu Capel *et al.* (1988) und das Beispiel auf S. 97.

- $\{e_j\}$ hat ein einziges Maximum, aber dieses Maximum ist gegenüber dem Freisetzungsort verschoben. Beispiel: eine zusammenhängend transportierte Sub-

---

Ulrich *et al.* (1994) für den Stoffeintrag in Seen; Holton (1990), Eppel *et al.* (1991) für den Stofftransport in der Atmosphäre; Knap (1990), Kurtz (1990), Ballschmiter (1992), Atlas *et al.* (1993), Wania u. Macky (1996) für die weiträumige Verteilung organischer Chemikalien.

stanzmenge, die an einem Hindernis „hängenbleibt" (saure Gase, die an einem Berghang abgeregnet werden).

- $\{e_j\}$ besitzt mehrere Maxima, d. h. neben dem Maximum am Freisetzungsort bzw. in der Nähe des Freisetzungsorts bilden sich weitere Maxima aus, z. B. durch Stoffakkumulation in speziellen „Nischen" oder durch unregelmäßige Deposition aus einer wandernden Schadstoffwolke.

  Wie dieser und der vorangehende Fall zeigen, ist der Wert e_1 (Exposition am Freisetzungsort) nicht fest, sondern hängt von der Verteilungsdynamik ab. Weil Anreicherungen fern vom Freisetzungsort möglich sind, die zu lokalen Maxima führen, ist die räumliche Verteilung $\{e_j\}$ nicht notwendig monoton fallend. Hierin unterscheidet sich die räumliche Verteilung $\{e_j\}$ von der zeitlichen Verteilung $M(t)$, deren Maximum immer der Ausgangswert M_0 ist.

- $\{e_j\}$ besitzt keine Maxima, sondern hat – annähernd – die Form einer *Gleichverteilung*. Beispiel: FCKW in der Stratosphäre.

Verschiebungen des Hauptmaximums werden im wesentlichen durch *Lagemaße* wie Mittelwert oder Median widergespiegelt; die Verbreiterung der Verteilung gegenüber der ursprünglichen Form bei $t = 0$ wird durch *Streuungsmaße* (Standardabweichung, Quantilsdifferenzen) angegeben. Zur Charakterisierung der verschiedenen Verlaufsformen von $\{e_j\}$ müssen also geeignete Kombinationen aus Lage- und Streuungsmaßen gefunden werden.

Dazu werden hier sieben verschiedene Expositionsverteilungen $\{e_j\}_{j=1,\ldots,n}$ mit $n = 50$ betrachtet, die auf den folgenden Seiten graphisch dargestellt sind. Die Verteilungen wurden per Anschauung ausgewählt; sie sollen wichtige Typen von Expositionsverläufen qualitativ repräsentieren. Die Verteilungen erstrecken sich nur auf einer Seite des Freisetzungsorts, der bei $j = 1$ liegt; alle Werte e_j liegen also bei $j \geq 1$. Doppelseitige Verteilungen werden anschließend gesondert diskutiert. Folgende Maßzahlen werden auf diese Verteilungen angewendet:

- *Mittelwert und Standardabweichung:* Bestimmt werden der Mittelwert $\bar{j}$ und die Standardabweichung σ; in Tab. 6.1 sind die Werte $r_1 = \bar{j} + \sigma$ und $r_2 = \bar{j} + 2\,\sigma$ aufgeführt.

- *Quantile:* Bei der Verwendung von Quantilen ist es sinnvoll, den Verlauf von $\{e_j\}_{j=1,\ldots,n}$ anhand mehrerer Quantile j_q zu charakterisieren. Hier werden die Quantile j_{50} (Median), j_{75} (drittes Quartil) und j_{95} berechnet, die in der oberen Hälfte der Verteilungen $\{e_j\}_{j=1,\ldots,n}$ liegen.

  Quantilsdifferenzen werden erst zur Charakterisierung doppelseitiger Verteilungen benötigt, s. u. S. 99.

Halbwertsbreite und Äquivalenzbreite hingegen sind für die Definition von R ungeeignet, da $\{e_j\}_{j=1,\ldots,n}$ nicht notwendig monoton fallend ist oder e_1 sehr klein sein kann. Im ersten Fall wäre die Halbwertsbreite nicht eindeutig definiert, und im zweiten Fall wäre die Äquivalenzbreite unrealistisch groß.

Graphische Darstellung der Expositionsverteilungen

- $e_1(j) := \exp\{-0.5\,(j-1)\}$

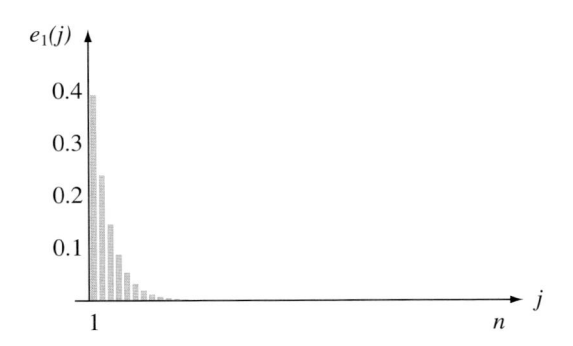

- $e_2(j) := 1/j$

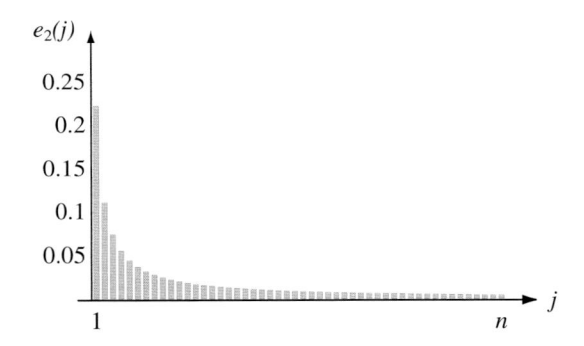

- $e_3(j) := \begin{cases} c & \text{für } j \leq n/2 \\ 0.1 \cdot c & \text{für } j > n/2 \end{cases}$

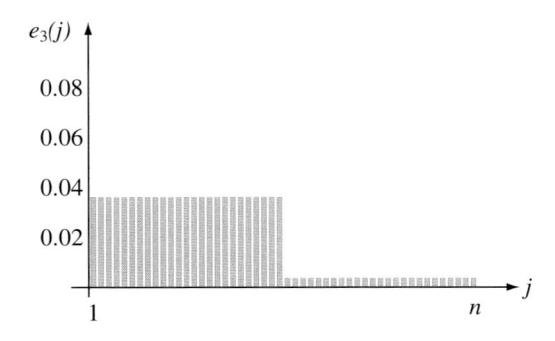

6.3 Definitionen von Persistenz und Reichweite

- $e_4(j) := 1/n$

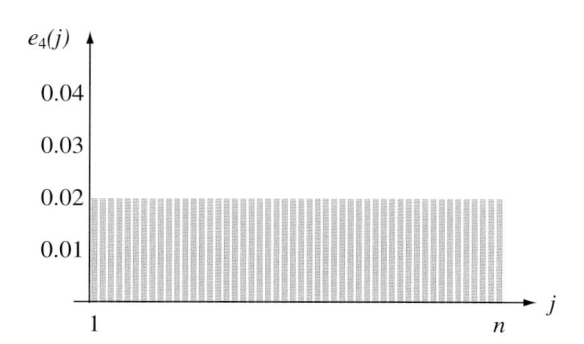

- $e_5(j) := \exp\{-0.05\,(j-1)^2\} + \exp\{-0.05\,(j-\frac{3}{4}\,n)^2\}$

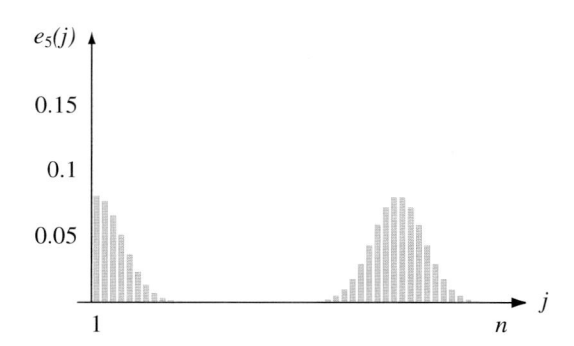

- $e_6(j) := \exp\{-0.05\,(j-\frac{3}{4}\,n)^2\}$

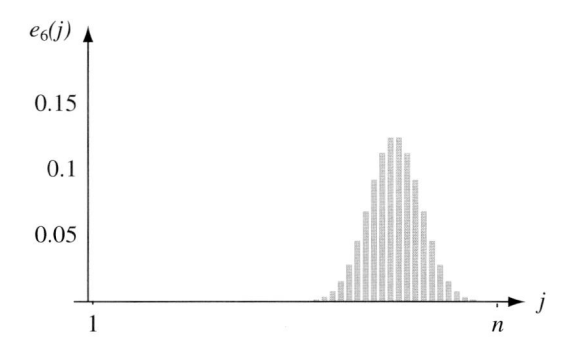

- $e_7(j) := \exp\{-(j-n)^2\}$

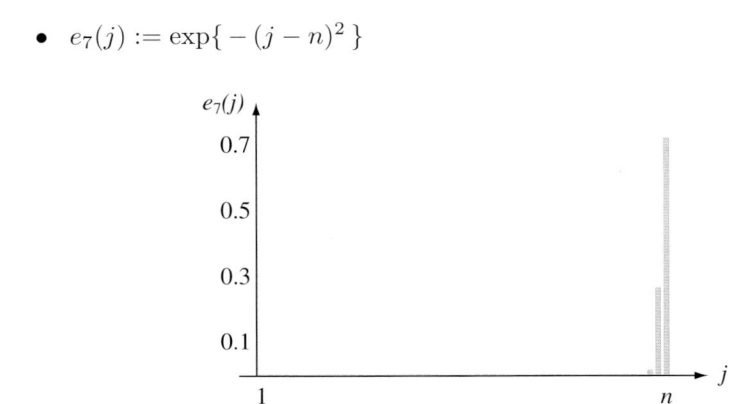

Tabelle 6.1: Zahlenwerte verschiedener Maßzahlen für die Testverteilungen e_1 bis e_7.

Verteilung	$\bar{j} + \sigma = r_1$	r_2	j_{50}	j_{75}	j_{95}
e_1	2.54 + 1.98 = 4.52	6.50	1.45	2.81	5.99
e_2	11.1 + 12.7 = 23.8	36.5	4.83	15.9	39.8
e_3	15.3 + 10.2 = 25.5	35.7	13.8	20.6	36.3
e_4	25.5 + 14.4 = 39.9	54.3	25.0	37.5	47.5
e_5	25.1 + 16.7 = 41.8	58.5	34.5	37.9	41.5
e_6	37.5 + 3.16 = 40.7	43.8	37.0	39.1	42.2
e_7	49.7 + 0.50 = 50.2	50.7	49.3	49.7	49.9

Bei diesen sieben Test-Verteilungen ergeben sich folgende Werte für die verschiedenen Maßzahlen:

Die Resultate zeigen:

- r_1 oder/und r_2 nehmen bei e_4, e_5 und e_7 Werte an, die größer als n sind. Bei e_4 und e_5 beruht dies auf den hohen Werten von σ; bei e_7 darauf, daß e_7 linksseitig stärker als rechtsseitig um $\bar{j}$ streut, diese Streuung im Wert von r_1 und r_2 aber als rechtsseitige Streuung interpretiert wird (links- und rechtsseitige Streuungen werden bei der Berechnung von σ nicht unterschieden).

- Die verschiedenen Quantile können auf alle Verteilungen angewendet werden, ohne daß Werte größer als n resultieren. Allerdings liefern die Quantile nur den jeweiligen Punkt j_q; sie erfassen nicht, wie die Verteilungen im einzelnen verlaufen. So unterscheiden sich die Resultate für e_5 und e_6 trotz des stark unterschiedlichen Verlaufs beider Verteilungen nicht wesentlich.

- Für die Gleichverteilung (e_4) ist per Anschauung unmittelbar plausibel, daß R den Wert $R \approx n$ annehmen muß, wenn R die tatsächliche räumliche Erstreckung der Verteilung erfassen soll. Darüber hinaus ist es im Sinne der Bewertung hinsichtlich Verteilungsgerechtigkeit, die anhand von R vorgenommen werden soll, notwendig, daß R bei der Gleichverteilung ungefähr den Wert n

annimmt; anderenfalls würde die Tatsache, daß alle Orte in gleicher Weise von der Exposition betroffen sind, nicht erfaßt (vgl. dazu Kapitel 4, S. 61).

Die Gleichverteilung legt somit einen absoluten Bezugspunkt auf der Skala für R fest, und es folgt, daß Maßzahlen, die für die Gleichverteilung Resultate liefern, die größer oder deutlich kleiner als n sind, für die Bestimmung von R ungeeignet sind.

Dies betrifft vor allem r_1 und r_2, die – überwiegend durch den Einfluß von σ – zu niedrige oder auch zu hohe Werte liefern.

Damit ergibt sich aus den Beispielen, daß geeignete Maßzahlen zur Bestimmung von R vor allem Quantile sind. Gewählt wird hier das Quantil j_{95}, weil an diesem Punkt die Ausdehnung der Verteilung e_j annähernd vollständig erfaßt ist. Diese Wahl ist ein Stück weit beliebig; es könnten auch andere Werte $q \geq 90\%$ verwendet werden. Quantile j_q mit $q < 90\%$ hingegen erfüllen das Kriterium, daß R bei Gleichverteilung die Länge des exponierten Bereichs annähernd erfassen muß, nicht mehr.

Anwendungsbeispiel

Als Anwendungsbeispiel für die Bestimmung der räumlichen Reichweite wird die Kontamination des Rheins mit dem Pestizid Disulfoton nach dem Brandunfall von Schweizerhalle am 1.11.1986 betrachtet. Für Disulfoton wurden an den Orten Karlsruhe, Mainz, Bad Honnef und Lobith (deutsch-niederländische Grenze) Konzentrationsmeßwerte bestimmt (Deutsche Kommission 1986, S. 69ff.; Capel *et al.* 1988). Aus diesen Meßwerten wird für jeden Ort j über das relevante Zeitintervall die Exposition e_j ermittelt. Die resultierenden Werte haben die Dimension h·μg/l; sie sind in Tabelle 6.2 zusammengestellt. Zusätzlich sind zwei Schätzwerte für Anfang und Ende der Verteilung angegeben, dies sind die Orte Schweizerhalle und Rheinmündung, wo keine Meßwerte zur Verfügung standen.

Tabelle 6.2: Zahlenwerte der Exposition für Disulfoton im Rhein nach dem Brandunfall von Schweizerhalle. *: Schätzwerte; alle übrigen Werte sind aus den Meßwerten für den zeitlichen Konzentrationsverlauf an den Meßstationen berechnet (Deutsche Kommission 1986, S. 69ff.).

Ort j	e_j (in h·μg/l)
Schweizerhalle (0 km)	1700*
Karlsruhe (203 km)	700
Mainz (337 km)	415
Bad Honnef (481 km)	252
Lobith (706 km)	115
Rheinmündung (840 km)	90*

Der Expositionsverlauf wurde zwischen diesen sechs Werten interpoliert und an 50 Stützpunkten im Abstand von 840 km/50 = 16.8 km gegen die Distanz j aufgetragen (Abb. 6.6).

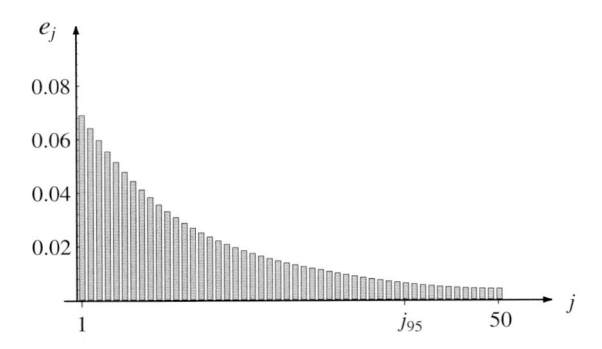

Abbildung 6.6: Normierte Expositionsverteilung von Disulfoton im Rhein. Schweizerhalle: $j = 1$; Rheinmündung: $j = 50$.

Für die so erhaltene Expositionsverteilung von Disulfoton im Rhein liegt das Quantil j_{95} bei 38.9, was einer Distanz von 654 km entspricht (die Unsicherheit der beiden Schätzwerte beeinflußt den Wert von j_{95} um ca. $\pm 5\%$). Dieser Punkt liegt am Niederrhein vor der deutsch-niederländischen Grenze. Der durch ihn markierte Bereich ist größer als der bis zur Landesgrenze von Nordrhein-Westfalen reichende Abschnitt, in dem ökologische Schädigungen festgestellt wurden (Matthias 1989) und der seinerseits mit einer „ökologischen" oder „toxikologischen Reichweite" beschrieben werden könnte (vgl. dazu Abschnitt 5.2.3).

Die hier betrachtete chemische Reichweite $R = j_{95}$ spiegelt den Einfluß aller Verdünnungs-, Abbau- und Transportprozesse wider, denen eine Substanz im Rhein unterworfen ist, und sie markiert den Bereich, innerhalb dessen 95% der Exposition anfallen. R charakterisiert eine Substanz, die bei Schweizerhalle in den Rhein eingetragen wird, hinsichtlich ihres Expositionspotentials *unabhängig* von der Wirkung auf Organismen.[4]

Anhand von Modellrechnungen, wie sie von Mossman *et al.* (1988) durchgeführt wurden, kann die Expositionsverteilung und damit auch die chemische Reichweite auch für Substanzen bestimmt werden, für die keine Konzentrationsmeßwerte zur Verfügung stehen. Auf diese Weise können verschiedene Substanzen, die in einem Chemikalienlager am Rhein enthalten sind, anhand ihrer räumlichen Reichweite im Rhein charakterisiert und verglichen werden.

---

4. Die Tatsache, daß die chemische Reichweite R keinen ökologisch ausgezeichneten Punkt markiert, mag zunächst unplausibel erscheinen (vgl. aber die Diskussion in Abschnitt 5.2.3). Sie kann durch den Vergleich mit den in der Chemie verwendeten Orbitalkonturen veranschaulicht werden, die ebenfalls ohne Bezug auf einen zusätzlichen Referenzpunkt bestimmt werden: Die üblicherweise graphisch dargestellte Orbitalgrenze umfaßt den Bereich, in dem die Aufenthaltswahrscheinlichkeit eines Elektrons, berechnet als $|\Psi|^2$ (Betragsquadrat der Wellenfunktion Ψ), 90% beträgt (Atkins 1983, S. 75). Diese Grenze ist in keiner Weise physikalisch ausgezeichnet, sondern dient einzig zur Veranschaulichung der räumlichen Verteilungsfunktion $|\Psi|^2$.

Doppelseitige Verteilungen

Nach der Definition der räumlichen Reichweite für einseitige Verteilungen werden nun doppelseitige Verteilungen betrachtet, die durch den Stofftransport in zwei Richtungen entstehen. Bei doppelseitigen Verteilungen ergeben sich zusätzliche Anforderungen an die verwendeten Maßzahlen, da bei einer doppelseitigen Verteilung linksseitiger und rechtsseitiger Anteil verschieden sein können, so daß die Verteilung *schief* ist. In die Maßzahlen, die auf Mittelwert und Standardabweichung beruhen, gehen linksseitige und rechtsseitige Verschiebungen jedoch in ununterscheidbarer Weise ein, so daß Verteilungen, die eine unterschiedliche Schiefe haben, dieselben Werte für Mittelwert und Standardabweichung aufweisen können (Ferschl 1978, S. 108). Die Schiefe ist jedoch ebenfalls maßgeblich für den räumlichen Verlauf einer Verteilung, und daher sind diese – bereits ausgesonderten – Maßzahlen auch aus diesem Grund für die Definition von R ungeeignet.

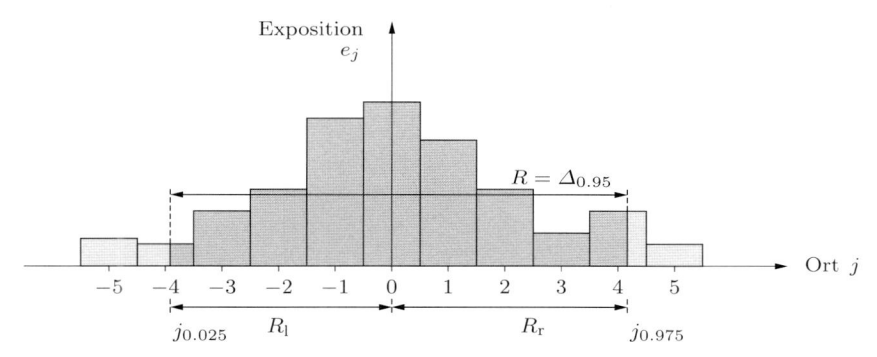

Abbildung 6.7: Räumliche Reichweite R als Quantilsdifferenz $\Delta_{0.95}$ bei einer doppelseitigen Expositionsverteilung mit Freisetzungsort $j = 0$. Der dunkel schraffierte Bereich enthält 95 % des Gewichts der Verteilung. Rechts- und linksseitiger Anteil werden gesondert erfaßt.

Quantile hingegen erlauben es, den links- und rechtsseitigen Anteil der Verteilung getrennt zu erfassen und so die beiden Komponenten R_l und R_r der Reichweite R zu bestimmen (vgl. Abb. 6.7). Zu diesem Zweck kann man vom Median ausgehend links- und rechtsseitig jeweils 47.5 % der Exposition aufaddieren; allerdings ist der Median nur bei symmetrischen Verteilungen, wo er mit dem Freisetzungsort übereinstimmt, ohne weiteres bekannt. Bei schiefen Verteilungen müßte der Median erst eigens bestimmt werden, und daher ist es einfacher, von den *äußeren* Enden der beiden Halbäste her jeweils 2.5 % der Exposition aufzuaddieren. Die Distanz zwischen den beiden so erhaltenen Punkten $j_{0.025}$ und $j_{0.975}$ ist die gesuchte Quantilsdifferenz $\Delta_{0.95} = R$, die 95 % der Verteilung $\{e_j\}_{j=1,\ldots,n}$ umfaßt; die Distanzen zwischen jedem der beiden Punkte und dem Nullpunkt sind die links- und rechtsseitige Reichweite R_l und R_r. Die Quantilsdifferenz R bezeichnet die *Größe* des exponierten Gebietes, während R_l und R_r seine *Lage* relativ zum Freisetzungsort angeben.

Für die Expositionsverteilungen, die im folgenden Kapitel mit Hilfe des Modells berechnet werden, wird die räumliche Reichweite nach dieser Methode bestimmt.

6.3.4 Emissionen aus mehreren Quellen

Zusätzlich zur stoffbezogenen Reichweite, die ausschließlich die Verteilung in der Umwelt erfaßt, kann bei mehreren Emittenten auch eine kombinierte Reichweite bestimmt werden (s. Abschnitt 4.3). Mit dieser Größe kann das Ausmaß von Expositionsfeldern quantifiziert werden, die von mehr als einem Emittenten herrühren (z. B. Grundwasserkontaminationen durch Lösungsmittel oder Agrochemikalien), was mit der stoffbezogenen Reichweite allein nicht möglich ist.

Außerdem kann anhand der kombinierten räumlichen Reichweite die Frage verfolgt werden, ob und wie stark die räumliche Ausdehnung eines Expositionsfeldes durch Wegfall einzelner Quellen verringert werden kann. Weil die insgesamt emittierte Stoffmenge auf mehrere, verschieden starke Quellen verteilt ist, hängt die kombinierte räumliche Reichweite von der Anzahl, der relativen Stärke und der Anordnung der Emittenten ab. Sie ist somit – im Gegensatz zur stoffbezogenen Reichweite – *nicht* grundsätzlich unabhängig von der Emissionsmenge und vom Emissionsmuster.

Für die Definition der kombinierten Reichweite werden hier mehrere Emittenten betrachtet, die alle dieselbe Substanz freisetzen; die emittierte Menge (bzw. bei kontinuierlicher Emission die Emissionsrate) kann dabei von Emittent zu Emittent variieren. Im einfachsten Fall mit zwei Emittenten, die sich im Abstand δ zueinander befinden und die Stoffmengen M_0^1 und M_0^2 emittieren, ergibt sich die in Abb. 6.8 dargestellte Situation.

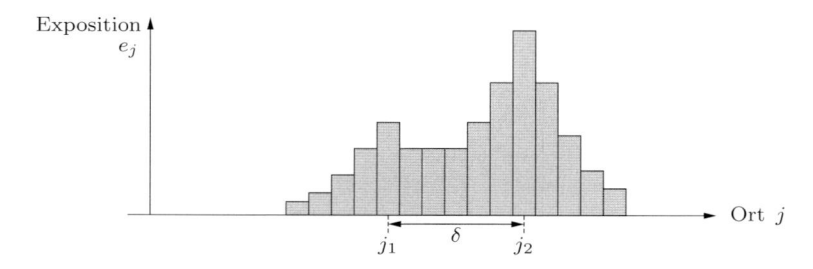

Abbildung 6.8: Zwei punktförmige Emittenten ($M_0^2 = 2 \cdot M_0^1$) im Abstand $\delta = 6$.

Im Unterschied zur Situation mit nur einem Emittenten, wo der Nullpunkt der Skala von R durch die Lage des Emittenten gegeben ist, muß der Nullpunkt bei mehreren Emittenten erst festgelegt werden. Hier wird der *Schwerpunkt* j_{Sp} der Emittenten als Nullpunkt der Reichweiten-Skala verwendet, der bei gleicher Freisetzungsmenge in der Mitte zwischen den beiden Emittenten liegt. Bei nur einem Emittenten stimmt er mit dessen Lage überein. Er kann in identischer Weise auch für mehr als zwei Emittenten bestimmt werden.

Bezüglich des Schwerpunkts j_{Sp} werden dann, wie zuvor beschrieben, links- und rechtsseitige Quantile und Quantilsdifferenzen berechnet. Für das Beispiel aus Abb. 6.8 ergibt sich folgendes Resultat, s. Abb. 6.9 und die erste Zeile in Tab. 6.3: R_0 ist die stoffbezogene Reichweite, die sich für jeden der beiden Emittenten ergibt, wenn er einzeln betrachtet wird; R_0 ist mengenunabhängig und daher für

6.3 Definitionen von Persistenz und Reichweite

beide Emittenten identisch. R ist die kombinierte Reichweite, in die R_0 und der Abstand δ eingehen. Da die Emittenten nicht dieselbe Menge emittieren, ist die Verteilung nicht symmetrisch, und R_l und R_r sind verschieden.

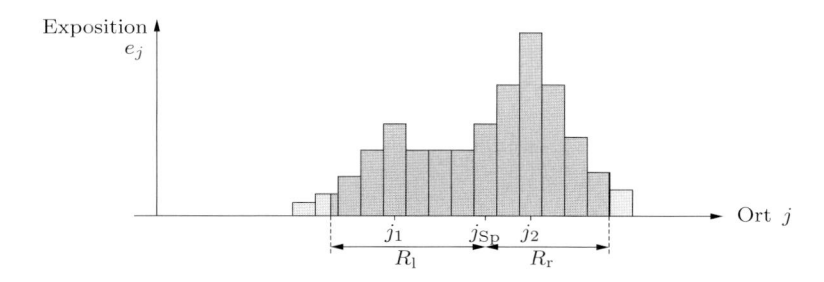

Abbildung 6.9: Quantilsdifferenz $\Delta_{0.95} = R_\mathrm{l} + R_\mathrm{r}$ als kombinierte Reichweite R der Exposition, die aus den beiden punktförmigen Emittenten resultiert ($M_0^2 = 2\cdot M_0^1$).

Die so definierte kombinierte räumliche Reichweite ist einerseits – wie die stoffbezogene Reichweite – von der absoluten Höhe der Expositionswerte e_j unabhängig (wenn beide Emissionsmengen M_0^1 und M_0^2 verdoppelt werden, verdoppeln sich auch die Expositionswerte e_j, aber der Wert von R bleibt unverändert). Wenn jedoch die Gesamtemissionsmenge anders als im Verhältnis 1:2 aufgeteilt wird, ändert sich auch der Wert von R entsprechend. Bei einem Verhältnis 1:10 ergeben sich die Werte in der zweiten Zeile von Tab. 6.3; die Exposition ist stärker um den größeren Emittenten konzentriert.

In Abschnitt 7.6 wird die Exposition, die bei der Emission aus mehreren Quellen entsteht, für drei Substanzen mit stark unterschiedlichen Werten für die stoffbezogene Reichweite R_0 untersucht.

Tabelle 6.3: Kombinierte räumliche Reichweite bei zwei Emittenten.

$M_0^1 : M_0^2$	j_Sp	R_l	R_r	$\Delta_{0.95} = R$	R_0
1 : 2	$j_1 + 4.00$	6.83	5.46	12.3	7.58
1 : 10	$j_1 + 5.45$	6.53	4.27	10.8	7.58

6.3.5 Zusammenfassung

Die Persistenz τ wird hier als Äquivalenzbreite der zeitlichen Verteilung $M(t)$ definiert; $M(t)$ ist der Zeitverlauf der Gesamtstoffmenge in der Umwelt. Die räumliche Reichweite R wird als das Quantil j_{95} der räumlichen Expositionsverteilung $\{e_j\}$ definiert, das den Bereich angibt, innerhalb dessen 95% des Gewichts der Verteilung $\{e_j\}$ liegen. Diese Definitionen von R und τ erfüllen die Funktion von *Abschneidekriterien*, die angeben sollen, welcher Bereich und welche Zeitspanne von der Exposition betroffen sind. Sie erfüllen zwei Forderungen, die an solche Abschneidekriterien gestellt werden können:

Erstens sollen sie die Länge des betroffenen Bereichs erfassen. Hier wird die Gleichverteilung, deren räumliche Erstreckung eindeutig bestimmt ist, als Referenzpunkt herangezogen, was durch das Argument der Verteilungsgerechtigkeit begründet ist (vgl. Kap. 4, Abschnitt 4.2.5). Für die Gleichverteilung liefern sowohl das Quantil j_{95} als auch die Äquivalenzbreite die Länge des betroffenen räumlichen oder zeitlichen Intervalls.

Zweitens sollen die Abschneidekriterien möglichst praktikabel und möglichst allgemein anwendbar sein. Sowohl ein Quantil wie j_{95} als auch die Äquivalenzbreite können für alle in Frage kommenden Verlaufsformen der betreffenden Verteilungen $\{e_j\}_{j=1,\ldots,n}$ und $M(t)$ bestimmt werden. Die Definitionen sind an kein spezielles Modell gebunden; bei der Bestimmung des Expositionsverlaufs können Modellrechnungen und/oder gemessene Konzentrationswerte zugrundegelegt werden.

Kapitel 7
Modellrechnungen für Persistenz und Reichweite

Die Abbau- und Transportprozesse, denen Chemikalien in der Umwelt unterworfen sind, sind sehr vielschichtig und kompliziert. Sie reichen von lokalen chemischen Reaktionen, die stark von den jeweiligen Umweltbedingungen abhängen, bis zu globalen Strömungsbewegungen; sie laufen mit sehr verschiedener Geschwindigkeit und in sehr verschiedenen Zeitspannen ab, die von wenigen Stunden bis zu geologischen Zeitskalen reichen. Aus den ursprünglich in die Umwelt freigesetzten Stoffen entstehen eine Vielzahl weiterer chemischer Spezies, von denen die meisten nicht bekannt sind oder zumindest nicht chemisch, physikalisch und toxikologisch charakterisiert sind.

Für genauere Angaben zu dieser Fülle von Prozessen sei verwiesen auf den ausführlichen Übersichtsartikel von Ballschmiter (1992) sowie auf die umfangreiche Literatur, in der das Verteilungsverhalten verschiedener Substanzen dokumentiert ist: für PCB, DDT und andere CKW bei Goldberg (1975), Tanabe (1988), Ballschmiter u. Wittlinger (1991a), Oehme (1991), Atlas et al. (1993), Iwata et al. (1993), Wania u. Mackay (1996); für atmosphärische Spurengase wie FCKW bei Junge (1974), Fabian et al. (1981), Levy (1990), Standley u. Hites (1991, S. 2ff); für partikelgebundenen Transport bei Bidleman et al. (1986), Bidleman (1988), Ligocki u. Pankow (1989); für Pestizide bei Tanabe et al. (1983), Kurtz (1990), Scheunert (1992); für atmosphärische und hydrospärische Strömungsbewegungen bei Okubo (1971), Keeling u. Heimann (1986), Holton (1990), Charlson (1992), Murray (1992); für weiträumigen Transport verschiedener Stoffe bei Knap (1990).

Für die Modellbildung ist es notwendig, diese Komplexität gezielt zu vereinfachen. Dies ist möglich, indem man drei Gruppen von „Basisprozessen" ins Zentrum stellt: (1) Umwandlungs- und Abbauprozesse, die schließlich zur Bildung von Wasser und Kohlendioxid sowie Chlorid, Nitrat und anderen Salzen führen. Diese Prozesse werden unter chemischem und biologischem Abbau zusammengefaßt, und für die Modellbildung werden Zahlenwerte für die zugehörigen Abbaugeschwindigkeiten benötigt. (2) Verteilung zwischen den verschiedenen Umweltmedien oder -kompartimenten wie Boden, Flußwasser, Sediment, Meerwasser, ozeanisches Tiefenwasser, Troposphäre, Aerosolpartikel und Stratosphäre sowie Lebewesen; (3) Transport mit Luft- und Wasserströmungen.

Persistenz und Reichweite eines Stoffs werden vom Zusammenwirken dieser Basisprozesse bestimmt: Der Abbau beeinflußt direkt die Persistenz, und der Transport mit Luft- und Wasserströmungen die räumliche Reichweite. Allerdings stehen nicht nur Abbau und Transport in direkter Konkurrenz, sondern die Situation wird durch die stoffspezifische Verteilung auf die Umweltmedien verkompliziert: Die Umweltmedien sind unterschiedlich mobil, und in ihnen laufen verschiedene, unterschiedlich schnelle Abbauprozesse ab. Persistenz und Reichweite hängen daher nicht allein von den Abbau- und Transportprozessen ab, sondern werden auch vom Verteilungsverhalten erheblich beeinflußt. Aus diesem Grund kann nicht umittelbar von der Persistenz auf die Reichweite eines Stoffes geschlossen werden.

7.1 Evaluative Modelle und Simulationsmodelle

Die Komplexität der Umwelt führt dazu, daß sowohl Feldexperimente, wie sie z. B. im Rahmen von Monitoring-Programmen durchgeführt werden, als auch Laborexperimente nur ein beschränktes Bild von den tatsächlich ablaufenden Prozessen liefern. In dieser Situation bieten Computermodelle eine hilfreiche Ergänzung, da man mit ihrer Hilfe Konstellationen untersuchen kann, die experimentell gar nicht oder nur schwer zugänglich sind, so z. B. die globale Verteilungsdynamik chemischer Substanzen. Allerdings liefern auch Computermodelle – bei aller Leistungsfähigkeit heutiger Hard- und Software – nur stark vereinfachte Bilder von den tatsächlich ablaufenden Prozessen.

Es gibt stark verschiedene Typen von Modellen, die sich hinsichtlich der mathematischen Formulierung, des Rechenaufwandes und des Aussagebereiches unterscheiden. Die hier relevanten Modelle sollen den zeitlichen und räumlichen Konzentrationsverlauf nach einer Stoffemission erfassen. Für solche Modelle sind zwei unterschiedliche Ansätze im Gebrauch: Erstens kann die Stoffkonzentration in der Umwelt als Funktion beider Variablen, Ort x und Zeit t, berechnet werden. In diesem Fall müssen *partielle Differentialgleichungen* gelöst werden, in denen sowohl die Ableitung der Konzentration nach der Zeit wie auch Ableitungen nach dem Ort auftreten. Partielle Differentialgleichungen sind mathematisch schwieriger zu behandeln als *gewöhnliche Differentialgleichungen*, in denen nur die Ableitung nach einer Variablen auftritt. Dies ist der Grund für den zweiten modelltechnischen Ansatz, bei dem die Umwelt in Kompartimente oder „Boxen" aufgeteilt wird, z. B. Boden, Wasser und Luft oder die verschiedenen Wasserschichten eines Sees. Für jedes Kompartiment wird die Konzentration lediglich als Funktion der Zeit bestimmt, und anstelle einer partiellen Differentialgleichung muß ein System aus gewöhnlichen Differentialgleichungen – für jedes Kompartiment eine Gleichung – gelöst werden, was i. a. einfacher ist. Die Unterteilung der Umwelt in Kompartimente bedeutet allerdings, daß die räumliche Auflösung des Modells geringer ist als bei der Verwendung einer echten Ortskoordinate x, denn jedes Kompartiment ist innerlich homogen, d. h. sowohl bei der Struktur der Umwelt als auch bei den resultierenden Konzentrationen können nur räumliche Durchschnittswerte betrachtet werden.

Modelle mit kontinuierlicher Ortskoordinate einerseits und Box-Modelle andererseits sind somit zwei Typen von Modellen, die für die Berechnung des Verteilungsverhaltens von Umweltchemikalien verwendet werden können. Die Unterscheidung zwischen diesen beiden Typen betrifft die räumliche Auflösung und die Genauigkeit der Modellresultate und außerdem die mathematischen Methoden, mit denen im einen Fall die Konzentration $c(x,t)$ und im anderen Fall die Konzentrationen $c_j(t)$, $j = 1, ..., n$ berechnet werden (n ist die Anzahl der Boxen).

Eine weitere hilfreiche Unterscheidung zwischen zwei Modelltypen ist diejenige zwischen *Simulationsmodellen* und *evaluativen Modellen*. Sie bezieht sich weniger auf die mathematische Methodik, sondern mehr auf den Zweck und die Aussagekraft der Modelle: Unter Simulationsmodellen werden hier Modelle verstanden, die darauf ausgelegt sind, „realistische" Daten zu liefern. Dies heißt, daß die Resultate, die man mit Simulationsmodellen erhält, mehr oder weniger direkt mit Meßwerten aus realen Umweltsystemen verglichen werden können. Die meisten Modelle mit kontinuierlicher Ortskoordinate (Typ 1 von oben) sind solche Simulationsmodelle; so z. B. Modelle für den Stofftransport im Grundwasser, mit denen die Ausbreitung von Kontaminationsfahnen berechnet werden kann und die auch realistische Prognosen zur Frage, wann die Kontamination einen bestimmten Punkt erreicht, liefern sollen (vgl. z. B. Kinzelbach (1987), Vogt (1990), Yeh u. Tripathi (1991)). Andere Beispiele sind Modelle für den Schadstofftransport in Flüssen (Mossman *et al.* 1988, Feijtel *et al.* 1997), für den atmosphärischen Stofftransport wie z. B. die Verfrachtung von NO_x und SO_x von Mitteleuropa nach Skandinavien (Levy u. Moxim 1989), und auch Klimamodelle zur Berechnung verschiedener atmosphärischer Prozesse auf globaler Ebene (Cubasch *et al.* 1995). Die möglichst realitätsnahe Beschreibung von Transport- und Umwandlungsprozessen in der Umwelt erfordert einen hohen mathematischen Aufwand bei der Formulierung der Modelle und oft auch einen erheblichen Rechenaufwand bei ihrer Anwendung auf dem Computer.

Aber auch Box-Modelle können verwendet werden, um Konzentrationen zu berechnen, die die Stoffverteilung in realen Systemen beschreiben. Dies ist umso besser möglich, je besser die Annahme von innerlich durchmischten und gegeneinander abgegrenzten Kompartimenten mit der Realität übereinstimmt. Ein Beispiel sind Modelle für die Stoffverteilung in Seen (Mackay *et al.* 1983a, Schwarzenbach u. Imboden 1984, Ulrich *et al.* 1994).

Der Begriff „Simulation" wird hier also für Berechnungen verwendet, die den Zweck haben, die Realität möglichst genau abzubilden. Simulationsmodelle werden im folgenden nicht weiter behandelt. Für weitere Informationen vergleiche man die Literatur (Kinzelbach 1987, Schwarzenbach *et al.* 1993, Schnoor 1996, Trapp u. Matthies 1998).

Den Simulationsmodellen stehen evaluative Modelle gegenüber (auch als *Unit-World Models*, *Multimedia Models* oder Fugazitätsmodelle bezeichnet), die einem anderen Zweck dienen: Sie liefern nur ein skizzenhaftes Bild, sozusagen eine Karikatur, von der Umwelt und den darin ablaufenden Prozessen, können aber mit vergleichsweise einfachen mathematischen und computertechnischen Mitteln erstellt und benutzt werden. Außerdem können sie, da sie nur wenige Eingabedaten benötigen, auf viele Stoffe angewendet werden. Evaluative Modelle liefern kein realistisches Bild vom Umweltverhalten einzelner Stoffe, sondern ermöglichen den Vergleich vieler Stoffe im Rahmen eines stark vereinfachten Bildes von der Umwelt und den darin ablaufenden Prozessen. Da in Abschnitt 7.3.2 ein evaluatives Modell entwickelt wird, werden hier zunächst die generellen Eigenschaften solcher Modelle dargestellt.

Die Motivation für evaluative Modelle liegt darin, daß die Abbau- und Transportprozesse, denen Chemikalien in der Umwelt unterworfen sind, so kompliziert sind, daß es auch mit sehr aufwendigen Simulationsmodellen nicht möglich ist, diese Prozesse vollständig abzubilden. Deswegen ist es sinnvoll, Simulationsmodelle durch eine komplementäre Betrachtung zu ergänzen, die einerseits zwar weniger detaillierte und spezifische Resultate liefert, andererseits aber auch geringeren Aufwand erfordert und sich daher auf viele Stoffe anwenden läßt, so daß sich ein umfassenderes Bild ergibt.

Die meisten evaluativen Modelle sind regionale oder globale Box-Modelle, die aus wenigen (drei bis sechs) Umweltkompartimenten wie Boden, Flußwasser, Sediment, ozeanisches Oberflächenwasser und Troposphäre bestehen, s. Abb. 7.1, wo das in Abschnitt 7.3.2 näher beschriebene Modell als ein Beispiel dargestellt ist. Zwischen den Kompartimenten laufen Austauschprozesse wie Verdampfung und Deposition ab; innerhalb der Kompartimente findet chemischer und biologischer Abbau statt. Für jedes Kompartiment ergeben sich auf diese Weise Bilanzgleichungen, die die Stoffzufuhr, den Stoffabbau und den Stoffaustrag beschreiben.

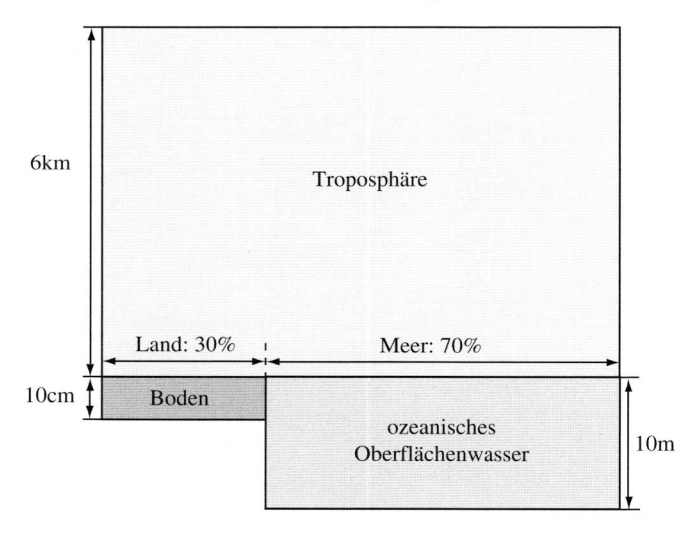

Abbildung 7.1: Die Umweltkompartimente Boden, ozeanisches Oberflächenwasser und Troposphäre des in Abschnitt 7.3.2 beschriebenen evaluativen Modells. Vgl. auch S. 114.

Als Eingabedaten für die Modelle werden einerseits stoffspezifische Daten wie die Henry-Konstante und andererseits stoffunabhängige Transportparameter wie die Depositionsgeschwindigkeit für atmosphärische Aerosolpartikel benötigt. Der minimale stoffspezifische Datensatz umfaßt die Henry-Konstante K_H (oder statt dessen Dampfdruck und Wasserlöslichkeit), den Oktanol-Wasser-Verteilungskoeffizienten K_{ow}, aus dem der Verteilungskoeffizient „Boden-Wasser" abgeschätzt wird, sowie die Geschwindigkeitskonstanten für biologischen und chemischen Abbau in allen betrachteten Umweltkompartimenten. Insgesamt sind dies – bei drei Umweltkompartimenten – also mindestens fünf Werte pro Substanz, die als Eingabedaten benötigt werden.

Mit Hilfe der substanzunabhängigen Modellparameter wie der Regenintensität oder der Konzentration von Aerosolpartikeln werden die Prozesse spezifiziert, denen eine Substanz im Modell unterworfen ist. Je nach Auslegung des Modells werden verschiedene und verschieden viele solche Parameter benötigt: Wird ein regionales System mit spezifischen Werten für Windgeschwindigkeit, Regenmenge und Bodenbeschaffenheit abgebildet, oder wird ein globales System betrachtet, für das globale Durchschnittswerte erforderlich sind?

Der Verzicht auf den Anspruch, die Realität „möglichst direkt" abzubilden, führt bei evaluativen Modellen zu der Schwierigkeit, daß sie nicht ohne weiteres validiert werden können. Wie erwähnt, wird die hohe Variabilität der Umweltsysteme hinsichtlich Temperatur, Bodenzusammensetzung, Anwesenheit von Wasser, Sauerstoff und Mikroorganismen etc. bei evaluativen Modellen ausgeblendet, indem die komplexen Umweltsysteme durch simple Boxen ohne innere Struktur dargestellt werden. Diejenigen Prozesse, die vom Modell noch abgebildet werden, werden i. a. mit Durchschnittswerten beschrieben, die für das ganze vom Modell abgedeckte Gebiet gelten, z. B. mittlere Regenintensität, mittlere Geschwindigkeit für Partikeldeposition und mittlere Abbauraten. (Vgl. Wania (1996) für einen Ansatz, mit dem auch differenziertere räumliche Information in die Modelle einbezogen werden kann.) Auch die Emissionsprozesse sind i. a. drastisch vereinfacht gegenüber den tatsächlichen Emissionsmustern.

Die Auswahl der Prozesse, die im Modell betrachtet werden, sollte sich im Prinzip auf eine begründete Unterscheidung zwischen relevanten und vernachlässigbaren Prozessen stützen. Aufgrund der Überkomplexität von Umweltsystemen ist diese Unterscheidung jedoch nicht einfach zu treffen. Z. B. wird generell angenommen, daß die Temperatur die Abbau- und Verteilungsprozesse vieler Stoffe stark beeinflußt, so daß es adäquat wäre, den Einfluß der Temperatur in einem Modell abzubilden. Andererseits heißt es bei Scheunert (1992, S. 70): „However, due to large differences in soil composition at the different geographical sites, the prediction of persistence of pesticides from temperature and humidity for a certain region is questionable." Diese Schwierigkeit gilt es bei jeder Modellbildung und bei der Interpretation von Modellresultaten im Auge zu behalten: Zumindest jeder Einzelfall, möglicherweise aber auch ein genereller Trend kann sich in der Realität anders verhalten als im Modell.

Die Zielgrößen evaluativer Modelle sind die Stoffmengen und Stoffkonzentrationen in den Umweltkompartimenten sowie verschiedene Größen, die sich daraus ableiten lassen, so auch Persistenz und Reichweite. Aufgrund der modellinhärenten Vereinfachungen haben diese Zielgrößen keine direkte Entsprechung in der Realität. Grundsätzlich sollte es allerdings möglich sein, mit einem evaluativen Modell die Größenordnung von Konzentrationswerten zu reproduzieren, die für ein bestimmtes Umweltkompartiment aus Monitoring-Daten bestimmt wurden, denn diese Werte lassen sich auch mit einfachen Massenbilanzen abschätzen, wie sie in einem evaluativen Modell durchgeführt werden. Wenn auf dieser Ebene allzu hohe Diskrepanzen auftreten, läßt dies auf unzutreffend modellierte Emissionsmengen und/oder Abbau- und Verteilungsprozesse schließen. Da in der Realität Ort, Zeit und Umfang von Emissionen vielfach nicht bekannt sind, können evaluative Modelle dazu verwendet werden, die Massenbilanzen zu prüfen und nach Lücken in der Stoffbilanz zu suchen.

Bei allen Schwierigkeiten, die einer „direkten" Validierung eines evaluativen Modells entgegenstehen, sind folgende Schritte zur Überprüfung des Modells sinnvoll:

1. Prüfung auf Korrektheit und innere Stimmigkeit: Sind die modellierten physikalisch-chemischen Prozesse in plausibler Weise ausgewählt, und sind die Bilanzgleichungen korrekt formuliert (z. B. müssen alle aus einem Kompartiment ausgeführten Stoffmengen in anderen Kompartimenten wieder auftreten)?

2. Kalibrierung an ausgewählten Substanzen, deren Umweltverhalten bekannt ist und bei denen vom Modell verlangt wird, daß es ihr Verhalten reproduziert. (Das hier verwendete Ringmodell wird anhand der beiden Stoffe Freon 11 und 1-Butanol kalibriert, s. S. 117.)

3. Sensitivitätsanalyse: Trotz ihrer vergleichsweise einfachen Struktur ist auch bei evaluativen Modellen nicht offensichtlich, welchen Einfluß einzelne Modellparameter auf die Modellresultate haben. Daher ist es notwendig, das Verhalten des Modells auszuloten, indem verschiedene Parameter gezielt variiert werden und die Reaktionen der Modellresultate verfolgt werden. Auf diese Weise können Parameter mit besonders starkem Einfluß ermittelt werden, bei denen verbesserte Kalibrierung oder eine vertiefte Untersuchung sinnvoll ist. (Eine solche Untersuchung wird in Abschnitt 7.4.2 für den Modellparameter Φ durchgeführt, der die an Aerosolpartikel adsorbierte Stoffmenge beschreibt.) Eine Alternative, die jedoch höheren mathematischen Aufwand erfordert, ist die Untersuchung der Modelleigenschaften mit analytischen Methoden. Dies führt zu transparenten Zusammenhängen zwischen Modellparametern und Zielgrößen.

4. Beim Übergang zu anderen Substanzen, für die das Modell nicht kalibriert wurde, ist immer zu prüfen, ob deren physikalisch-chemisches Verhalten mit den Modellannahmen übereinstimmt. So wird in den meisten evaluativen Modellen nicht mit der Bildung verschiedener chemischer Spezies gerechnet, z. B. Ionen oder Metallkomplexe. Diese Modelle sind daher nicht geeignet, um das Umweltverhalten von ionenbildenden Stoffen zu untersuchen.

7.2 Evaluative Modelle ohne Transport

Die Verwendung von evaluativen Modellen als Instrument zur Chemikalienbewertung wurde vor allem von D. Mackay seit 1979 propagiert (Mackay 1979, Mackay u. Paterson 1981, Mackay u. Paterson 1982, Mackay 1991). Bei den von Mackay eingeführten Modellen werden vier Stufen („*Levels*") nach zunehmender Komplexität unterschieden. Auf Stufe 1 wird das thermodynamische Gleichgewicht zwischen den betrachteten Umweltkompartimenten – vielfach Boden, Wasser, Luft, Sediment und Organismen – berechnet. Das System ist geschlossen (keine Emissionen, kein Stoffaustrag, kein Abbau), und die Verteilungskoeffizienten K_H und K_{ow} bestimmen, wie sich die betrachtete Substanz auf die Umweltkompartimente verteilt. Der Stoffaustausch zwischen den Umweltkompartimenten wird nicht eigens modelliert, d. h. es werden keine Transportparameter benötigt, die die Kanäle und Geschwindigkeiten des Stoffübertritts bestimmen. Das Modell liefert die Konzentrationen und Stoffmengen, mit denen die Substanz in jedem Kompartiment auftritt.

Auf Stufe 2 werden Abbauprozesse und Stoffaustrag durch Luft- und Wasserströmungen in die Bilanzgleichungen aufgenommen, und als zusätzlicher Eingabeparameter wird die Emissionsrate (in kg/s) benötigt. Auf diese Weise kann für das – nun offene – System ein Fließgleichgewicht (*steady state*) berechnet werden, das durch die Konzentrationen in den Umweltkompartimenten und die Lebensdauer oder Persistenz der Substanz charakterisiert wird. In diese Persistenz gehen die einzelnen Abbauraten aller Umweltkompartimente ein, und die Persistenz bezieht sich auf das Gesamtsystem, das wie ein Durchflußreaktor mit einer charakteristischen Verweilzeit angesehen werden kann. Die Konzentrationswerte entsprechen denen des thermodynamischen Gleichgewichts, d. h. sie werden wie bei Stufe 1 ausschließlich von den Verteilungskonstanten K_H und K_{ow} bestimmt.

Auf Stufe 3 werden zusätzlich auch die verschiedenen Wege des Stoffübertritts zwischen den Umweltkompartimenten modelliert, und berechnet wird der Endzustand (*steady state*), der sich im Grenzfall sehr langer Zeiten ($t \to \infty$) durch diese Übertrittsprozesse einstellt. Bei den Übertrittsprozessen ist grundsätzlich zu unterscheiden zwischen *diffusivem* und *advektivem* Stofftransport. Diffusiver Stofftransport wie z. B. der Übertritt aus Wasser und Boden in die Atmosphäre durch Verdampfung läuft ab, solange die Konzentrationen in den Umweltkompartimenten von den Konzentrationswerten des thermodynamischen Gleichgewichts abweichen. Wenn nur diffusiver Stoffübertritt stattfindet, sind daher die Konzentrationen des *steady-state*, in dem sich der wechselseitige Stoffübertritt zwischen zwei Kompartimenten ausgleicht, z. B. Verdampfung und Übertritt aus der Gasphase in die Lösung, identisch mit denen des thermodynamischen Gleichgewichts.

Demgegenüber ist advektiver Stofftransport wie z. B. nasse Deposition, also die Auswaschung aus der Luft durch Regentropfen, an die Strömung eines Trägermediums wie Luft oder Wasser gebunden. Die chemische Substanz wird mit einer Luft- oder Wasserströmung verfrachtet, und das Ausmaß dieses Transports hängt ab von der Konzentration der Substanz im Ausgangskompartiment und von der Strömungsgeschwindigkeit. Wenn advektiver Stofftransport die diffusiven Prozesse überlagert, werden im *steady-state* andere Konzentrationen erreicht als die des thermodynamischen Gleichgewichts. Diese *steady-state*-Konzentrationen, die sich aus diffusiven und advektiven Verteilungsprozessen ergeben, sind die Zielgröße der Modellrechnungen auf Stufe 3.

Durch die Modellierung der advektiven Prozesse wird ein realistischeres Bild von der Verteilungsdynamik erzielt; allerdings müssen dafür auch zusätzliche Modellparameter bestimmt werden, wodurch sich die Unsicherheit der Modellresultate erhöht.[1]

Außerdem hängen nun – im Unterschied zu Stufe 2 – die *steady state* Konzentrationen wie auch die Persistenz vom Freisetzungsort ab: Ein Stoff wie z. B. Dioxan wird im Wasser nur langsam, in der Atmosphäre jedoch deutlich schneller abgebaut. Bei Emission ins Wasser ist daher die Persistenz und auch die *steady-state*-Konzentration im Wasser höher als bei Emission in die Luft.

Auf der vierten Stufe schließlich wird für alle Umweltkompartimente auch der Zeitverlauf der Konzentrationen vor dem Erreichen des *steady-state* berechnet. So kann z. B. der Anstieg der Konzentrationen auf die *steady-state*-Werte verfolgt werden, nachdem eine Emission begonnen hat, oder das Abklingen der Konzentrationen nach dem Ende der Emissionen. Man erhält aus den Modellrechnungen also eine Kurve für den Verlauf der Konzentration $c_j(t)$ für jedes Kompartiment j. Dies ist die umfänglichste Information, die sich aus einem evaluativen Modell gewinnen läßt.

Vor allem auf Stufe 3 wurden verschiedene Varianten dieser Modelle entwickelt, die seit ca. 10 Jahren auch von vielen Anwendern in Behörden, Industrie und Hochschulen benutzt werden, um das Verteilungsverhalten von Chemikalien abzuschätzen (Ahlers *et al.* 1994, Cowan *et al.* 1995, Renner 1995, Mackay *et al.* 1996, Vermeire *et al.* 1997). Es besteht ein relativ großer Erfahrungsschatz und ein Konsens, daß die Modelle ein wertvolles Instrument sind, das eine konsistente Beurteilung des Umweltverhaltens vieler Substanzen ermöglicht.

7.3 Evaluative Modelle mit Transport

Ein wesentliches Merkmal der soeben beschriebenen evaluativen Modelle ist, daß die Umweltkompartimente keine innere Struktur haben, sondern homogene Volumina sind, in denen sich jeder Stoff sofort gleichmäßig verteilt. Diese Form der Modelle ist einerseits ein erheblicher Vorteil, weil sie eine einfache mathematische Behandlung ermöglicht, andererseits aber auch ein Nachteil, weil räumliche Verteilungsprozesse in der Umwelt nicht erfaßt werden können.

Eine erste Möglichkeit, eine räumliche Differenzierung in die Modelle einzuführen, besteht darin, daß man mehrere Modelle ineinander verschachtelt (*nested models*). So kann zunächst die nähere Umgebung des Freisetzungsortes abgebildet werden, und der Stoffaustrag aus diesem ersten Modell wird als Emissionswert für ein umfassenderes regionales Modell verwendet. Auf diese Weise können die relevanten Umweltkompartimente (Boden, Wasser, Sediment, Luft, Lebewesen) und

---

1. Auf dem SETAC-Workshop „*Criteria for Persistence and Long-Range Transport of Chemicals in the Environment*" (Juli 1998) hat die Arbeitsgruppe zum Thema Modellierung, der auch der Autor angehörte, die Meinung vertreten, daß diese zusätzlichen Unsicherheiten weniger schwer wiegen als der systematische Fehler, den man sich einhandelt, wenn man alle advektiven Transferprozesse ausschließt, also ein Modell auf Stufe 2 benutzt (Van de Meent *et al.* 1999).

ihre Eigenschaften (Abmessungen, relative Größe) spezifisch gewählt werden, und man erhält abgestufte Konzentrationswerte für die lokale, regionale und ggf. auch weitere Umgebung des Freisetzungsortes. Ein Beispiel für diesen Modelltyp ist das evaluative Modell, das dem Modell EUSES zugrundeliegt, welches für die Chemikalienbewertung in der EU vorgesehen ist (Vermeire et al. 1997).

Wenn mehrere Sub-Modelle kombiniert werden, können sie nicht nur ineinander geschachtelt, sondern auch aneinandergefügt werden. Auf diese Weise erhält man eine Kette von Sub-Modellen, die räumlich benachbarte Umweltausschnitte darstellen. Wenn der Stofftransport nur in einer Richtung verläuft wie in einem Fluß, bildet der Stoffaustrag aus dem vorangehenden Modell den Stoffeintrag in das folgende, und man kann die Sub-Modelle nacheinander lösen (Mackay et al. 1983b). Wenn der Stofftransport in beide Richtungen abläuft, erhält man ein System aus wechselseitig gekoppelten Sub-Modellen, die gleichzeitig gelöst werden müssen.

7.3.1 Klimazonenmodell

Ein erstes Modell dieser Art, das den globalen Stofftransport beschreibt, ist das von F. Wania und D. Mackay entwickelte globale Klimazonenmodell (Wania u. Mackay 1993b, Mackay u. Wania 1995, Wania u. Mackay 1995). Dieses Modell umfaßt neun Klimazonen von N-polar über N-boreal, N-gemäßigt, N-subtropisch, N-tropisch, S-tropisch, S-subtropisch, S-gemäßigt bis S-polar, von denen jede durch ein Sub-Modell mit den Kompartimenten Atmosphäre, ozeanisches Oberflächenwasser, Boden, Süßwasser und Süßwasser-Sediment dargestellt wird. Jede Klimazone ist durch spezifische Volumina der Kompartimente und durch ihre Temperatur ausgezeichnet: Die tropischen Zonen haben das größte Volumen (ca. 1.7 Mrd. km^3) und weitgehend konstante Temperaturen im Bereich von 26 °C. Die Polarzonen haben ein Volumen von ca. 0.3 Mrd. km^3 und Temperaturen von -24 °C bis 5 °C.

Die Sub-Modelle, die die einzelnen Klimazonen repräsentieren, sind über die Troposphären- und Ozean-Kompartimente miteinander gekoppelt. Der Stoffaustausch zwischen ihnen wird in Form makroskopischer Diffusion dargestellt (turbulente Luft- und Wasserströmungen, durch die der weiträumige Transport in der Troposphäre und im Ozeanwasser stattfindet).

Da in den polaren Klimazonen die Umweltbedingungen wie z. B. die Temperatur und die Größe der vereisten Fläche im Verlauf eines Jahres sehr stark variieren, wird der Zeitverlauf dieser Änderungen und dementsprechend auch der Zeitverlauf der Stoffkonzentrationen explizit berechnet, d. h. das Modell wird auf Stufe 4 gelöst. Dazu werden für jeden Zeitpunkt die Temperaturen der einzelnen Klimazonen bestimmt, und für jede Temperatur werden die zugehörigen Werte von Dampfdruck, Wasserlöslichkeit und Henry-Konstante ermittelt. Auf dieser Grundlage kann dann die Stoffverteilung im gesamten System, d. h. für alle Umweltkompartimente in allen Klimazonen, berechnet werden. Damit erhält man schließlich den zeitlichen Konzentrationsverlauf in allen Umweltkompartimenten und Klimazonen sowie die räumliche Konzentrationsverteilung, aufgelöst mit der Breite der Klimazonen. Bei Wania und Mackay (1995) sind Hexachlorbenzol, γ-Hexachlorcyclohexan, DDT und 4-Monochlorbiphenyl als Beispiele dargestellt. Es zeigt sich, daß im Verlauf von ca. 20 Jahren eine Anreicherung in den polaren Gebieten stattfindet (*cold condensation*), was mit experimentellen Befunden übereinstimmt (Wania u. Mackay 1993a, Wania u. Mackay 1996).

Weil das Klimazonenmodell viele Parameter umfaßt und für einige der Parameter die Temperaturabhängigkeit und damit die Zeitabhängigkeit ermittelt werden muß, ist es relativ komplex. Gleichzeitig ist die räumliche Auflösung, die durch die Breite der Klimazonen gegeben ist, noch nicht sehr hoch.

7.3.2 Ringmodell

Ein ähnliches Modell, bei dem jedoch mehr Gewicht auf der räumlichen Auflösung liegt, während die physikalisch-chemischen Prozesse in der Umwelt weniger detailliert erfaßt werden, ist das „Ringmodell", mit dem im folgenden Abschnitt Persistenz und Reichweite berechnet werden (Scheringer 1996, Scheringer 1997). Wie das Klimazonenmodell stellt dieses Modell den globalen Stofftransport entlang eines Meridians dar; es besteht jedoch nicht aus neun Klimazonen, sondern aus einer Kette von 80 Sub-Modellen, die ein kreisförmig geschlossenes System bilden (s. Abb. 7.2).[2]

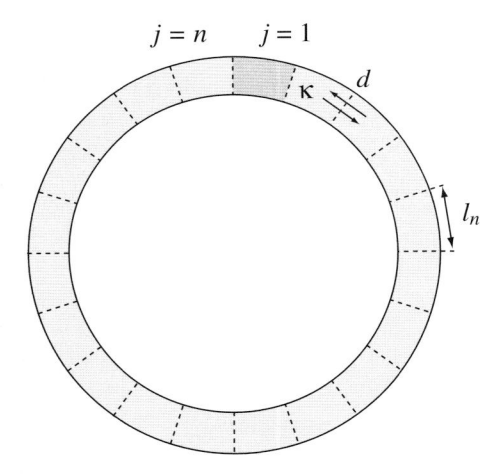

Abbildung 7.2: Aufteilung des kreisförmigen Modellsystems in n Abschnitte der Länge l_n (hier: $n = 20$). Dargestellt ist nur ein Umweltkompartiment mit den zugehörigen Parametern κ (Stoffabbau innerhalb eines Abschnitts) und d (Stoffaustausch zwischen zwei benachbarten Abschnitten). Bei $j = 1$ findet die Stoffemission statt.

Die Anzahl der Sub-Modelle wird mit n bezeichnet; jedes Sub-Modell bildet einen Abschnitt der Länge $l_n = L/n$, wobei $L = 40\,000$ km dem Erdumfang ent-

---

2. Ein solches zyklisches eindimensionales Transport-Reaktions-System wurde erstmals verwendet von Turing (1952), und zwar zur Untersuchung der Morphogenese in einem System aus ringförmig angeordneten Zellen. Die Anregung, dieses Modell für Umweltprozesse anzupassen, verdanke ich U. Müller-Herold.

spricht. Der Index j, $j = 1, ..., n$, mit dem diese Abschnitte gezählt werden, bildet die Ortskoordinate des Modells; $\Delta j = 1$ entspricht also der Distanz l_n.

Das Modell umfaßt nur die drei stark unterschiedlich mobilen Kompartimente Boden, Oberflächenwasser und Troposphäre, vgl. Abb. 7.1, wo der Querschnitt durch ein Sub-Modell (senkrecht zur Transportrichtung) dargestellt ist. Grundwasser, Tiefseewasser, Sediment sowie Lebewesen werden nicht berücksichtigt, da hier weniger die Verteilung einer Substanz auf alle diese Umweltkompartimente erfaßt, sondern das Transport- und Abbauverhalten von Umweltchemikalien in seinen Grundzügen modelliert werden soll. Ein System aus den drei unterschiedlich mobilen Kompartimenten Boden (immobil), Wasser (mittlere Mobilität) und Luft (hochmobil) ist für diesen Zweck ausreichend. Das Ringmodell ist somit weniger komplex als das Klimazonenmodell; für erweiterte Fassungen des Ringmodells, die zur Zeit in unserer Arbeitsgruppe an der ETH Zürich entwickelt werden, ist ein genauerer Vergleich mit dem Klimazonenmodell geplant.

Modellstruktur

Ausgehend von einer stoßförmigen Emission an einem oder mehreren Orten berechnet das Modell für die Kompartimente Boden, Wasser und Luft in jedem Abschnitt j die Exposition $e_{i,j} = \int_0^\infty c_{i,j}(t)dt$; vgl. Abschnitt 6.1.3. Für jedes Umweltkompartiment ergibt sich so eine räumliche Expositionsverteilung $\{e_{i,j}\}_{j=1,...,n}$. Hier wird vor allem der Fall mit einer einzigen Emission betrachtet, die zu einer räumlichen Expositionsverteilung wie in Abb. 7.3 links führt. Die Verteilung ist symmetrisch und gleichmäßig, weil in allen Abschnitten j dieselben Werte für die Modellparameter verwendet werden.

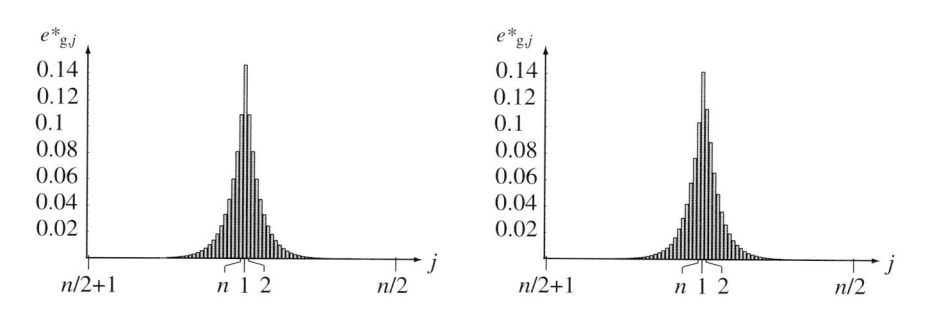

Abbildung 7.3: Räumliche Expositionsverteilungen, wie man sie mit dem Ringmodell erhält. Als Beispiel ist die atmosphärische Expositionsverteilung von Benzol nach Emission in den Boden dargestellt; links mit einheitlichen Modellparametern (symmetrische Verteilung), rechts mit zufällig variierenden Modellparametern (asymmetrische Verteilung).

Es ist auch möglich, Abbauraten und andere Parameter von Abschnitt zu Abschnitt zu variieren, was dann zu unregelmäßigen Verteilungen führt, s. Abb. 7.3, rechts. Diese Parametervariation müßte jedoch für jede Substanz eigens diskutiert und festgelegt werden. Da hier die räumliche Reichweite für verschiedene Substanzen unter möglichst einfachen und transparenten Bedingungen berechnet werden soll, werden nur symmetrische Expositionsverteilungen verwendet.

Da die Emission in Boden, Wasser und Luft erfolgen kann, resultieren für jede Substanz drei Emissionsszenarien mit je drei Expositionsverteilungen, von denen jede mit einer Reichweite R_s, R_l und R_g charakterisiert werden kann. Aus diesem Spektrum von neun Verteilungen wird hier vor allem die atmosphärische Expositionsverteilung und die zugehörige Reichweite R_g betrachtet, die sich bei Emission in den Boden ergibt. I. a. gilt bei Emission in den Boden $R_s < R_l < R_g$.[3] Die atmosphärische Reichweite R_g liefert unter diesen Bedingungen die meiste Information über den Übertritt aus dem Boden in die mobilen Kompartimente Wasser und Luft und über den anschließenden Transport in diesen Kompartimenten. Unter räumlicher Reichweite ist im folgenden somit „atmosphärische Reichweite bei Emission in den Boden" zu verstehen, und unter Persistenz „Persistenz bei Emission in den Boden".

Tabelle 7.1: Volumina und Grenzflächen der Umweltkompartimente Boden, ozeanisches Oberflächenwasser und Troposphäre (relative Einheiten). Der Zahlenwert der Grenzfläche Boden/Wasser wird für die Modellrechnungen nicht benötigt.

Phasenvolumen	Zahlenwert	Phasengrenzfläche	Zahlenwert
Boden (V_s)	1 [m^3]	Troposphäre/Boden (A_{gs})	10 [m^2]
Oberflächenwasser (V_l)	233 [m^3]	Troposphäre/Wasser (A_{gl})	23.3 [m^2]
Troposphäre (V_g)	2·10^5 [m^3]		

Die drei Kompartimente Boden, Wasser und Luft haben die in Tab. 7.1 und in Abb. 7.1 dargestellten Abmessungen. Jeder Abschnitt j umfaßt ein Luftvolumen der Höhe 6 km, ein Wasservolumen der Tiefe 10 m und ein Bodenvolumen der Tiefe 10 cm (nach Klein (1985)). Die Grenzflächen zwischen Boden und Luft sowie Wasser und Luft werden so gewählt, daß sie das mittlere Verhältnis von Landfläche (30%) und Wasserfläche (70%) auf der Erde repräsentieren, d. h. 30% der Breite des Rings entfallen auf einen Streifen Landfläche, 70% auf einen Streifen Wasserfläche. Der Boden enthält Wasser zu einem Volumenanteil von 30% und Luft zu einem Volumenanteil von 20% (Mackay u. Paterson 1991).

Diffusiver und advektiver Stoffaustausch zwischen den Kompartimenten

Der Stoffaustausch zwischen den Kompartimenten kann, wie auf S. 109 beschrieben, durch diffusive Prozesse wie Verdampfung und advektive Prozesse wie Auswaschung durch Regen erfolgen. Die diffusiven Prozesse werden im Modell durch die Henry-Konstante und den Oktanol-Wasser-Verteilungskoeffizienten bestimmt; außerdem gehen Transfergeschwindigkeiten ein, die den Übertritt durch

---

3. Bei Emission in die Luft ist $R_s \equiv R_g \approx R_l$, weil Boden und Wasser überwiegend durch Deposition aus der Atmosphäre exponiert sind. In diesem Fall spiegeln alle drei Reichweiten vor allem den atmosphärischen Transport wider.

die Grenzfläche zwischen zwei Kompartimenten bestimmen. Die Zahlenwerte dieser Parameter sind in Abschnitt A.1.1 in Anhang A angegeben; für Einzelheiten vgl. Mackay u. Paterson (1982), Jury *et al.* (1983), Mackay u. Paterson (1991, S. 431) und Schwarzenbach *et al.* (1993, Kapitel 10). Auf dieser Grundlage wird die Verdampfung aus Boden und Wasser und der Übertritt aus der Gasphase in Boden und Wasser modelliert (Gegenprozeß zur Verdampfung). Boden und Wasser stehen nicht in direktem Kontakt, so daß zwischen diesen beiden Kompartimenten kein diffusiver Stoffaustausch stattfindet.

Im Unterschied zum diffusiven Stoffaustausch, der durch direkten Stoffübertritt an der Grenzfläche zwischen zwei Kompartimenten erfolgt, ist der advektive Stoffaustausch an die Strömung eines Trägermediums wie Wasser oder Aerosolpartikel gebunden. Folgende advektiven Prozesse werden modelliert: trockene und nasse Partikeldeposition, Auswaschung durch Regen sowie Abschwemmung von Bodenpartikeln mit Fließgewässern. Die Partikeldeposition betrifft Substanzen, die zu einem gewissen Ausmaß an Aerosolpartikel adsorbiert sind; dies sind vor allem Stoffe mit niedrigem Dampfdruck (tiefer als 10^{-3} Pa) wie z. B. DDT oder PCB. Diese Substanzen werden mit den Aerosolpartikeln in den Boden und das Wasser transportiert, da die Partikel durch Regen ausgewaschen werden und auch aufgrund ihres Gewichts zu Boden sinken. Außerdem werden auch gasförmig vorliegende Stoffe mit dem Regen aus der Atmosphäre ausgewaschen, wobei das Ausmaß dieses Prozesses von ihrer Wasserlöslichkeit oder genauer von ihrer Henry-Konstante, die das Verhältnis von Dampfdruck und Wasserlöslichkeit angibt, beschrieben wird. Die relevanten Modellparameter sind Partikel-Depositionsgeschwindigkeiten für trockene und nasse Deposition, die Regenintensität sowie die Auswaschungsrate, die das Volumen angibt, das jeder Regentropfen beim Herabfallen „durchfiltert". Für alle diese Parameter werden globale Durchschnittswerte verwendet, die in Tab. A.4 und A.5 in Anhang A aufgeführt sind. Für Einzelheiten vergleiche man Bidleman (1988), Mackay u. Paterson (1991), Schwarzenbach *et al.* (1993), Scheringer (1996, 1997).

Ein weiterer advektiver Prozeß ist die Abschwemmung von gelöstem und an Bodenpartikel adsorbiertem Material durch Fließgewässer (*runoff*). Auch für diese Prozesse werden globale Durchschnittswerte verwendet.

Abbauprozesse innerhalb der Kompartimente

In allen drei Umweltkompartimenten laufen Abbauprozesse ab, durch die sich die ursprüngliche Stoffmenge vermindert. Diese Abbauprozesse umfassen biologischen Abbau durch Mikroorganismen in Wasser und Boden sowie Abbau durch verschiedene chemische Reaktionen: direkter photochemischer Abbau, also durch Sonnenlicht; Reaktion mit Hydroxylradikalen (der wichtigste Abbauprozeß in der Troposphäre); Reaktion mit Wasser und mit verschiedenen anderen chemischen Agentien. Für die Modellierung ist es notwendig, daß für jede Abbaureaktion eine quantitative Angabe wie eine Halbwertszeit, eine Abbaugeschwindigkeit oder ein Wert für den biologischen oder chemischen Sauerstoffbedarf zur Verfügung steht. Da die Abbaureaktionen je nach Umweltbedingungen verschieden ablaufen, sind solche Werte mit erheblichen Unsicherheiten behaftet; für viele Substanzen fehlen sie ganz. Hier werden vor allem die Werte verwendet, die in den Zusammenstellungen von P. Howard *et al.* aufgeführt sind (Howard 1991, Howard *et al.* 1991).

Die Endstufe der Abbauprozesse sind stabile Verbindungen wie Kohlendioxid und Wasser. Allerdings verlaufen die Abbauprozesse oft über mehrere Zwischenstufen, d. h. aus der Ausgangssubstanz entstehen Metaboliten, die ihrerseits ebenfalls persistent und auch toxisch sein können, und erst nach mehreren Schritten werden die stabilen Endprodukte erreicht.

In den meisten Fällen ist es bereits relativ schwierig, die erste Umwandlung der Ausgangssubstanz verläßlich zu charakterisieren, so daß Informationen über die möglichen Metaboliten und ihre weiteren Reaktionen nicht zur Verfügung stehen. Die Metaboliten müßten erstens chemisch identifiziert werden, und darüber hinaus müßte ihre Reaktivität in der Umwelt mit dem gleichen Prozedere wie bei der Ausgangssubstanz bestimmt werden, so daß der Aufwand für die Charakterisierung einer ganzen Abbaukaskade, die über mehrere Schritte verläuft, sehr hoch ist.

Aus diesem Grund sind viele Abbauwege nicht vollständig quantitativ erfaßt, und die hier verwendeten Abbauraten oder Halbwertszeiten beziehen sich alle nur auf die erste Umwandlung der Ausgangssubstanz. Dementsprechend ist die hier berechnete Persistenz immer nur die Persistenz der Ausgangssubstanz; in vielen Fällen müßte sie durch die Persistenzen möglicher Folgeprodukte ergänzt werden. Methoden zur Bestimmung dieser erweiterten Persistenz werden zur Zeit in unserer Arbeitsgruppe erarbeitet.

Alle Abbauprozesse, die im Umweltkompartiment i ablaufen, werden zur Geschwindigkeitskonstanten κ_i (in s^{-1}) zusammengefaßt, die eine Reaktion 1. Ordnung beschreibt. Für die hier betrachteten Stoffe sind diese Geschwindigkeitskonstanten in den Tabellen 7.2, 7.4 und 7.6 aufgeführt.

Stofftransport in Wasser und Luft

Der weiträumige Stofftransport erfolgt durch die Zirkulation der Troposphäre und der Hydrosphäre. Die Troposphäre ist das effektivste Transportmedium; die Verteilung innerhalb einer Hemisphäre erfolgt innerhalb von 1–2 Monaten, und die Verteilung über beide Hemisphären benötigt ungefähr ein Jahr (Czeplak u. Junge 1974; Class u. Ballschmiter 1987, S. 198; Wittlinger u. Ballschmiter 1990, S. 199; Levy 1990). Der Transport durch Meeresströmungen ist um ca. 1–2 Größenordnungen langsamer (Ballschmiter 1991, S. 15; Okubo 1971).

Der Transport in Troposphäre und Hydrosphäre wird im Modell als makroskopische Diffusion (*eddy diffusion*) dargestellt. Diese makroskopische Diffusion beruht auf dem Zusammenwirken zahlreicher einzelner Strömungsbewegungen, die verschieden schnell sind und in verschiedene Richtungen führen (Schwarzenbach *et al.* 1993). Ein Beispiel für die Wirkung dieser ungeordneten Strömungsbewegungen ist die Vergrößerung eines Ölteppichs auf der Wasseroberfläche, der sich in alle Richtungen gleichzeitig ausdehnt. Mathematisch läßt sich diese makroskopische Diffusion analog zur molekularen Diffusion durch die Fickschen Gesetze mit einem Diffusionskoeffizienten D beschreiben. Allerdings hängt dieser Diffusionskoeffizient vom aktuellen Ausmaß des Ölflecks ab, der sich vergrößert: Je größer der

Ölfleck wird, desto weiträumiger und schneller sind die Strömungsbewegungen, die zu seiner weiteren Vergrößerung beitragen (Schwarzenbach *et al.* 1993, S. 207). Für ozeanische Strömungsbewegungen hat man eine Beziehung $D \sim \mathcal{L}^{\frac{4}{3}}$ festgestellt, wobei $\mathcal{L}$ die Größe des Bereichs ist, in dem die Diffusion wirkt (Okubo 1971). Für den weiträumigen Transport, der hier im Vordergrund steht, ist $\mathcal{L} = 1\,000$ km ein plausibler Wert, und der zugehörige Diffusionskoeffizient beträgt $D_l = 1 \cdot 10^8 \text{cm}^2/\text{s}$.

Für atmosphärische Strömungen gelten diese Überlegungen in ähnlicher Weise. Für die Mischungsprozesse innerhalb einer Hemisphäre beträgt der Diffusionskoeffizient $D_g = 4 \cdot 10^{10} \text{cm}^2/\text{s}$. Zwischen den beiden Hemisphären liegt die intertropische Konvergenzzone, in der der Diffusionskoeffizient auf $5 \cdot 10^9 \text{cm}^2/\text{s}$ absinkt (Keeling u. Heimann 1986); dementsprechend benötigt die Durchmischung beider Hemisphären ca. ein Jahr. Da im Ringmodell die geographische Breite nicht spezifiziert wird und daher auch die Hemisphären nicht unterschieden werden können, wird hier ein durchschnittlicher Wert $D_g = 2 \cdot 10^{10} \text{cm}^2/\text{s}$ verwendet.

Test und Beispiele

Wenn alle drei Gruppen von Basisprozessen – Abbau, Verteilung zwischen Boden, Wasser und Luft sowie Transport – miteinander gekoppelt werden, erhält man für jedes Umweltkompartiment in jedem Abschnitt auf dem Ring eine Bilanzgleichung, die den Stoffeintrag in das Kompartiment, den Stoffabbau innerhalb des Kompartiments und den Stoffaustrag aus dem Kompartiment heraus umfaßt. Diese $3n$ Gleichungen bilden ein gekoppeltes System, aus dem die Expositionen $e_{i,j}$ ermittelt werden können (das mathematische Vorgehen dafür ist in Anhang A dargestellt). Hier wird in der Regel $n = 80$ verwendet, so daß ein System aus 240 Gleichungen gelöst werden muß. Aus den Expositionswerten werden dann Persistenz und Reichweite berechnet, wie in den Abschnitten 6.3 und A.4 dargestellt.

Damit ist beschrieben, wie das Modell konstruiert ist und wie es benutzt werden kann, um Persistenz und Reichweite zu berechnen. Bevor das Modell in den folgenden Abschnitten auf verschiedene Substanzen angewendet wird, wird es anhand zweier Beispielsubstanzen getestet, deren Persistenz und Reichweite näherungsweise bekannt sind: 1-Butanol mit einer Persistenz von ca. 5 Tagen und einer dementsprechend niedrigen räumlichen Reichweite, und Freon 11 (F-11, CCl_3F) mit einer Persistenz von ca. 100 Jahren und einer globalen räumlichen Reichweite (Standley u. Hites 1991, S. 7).

In Tab. 7.2 sind Henry-Konstante, Oktanol-Wasser-Verteilungskoeffizient und die Abbauraten dieser beiden Substanzen aufgelistet.

Tabelle 7.2: Abbauraten und Verteilungskoeffizienten für CCl_3F und 1-Butanol (Howard *et al.* 1991, Howard 1991).

Substanz	κ_s (s^{-1})	κ_l (s^{-1})	κ_g (s^{-1})	log K_{ow}	K_H (Pa m^3/mol)
CCl_3F	$2.93 \cdot 10^{-8}$	$2.93 \cdot 10^{-8}$	$2.72 \cdot 10^{-10}$	2.53	$9.83 \cdot 10^3$
1-Butanol	$2.00 \cdot 10^{-6}$	$2.00 \cdot 10^{-6}$	$3.99 \cdot 10^{-6}$	0.88	$5.64 \cdot 10^{-1}$

Abb. 7.4 und 7.5 zeigen die atmosphärischen Expositionsverteilungen mit der zugehörigen räumlichen Reichweite.

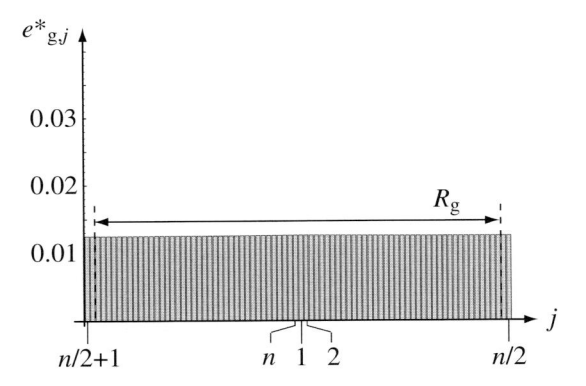

Abbildung 7.4: Atmosphärische Expositionsverteilung und räumliche Reichweite von CCl_3F bei Emission in den Boden.

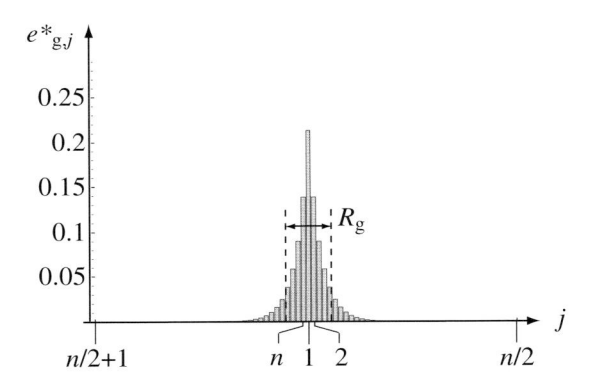

Abbildung 7.5: Atmosphärische Expositionsverteilung und räumliche Reichweite von 1-Butanol bei Emission in den Boden.

Die Zahlenwerte für Persistenz und Reichweite sind in Tab. 7.3 angegeben (für sechs verschiedene Werte von n). Diese Resultate zeigen, daß das Modell für F-11 eine gleichmäßige Expositionsverteilung mit globaler Reichweite $R = 95\%$ und für Butanol eine deutliche schmalere Verteilung mit $R \approx 11\%$ liefert. Die Persistenz wird bei F-11 von der atmospärischen Abbaurate κ_g bestimmt ($1/\kappa_g = 117$ Jahre im Vergleich zu $\tau = 113$ Jahre), bei Butanol von der Abbaurate im Boden ($1/\kappa_s = 5.8$ Tage im Vergleich zu $\tau = 5.6$ Tage).

Für F-11 ist dies ein zufriedenstellendes Resultat, da beide Größen das reale Verhalten von F-11 zutreffend widerspiegeln. Bei Butanol ist die Persistenz ebenfalls korrekt, allerdings ist der Wert $R \approx 11\%$ sehr hoch, wenn man ihn in die tatsächliche Distanz von ca. 4000 km umrechnet. Bezogen auf eine reale Emission

7.3 Evaluative Modelle mit Transport

Tabelle 7.3: Räumliche Reichweite (in Prozent des Erdumfangs) und Gesamtpersistenz (in Tagen) für CCl_3F und 1-Butanol bei $n = 40$ bis $n = 140$; Emission in den Boden.

n	Substanz	R_s	R_l	R_g	τ
40	CCl_3F	79.6	94.9	95.0	$4.13 \cdot 10^4$
	1-Butanol	2.38	2.40	11.2	5.64
60	CCl_3F	79.6	94.9	95.0	
	1-Butanol	1.58	1.62	10.8	
80	CCl_3F	79.6	94.9	95.0	
	1-Butanol	1.19	1.24	10.6	
100	CCl_3F	79.6	94.9	95.0	
	1-Butanol	0.950	1.31	10.6	
120	CCl_3F	79.6	94.9	95.0	
	1-Butanol	0.792	1.45	10.5	
140	CCl_3F	79.6	94.9	95.0	$4.13 \cdot 10^4$
	1-Butanol	0.679	1.51	10.5	5.64

von Butanol ist dieser Wert wahrscheinlich zu hoch, auch wenn einzelne Luftpakete innerhalb weniger Tage über mehrere 100 km transportiert werden können (Whelpdale u. Moody 1990). Das Modell produziert hier ein Artefakt, da der atmosphärische Transport an den globalen atmosphärischen Luftströmungen mit hoher Geschwindigkeit kalibriert wurde (s. S. 116f.). Dies bedeutet, bildlich gesprochen, daß im Modell jeder Stoff, sobald er aus dem Boden in die Luft verdampft, sofort in die globale atmosphärische Zirkulation eingespeist wird. Die in der Realität ablaufende langsame Vergrößerung der Stoffwolke, die erst nach einer gewissen Zeit in Kontakt mit schnellen und weitreichenden Luftströmungen kommt, fehlt im Modell. Das Modell ist somit *nicht* dazu geeignet, das räumliche Verteilungsverhalten von kurzlebigen Stoffen wie Butanol realistisch zu beschreiben. Generell dienen die Zahlenwerte für kurzreichweitige Substanzen im folgenden Kapitel nur zum relativen Vergleich verschiedener Substanzen *im Kontext dieses Modells*; zur Simulation des tatsächlichen Verteilungsverhaltens von Umweltchemikalien auf kleinräumigem Maßstab kann und soll das Modell nicht verwendet werden. Hier werden andere Modelle benötigt, die die situationsspezifischen lokalen Transportmechanismen enthalten. Diese Limitierung ist jedoch nicht besonders schwerwiegend, da das Modell zur Stoffklassifizierung unter Durchschnittsbedingungen und nicht zur Simulation unter realistischen Bedingungen gedacht ist; allerdings ist sie bei der Interpretation sämtlicher mit dem Modell berechneter räumlicher Reichweiten zu beachten.

Schließlich ist zu prüfen, wie der Parameter n, der die Anzahl der Abschnitte auf dem Ring angibt, die Resultate beeinflußt. In Tab. 7.3 sind die Modellresultate für $n = 40$ bis $n = 140$ angegeben. Wie sich zeigt, ist die Persistenz von F-11 und Butanol unabhängig von n, was bei der hier verwendeten Modellkonstellation auch notwendig ist: Da in allen Abschnitten j dieselben Abbauraten κ_i verwendet werden, ist es für den Abbauprozeß unerheblich, wieviele Abschnitte es gibt und wie sich der Stoff auf diese Abschnitte verteilt. (Wenn in den einzelnen Abschnitten verschiedene Abbauraten verwendet würden – was für zukünftige Versionen des Modells geplant ist – hätte die Anzahl der Abschnitte und die Variabilität der Abbauraten durchaus einen Einfluß auf die Persistenz.)

Die räumliche Reichweite ist bei F-11 mit den hohen Werten von R ebenfalls unabhängig von n, d. h. die räumliche Auflösung des Modells ist hoch genug, um die Verteilung von F-11 ohne Verzerrungen darzustellen. Bei Butanol, wo die räumlichen Reichweiten in der Nähe der räumlichen Auflösung des Modells liegen, beeinflußt der Wert von n die Resultate stärker. Die atmosphärische Reichweite $R_\mathrm{g} \approx 11\%$ ist ab $n = 80$, d. h. ab einer Abschnittslänge $l_n = 1.25\%$ und einem Verhältnis $R_\mathrm{g}/l_n \approx 10$, weitgehend stabil.

Die Reichweiten in Wasser und Boden schließlich verändern sich direkt proportional zu $1/n$, da sie bei $n \leq 100$ durch die Länge des emittierenden Abschnitts gegeben sind: $R_\mathrm{l} \approx R_\mathrm{s} \approx l_n$ (R_l steigt bei $n > 100$ leicht an und bleibt dann annähernd konstant, was hier jedoch nicht weiter diskutiert wird). Diese Werte sind somit vollständig modellspezifisch. Für Stoffe mit niedrigen Reichweiten kann somit nur untersucht werden, ab welchem Wert von n die Reichweite überhaupt von der Abschnittslänge l_n abweicht (dies ist für verschiedene Stoffe bei verschiedenen Werten von n der Fall), eine weitergehende Interpretation der Reichweiten ist jedoch nicht möglich.

Nach diesem ersten Test des Ringmodells an zwei Beispielsubstanzen werden nun Persistenz und Reichweite für einen größeren Satz von umweltrelevanten Stoffen berechnet. Dies sind erstens halbflüchtige chlorierte Kohlenwasserstoffe, vor allem die 12 sogenannten *Persistent Organic Pollutants*, und zweitens eine Reihe von Basischemikalien und Lösungsmitteln.

7.4 Halbflüchtige Chlorkohlenwasserstoffe: *Persistent Organic Pollutants*

7.4.1 Umweltchemische Befunde und umweltpolitische Bedeutung

Halbflüchtige Chlorkohlenwasserstoffe (CKW) wie PCB, DDT, Chlordan und andere Pestizide wurden in erheblichen Distanzen von ihren Freisetzungsorten in Luft und Wasser, vor allem aber im Fettgewebe und in der Muttermilch von Meeressäugern und Menschen gefunden (Klamer *et al.* 1991, Renner 1996); insbesondere reichern sie sich in den Polargebieten an (Goldberg 1975, Wania u. Mackay 1996). Polychlorierte Biphenyle und vermutlich auch andere halbflüchtige CKW schädigen das Immunsystem und den Stoffwechsel, wenn sie aus dem Fettgewebe freigesetzt werden (Kuehl *et al.* 1991, Takayama *et al.* 1991). Weiterhin greifen sie in das Reproduktionssystem ein, und sie beeinflussen die Entwicklung von Embryonen und Jungtieren bzw. Säuglingen negativ (Golub *et al.* 1991). Epidemiologische Studien führen verschiedene Entwicklungsstörungen bei Kindern auf PCB-Einwirkungen vor der Geburt zurück (Swain 1991, Jacobson u. Jacobson 1996).

Nach ihrer großflächigen Verwendung in den 50er und 60er Jahren wurden in den 70er Jahren sowohl die CKW-Pestizide wie auch die polychlorierten Biphenyle in den meisten Industrieländern verboten. Allerdings werden DDT, Chlordan und Heptachlor heute noch immer als Pflanzenschutzmittel und zur Malariabekämpfung in tropischen Ländern eingesetzt. PCB werden aus den Depots, die z. B. in älteren Transformatorenanlagen bestehen, nach wie vor freigesetzt (Tanabe 1988), und in Rußland werden sie auch noch neu produziert.

Bisher sind 12 halbflüchtige CKW als POPs klassifiziert worden,[4] das heißt, sie sind Gegenstand internationaler Verhandlungen, die den weltweiten Verzicht auf diese Stoffe und den Übergang zu Alternativen regeln sollen (Renner 1998). Ein zentraler Punkt, der über das Umweltverhalten der 12 genannten Substanzen hinausgeht, ist dabei die Frage, nach welchen Kriterien *weitere* Stoffe als POPs-Kandidaten klassifiziert werden sollen und nach welchem Prozedere die POPs-Liste dann tatsächlich erweitert wird. Diese – primär politischen und wirtschaftlichen – Diskussionen haben auch das wissenschaftliche Interesse an den halbflüchtigen CKW, die eigentlich „alte" Umweltchemikalien sind, wieder verstärkt, vor allem auch deswegen, weil klare Kriterien, die das problematische Umweltverhalten der POPs „auf den Punkt bringen", nicht ohne weiteres gefunden werden konnten.

Das Umweltverhalten halbflüchtiger CKW ist somit zur Zeit eine umweltchemisch und umweltpolitisch aktuelle Frage. Es ist deswegen besonders kompliziert, weil halbflüchtige CKW stark an organisches Material wie z. B. Huminsäuren, die im Boden und im Sediment enthalten sind, sowie an im Wasser suspendierte Partikel und an Aerosolpartikel adsorbieren. Dadurch wird ihre Reaktivität beeinflußt, und ihre Verteilung in der Umwelt wird zumindest teilweise an den Transport der Aerosolpartikel gekoppelt.

Vor allem die Adsorption an atmosphärische Partikel hat einen erheblichen Einfluß auf den weiträumigen Transport. Das Verhältnis des adsorbierten Anteils zum gasförmig vorliegenden Anteil wird daher sowohl experimentell als auch theoretisch ausführlich untersucht (Bidleman *et al.* 1986, Foreman u. Bidleman 1987, Pankow 1987, Ligocki u. Pankow 1989, Jang *et al.* 1997, Goss u. Schwarzenbach 1998, Harner u. Bidleman 1998, Simcik *et al.* 1998). Gemessen wird das „Gas-Partikel-Verhältnis" oder der adsorbierte Bruchteil Φ, indem große Luftmengen durch einen Filter für die Aerosolpartikel und anschließend durch ein Absorptionsmittel für den gasförmigen Anteil gesaugt werden. Solche Meßwerte können dann mit berechneten Resultaten verglichen werden, wobei zwar z. T. befriedigende Übereinstimmungen, aber auch Abweichungen in jede Richtung erhalten werden (Harrad 1998). Dies kann zum einen daran liegen, daß das Meßverfahren systematische Fehler birgt (Bidleman *et al.* 1986, Harrad 1998); zum anderen ist auch das theoretische Verständnis der Adsorptionsprozesse noch nicht ausreichend, da diese Prozesse sehr vielschichtig sind.

Wie stark verschiedene Stoffe adsorbiert werden, hängt einerseits von ihren physikalisch-chemischen Eigenschaften ab, vor allem von ihrem Dampfdruck, andererseits aber auch von einer Vielzahl von Umweltfaktoren wie der Temperatur,

---

4. Dies sind Aldrin, Chlordan, DDT, Dieldrin, Endrin, Heptachlor, Hexachlorbenzol, Mirex, PCB, polychlorierte Dibenzodioxine und -furane und Toxaphen.

der Luftfeuchtigkeit sowie der Menge und der Beschaffenheit der verfügbaren Partikel (Bidleman 1988, Harrad 1998). Je nach dem Einfluß dieser Faktoren liegen die Werte von Φ unter 5% oder auch über 80%. Stoffe mit einem Dampfdruck über 10^{-3} Pa adsorbieren so gut wie gar nicht mehr an Aerosolpartikel (Junge 1977).

Insgesamt sind Mechanismen und Ausmaß der Adsorption also nur ansatzweise bekannt. Welchen Einfluß die Adsorption zudem auf die Reaktivität der Stoffe hat, ist vielfach noch weniger klar. Vermutet wird, daß die Reaktivität zumindest dann abnimmt, wenn ein Stoff ins Innere der Partikel eingeschlossen wird oder wenn sich mehrere Schichten auf der Partikeloberfläche bilden, weil dann der Einfluß von OH-Radikalen und Licht schwächer ist (Pankow 1988, Koester u. Hites 1992, Harrad 1998).

7.4.2 Modellrechnungen

Mit Hilfe des Ringmodells wird nun der Einfluß der Partikeladsorption auf den atmosphärischen Abbau und auf die Depositionsprozesse näher untersucht. Dieser Abschnitt 7.4.2 enthält relativ detaillierte Ausführungen über die Modellresultate und ihre Interpretation. Wenn man nicht ausdrücklich am Umweltverhalten halbflüchtiger CKW interessiert ist, kann man diesen Abschnitt überspringen; in Abschnitt 7.5 ist die Darstellung wieder allgemeiner gehalten.

Ausgangspunkt für die Modellrechnungen ist die Frage, wie die wichtigsten Prozesse, die das Umweltverhalten halbflüchtiger CKW beeinflussen, im Modell dargestellt werden können:

1. *Atmosphärische Abbauprozesse:* Einer der wichtigsten Abbauprozesse für gasförmige Substanzen ist die Reaktion mit OH-Radikalen (Anderson u. Hites 1996; Howard 1991, S. xviii). Die Geschwindigkeitskonstante für diese Reaktion wird hier mit κ_g^{OH} bezeichnet. Der partikelgebundene Anteil eines Stoffes ist dieser Abbaureaktion zumindest partiell entzogen, was bei Substanzen mit hohen Werten für die Abbaurate κ_g^{OH} (z. B. Endrin, Dieldrin, Aldrin, Chlordan und Heptachlor, s. Tab. 7.4) eine deutliche Verlangsamung des atmosphärischen Abbaus bewirken dürfte,[5] allerdings sind die Einzelheiten dieses Mechanismus nicht bekannt.[6]

---

5. "The lower volatility organochlorines are distributed between the gaseous and particulate phases in the atmosphere and this partitioning affects their atmospheric stability. *Because these compounds may be stabilized towards chemical reactivity when they are associated with particles*, wet and dry deposition may be a more important loss process." (Bidleman *et al.* 1990, S. 285, Hervorhebung MS)
"The half-life of the atmospheric reaction of vapor phase endosulfan with photochemically generated hydroxyl radicals was estimated to be 1.23 hr. Adsorption of endosulfan onto atmospheric particulate matter will increase this half-life." (Howard 1991, Bd. III, S. 330)
6. "Aldrin in the atmosphere is expected to be adsorbed to particulate matter and no rate can be estimated for the reaction of adsorbed Aldrin with hydroxyl radicals." (Howard 1991, Bd. III, S. 12)
"The kinetics of atmospheric loss processes must be better understood for the heavy organic compounds, and products of such reactions need to be identified. Particularly important is the

Für den tatsächlichen atmosphärischen Abbau gilt somit eine Geschwindigkeitskonstante κ_g^{eff}, die kleiner als κ_g^{OH} ist und – neben anderen Faktoren – von κ_g^{OH} und Φ abhängt.

Parameterwahl im Modell: Im Modell wird die effektive Abbaurate κ_g^{eff} mit dem Ansatz $\kappa_g^{eff} = (1 - \Phi) \cdot \kappa_g^{OH}$ berechnet (vgl. Abschnitt A.3.2 in Anhang A). Andere Faktoren als der direkte Einfluß von Φ, z. B. die Wirkung der Temperatur, bleiben dabei ausgeklammert.

κ_g^{OH} kann für viele Substanzen zumindest auf 1–2 Größenordnungen genau bestimmt werden (Howard *et al.* 1991; Bidleman *et al.* 1990, S. 281f.). Φ hingegen wird hier aufgrund der ungenauen Kenntnis und der hohen Variabilität der Adsorptionsprozesse als unabhängiger Parameter über das ganze Intervall [0, 1] variiert. Auf diese Weise kann untersucht werden, wie sich das Adsorptionsverhalten auf die räumliche Reichweite und Persistenz halbflüchtiger CKW auswirkt, ohne daß ein bestimmter Wert für Φ festgelegt werden muß.

2. *Depositionsprozesse:* Der partikelgebundene Anteil wird durch trockene und nasse Partikeldeposition aus der Atmosphäre ausgetragen. Die Substanzmengen, die dadurch in das Wasser und den Boden überführt werden, sind dem atmosphärischen Transport also zunächst entzogen; sie gelangen dann jedoch durch Verdampfung und erneute Aerosolbildung wieder in die Atmosphäre, werden ein Stück weit transportiert und dann erneut deponiert etc. Bei halbflüchtigen Verbindungen wird der weiträumige Transport also durch eine kleinräumige Zirkulation zwischen Troposphäre, Boden und Wasser überlagert.

Parameterwahl im Modell: Im Modell wird die Deposition durch den Term $\Phi \cdot (u^{dry} + u^{wet})$ repräsentiert. Die beiden Parameter $u^{dry} = 10.8$ m/h und $u^{wet} = 19.4$ m/h sind globale Durchschnittswerte für trockene und nasse Partikeldeposition. Die Auswaschung des gasförmigen Anteils durch Regen ist i. a. um einige Größenordnungen schwächer; der zugehörige Modellparameter $R_A \cdot T \cdot u^{rain} / K_H$ liegt für die hier betrachteten CKW zwischen $1.8 \cdot 10^{-3}$ m/h (HCB) und 0.8 m/h (Lindan).

3. *Wiedereintrag in die Atmosphäre:* Ein wichtiger Prozeß, mit dem die Stoffe nach der Deposition wieder in die Atmosphäre eingetragen, werden ist die Verdampfung, die als ein diffusiver Prozeß grundsätzlich in die Modelldynamik eingeht (vgl. S. 115).

In welchem Ausmaß die Stoffe darüber hinaus auch mit den Partikeln selbst, also im adsorbierten Zustand, wieder in die Atmosphäre eingetragen werden, ist schwer abzuschätzen. Ein signifikanter Eintrag ist nur bei stark kontaminierten Böden oder direkt nach dem Ausbringen von Pestiziden zu erwarten; im globalen Durchschnitt ist der partikelgebundene Eintrag wahrscheinlich nicht signifikant, und er wird daher im Modell nicht berücksichtigt.

---

study of photolytic and reactiv loss processes for particle-associated compounds." (Bidleman *et al.* 1990, S. 288)

Als eine Vorüberlegung zu den Modellrechnungen läßt sich bereits jetzt festhalten: Die Variation von Φ über das Intervall $[0,1]$ bedeutet für alle Substanzen, daß der atmosphärische Abbau gemäß $\kappa_g^{\text{eff}} = (1 - \Phi) \cdot \kappa_g^{\text{OH}}$ vom Wert $\kappa_g^{\text{eff}} = \kappa_g^{\text{OH}}$ bis auf den Wert $\kappa_g^{\text{eff}} = 0$ zurückgedrängt wird. Ebenso wird, wenn Φ den Wert 1 annimmt, die Auswaschung des gasförmigen Anteils auf 0 vermindert, während die Partikeldeposition von 0 bis auf den Maximalwert ansteigt. Somit sind bei $\Phi = 0$ der atmosphärische Transport, der atmosphärische Abbau und die Auswaschung durch Regen konkurrierende Prozesse. Bei $\Phi = 1$ steht der atmosphärische Transport, der horizontal wirkt, nur mit der vertikal verlaufenden Partikeldeposition in Konkurrenz.

Für die Modellrechnungen werden die gleichen substanzspezifischen Eingabedaten benötigt wie für F-11 und Butanol; sie sind in Tab. 7.4 aufgeführt.

Tabelle 7.4: Abbauraten, Gleichgewichtskonstanten und Dampfdruck halbflüchtiger CKW (Howard 1991, Howard et al. 1991). Aufgeführt sind alle derzeit deklarierten POPs sowie Lindan. HCB: Hexachlorbenzol, 6-CB: Hexachlorbiphenyl, TCDD: Tetrachlordibenzodioxin.

Substanz	κ_s (s^{-1})	κ_l (s^{-1})	κ_g (s^{-1})	log K_{ow}	K_H (Pa m^3/mol)	p_0 (Pa)
Aldrin	$2.62 \cdot 10^{-8}$	$2.62 \cdot 10^{-8}$	$3.85 \cdot 10^{-5}$	6.50	$5.03 \cdot 10^1$	$5.0 \cdot 10^{-3}$
Chlordan	$9.88 \cdot 10^{-9}$	$9.88 \cdot 10^{-9}$	$6.77 \cdot 10^{-6}$	5.54	4.91	$1.1 \cdot 10^{-3}$
DDT^a	$2.50 \cdot 10^{-9}$	$4.49 \cdot 10^{-8}$	$1.99 \cdot 10^{-6}$	5.98	2.77	$1.3 \cdot 10^{-5}$
Dieldrin	$1.27 \cdot 10^{-8}$	$1.27 \cdot 10^{-8}$	$8.66 \cdot 10^{-6}$	4.32	5.88	$5.0 \cdot 10^{-4}$
Endrin	$1.57 \cdot 10^{-9}$	$1.57 \cdot 10^{-9}$	$1.33 \cdot 10^{-4}$	4.56	$7.74 \cdot 10^{-1}$	$4.0 \cdot 10^{-4}$
HCB	$5.24 \cdot 10^{-9}$	$5.24 \cdot 10^{-9}$	$9.33 \cdot 10^{-9}$	5.31	$1.32 \cdot 10^2$	$2.5 \cdot 10^{-3}$
Heptachlor	$4.46 \cdot 10^{-8}$	$2.53 \cdot 10^{-6}$	$3.50 \cdot 10^{-5}$	5.27	1.55	$5.3 \cdot 10^{-2}$
Lindan	$6.32 \cdot 10^{-8}$	$6.32 \cdot 10^{-8}$	$3.78 \cdot 10^{-6}$	3.61	$2.96 \cdot 10^{-1}$	$7.4 \cdot 10^{-3}$
Mirex^b	$1.80 \cdot 10^{-9}$	$5.36 \cdot 10^{-8}$	$1.76 \cdot 10^{-10}$	6.89	$7.10 \cdot 10^1$	$1.3 \cdot 10^{-4}$
6-CB^c	$4.17 \cdot 10^{-9}$	$4.17 \cdot 10^{-9}$	$1.16 \cdot 10^{-7}$	6.80	$3.00 \cdot 10^1$	$1.0 \cdot 10^{-4}$
TCDD^d	$1.59 \cdot 10^{-8}$	$1.59 \cdot 10^{-8}$	$1.57 \cdot 10^{-6}$	6.50	1.00	$2.0 \cdot 10^{-7}$
Toxaphen	$2.93 \cdot 10^{-9}$	$2.93 \cdot 10^{-9}$	$1.78 \cdot 10^{-6}$	4.80	$6.10 \cdot 10^{-1}$	$8.9 \cdot 10^{-4}$

a. log K_{ow}, K_H und p_0 nach Mackay et al. (1985).

b. κ_s nach *National Research Council* (1978), κ_l aus Mackay et al. (1985), bei κ_g wird der Wert für das gleichermaßen stabile Kepone (Howard 1991) verwendet, der den Übertritt in die Stratosphäre beschreibt. K_H aus p_0 und c^{sat} berechnet; log K_{ow} nach Mackay u. Paterson (1991).

c. Daten aus Mackay u. Paterson (1991) sowie Shiu u. Mackay (1986); κ_g geschätzt nach den Angaben für Mono- bis Pentachlorbiphenyl bei Bidleman et al. (1990).

d. log K_{ow}, K_H und p_0 nach Mackay et al. (1995), Vol. II.

κ_s und κ_l repräsentieren Geschwindigkeitskonstanten für Hydrolyse in Wasser (Lindan) sowie Halbwertszeiten, die in Abbautests oder aus Felddaten für Reaktionen in Boden und Wasser bestimmt wurden. Die Werte für κ_g beziehen sich bei allen Substanzen außer bei Mirex auf die Gasphasen-Reaktion mit OH-Radikalen. Bei Mirex ist diese Reaktion so langsam, daß κ_g durch den Übertritt in die Stratosphäre bestimmt wird (Mackay et al. 1985).

Bei den Modellrechnungen erfolgt die Emission wie bereits bei den Testsubstanzen CCl$_3$F und 1-Butanol in den Boden (vgl. Erläuterung auf S. 114). Φ wird in

Schritten von 0.1 oder 0.05 von 0.0 auf 1.0 erhöht; für jeden dieser Werte werden R und τ berechnet, wie in Abschnitt 6.3 beschrieben. τ ist die Persistenz im Gesamtsystem, d. h. τ setzt sich für jeden Stoff in spezifischer Weise aus den Abbauraten für Boden, Wasser und Luft zusammen. Von den drei räumlichen Reichweiten, die im Verhältnis $R_\mathrm{s} < R_\mathrm{l} \leq R_\mathrm{g}$ stehen, wird hier R_g verwendet, um das Transportverhalten zu beschreiben.

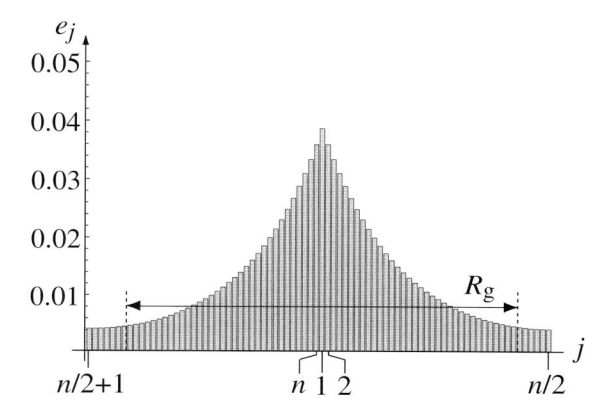

Abbildung 7.6: Atmosphärische Expositionsverteilung und räumliche Reichweite von Hexachlorbenzol bei Emission in den Boden. $\Phi = 0.1$, $R_\mathrm{g} = 83.5\%$.

In Abbildung 7.6 ist die Expositionsverteilung von Hexachlorbenzol in der Troposphäre für $\Phi = 0.1$ dargestellt. Tab. 7.5 zeigt die Zahlenwerte von τ in Abhängigkeit von Φ; in den Abbildungen 7.7 und 7.8 ist der Verlauf der atmosphärischen Reichweite R_g in Abhängigkeit von Φ für ausgewählte Substanzen dargestellt.

Tabelle 7.5: Persistenz τ (in Tagen) bei fünf verschiedenen Werten für den partikelgebundenen Anteil Φ. Zum Vergleich mit den Persistenzwerten ist in der letzten Spalte der Kehrwert der Abbaurate κ_s angegeben.

Substanz	$\tau^{\Phi=0.0}$	$\tau^{\Phi=0.3}$	$\tau^{\Phi=0.6}$	$\tau^{\Phi=0.9}$	$\tau^{\Phi=1.0}$	$1/\kappa_\mathrm{s}$
Lindan	$1.80\cdot 10^2$	$1.81\cdot 10^2$	$1.81\cdot 10^2$	$1.83\cdot 10^2$	$1.83\cdot 10^2$	$1.83\cdot 10^2$
Heptachlor	$2.55\cdot 10^2$	$2.55\cdot 10^2$	$2.55\cdot 10^2$	$2.55\cdot 10^2$	$2.56\cdot 10^2$	$2.60\cdot 10^2$
Aldrin	$4.34\cdot 10^2$	$4.34\cdot 10^2$	$4.34\cdot 10^2$	$4.35\cdot 10^2$	$4.43\cdot 10^2$	$4.42\cdot 10^2$
TCDD	$7.24\cdot 10^2$	$7.25\cdot 10^2$	$7.25\cdot 10^2$	$7.26\cdot 10^2$	$7.26\cdot 10^2$	$7.28\cdot 10^2$
Dieldrin	$8.22\cdot 10^2$	$8.24\cdot 10^2$	$8.28\cdot 10^2$	$8.50\cdot 10^2$	$9.12\cdot 10^2$	$9.11\cdot 10^2$
Chlordan	$1.11\cdot 10^3$	$1.11\cdot 10^3$	$1.12\cdot 10^3$	$1.14\cdot 10^3$	$1.17\cdot 10^3$	$1.17\cdot 10^3$
HCB	$2.04\cdot 10^3$	$2.20\cdot 10^3$	$2.21\cdot 10^3$	$2.21\cdot 10^3$	$2.21\cdot 10^3$	$2.21\cdot 10^3$
6-CB	$2.50\cdot 10^3$	$2.66\cdot 10^3$	$2.73\cdot 10^3$	$2.77\cdot 10^3$	$2.78\cdot 10^3$	$2.78\cdot 10^3$
Toxaphen	$3.63\cdot 10^3$	$3.67\cdot 10^3$	$3.73\cdot 10^3$	$3.86\cdot 10^3$	$3.95\cdot 10^3$	$3.95\cdot 10^3$
DDT	$4.49\cdot 10^3$	$4.49\cdot 10^3$	$4.50\cdot 10^3$	$4.53\cdot 10^3$	$4.54\cdot 10^3$	$4.63\cdot 10^3$
Endrin	$5.76\cdot 10^3$	$5.76\cdot 10^3$	$5.77\cdot 10^3$	$5.80\cdot 10^3$	$7.38\cdot 10^3$	$7.37\cdot 10^3$
Mirex	$6.21\cdot 10^3$	$6.15\cdot 10^3$	$6.15\cdot 10^3$	$6.15\cdot 10^3$	$6.15\cdot 10^3$	$6.43\cdot 10^3$

7.4.3 Interpretation der Resultate

Auswertung im Kontext des Modells

Bei allen Substanzen außer Mirex ist die Abbaurate im Boden (κ_s) kleiner als diejenige für die Gasphase (κ_g). Daher wächst die Persistenz τ bei allen Stoffen außer Mirex mit zunehmendem Φ an, denn der atmosphärische Abbau, der bei $\Phi = 0$ am stärksten zur Stoffentfernung aus der Atmosphäre beiträgt, wird bei höheren Werten von Φ immer weiter abgeschwächt und beeinflußt τ schließlich überhaupt nicht mehr.

Bei Mirex hingegen, der einzigen Substanz mit $\kappa_g < \kappa_s$, kehrt sich der Verlauf um: τ nimmt mit zunehmendem Φ ab, weil Mirex durch verstärkte Deposition auch einem verstärkten Abbau zugeführt wird.

Für alle Substanzen und für alle Werte von Φ gilt $\tau \geq 0.75 \cdot 1/\kappa_s$, d. h. die Größenordnung der Persistenz τ wird auch dann durch κ_s bestimmt, wenn der atmospärische Abbau voll wirksam ist. Dies steht mit dem niedrigen Dampfdruck aller Verbindungen in Übereinstimmung. Wenn der atmosphärische Abbau bei $\Phi = 1$ ganz wegfällt, gilt für alle Substanzen $\tau^{\Phi=1} \approx 1/\kappa_s$. Da die Persistenz also vor allem durch die Abbaurate im Boden, κ_s, und weniger durch die atmosphärischen Prozesse bestimmt wird, führt die Variation von Φ zu kleineren Unterschieden in der Persistenz als bei der räumlichen Reichweite, die z. T. sehr erheblich auf die Variation von Φ reagiert:

Bei der Reichweite lassen sich anhand des Eckwertes für $\Phi = 0$, der mit $R_g^{\Phi=0}$ bezeichnet wird, zwei Fälle unterscheiden. Der erste Fall umfaßt Stoffe, deren räumliche Reichweite bei $\Phi = 0$ weniger als 15% beträgt und bei zunehmendem Φ ansteigt (Abb. 7.7); dies sind alle Stoffe aus Tab. 7.4 außer Hexachlorbenzol, Hexachlorbiphenyl und Mirex.

Der zweite Fall umfaßt Stoffe, deren räumlichen Reichweite bei $\Phi = 0$ mehr als 60% beträgt und bei zunehmendem Φ abnimmt (Abb. 7.8). Dies ist bei Hexachlorbenzol, Hexachlorbiphenyl und Mirex der Fall. Zu den beiden Fällen im einzelnen:

1. Ein niedriger Wert von $R_g^{\Phi=0}$ zeigt, daß der atmosphärische Abbau und/oder die Auswaschung durch Regen gegenüber dem Transport dominant sind: Die Stoffe werden schneller deponiert und abgebaut als in horizontaler Richtung verfrachtet.

   Vor allem bei Aldrin, Chlordan, Dieldrin, Endrin, Heptachlor und Lindan liegt die atmosphärische Abbaurate κ_g^{OH} sehr hoch, aber auch bei DDT, TCDD und Toxaphen ist κ_g^{OH} größer als $1 \cdot 10^{-6}\,\text{s}^{-1}$, was einer atmosphärischen Halbwertszeit von weniger als acht Tagen entspricht. Die Reichweite aller dieser Stoffe nimmt zu, sobald die Abbaurate $\kappa_g^{\text{eff}} = (1-\Phi) \cdot \kappa_g^{OH}$ durch zunehmende Partikeladsorption vermindert wird, s. Abb. 7.7. Allerdings bleiben die Expositionen auf $R_g < 20\%$ begrenzt, solange Φ kleiner als 0.9 ist. Erst wenn bei $\Phi > 0.9$ der Wert von $\kappa_g^{\text{eff}} = (1-\Phi) \cdot \kappa_g^{OH}$ um mehr als eine Größenordnung vermindert ist, resultieren signifikant höhere Reichweiten $R_g \approx 30\%$ (vor allem bei Aldrin, Chlordan, Dieldrin und Endrin).

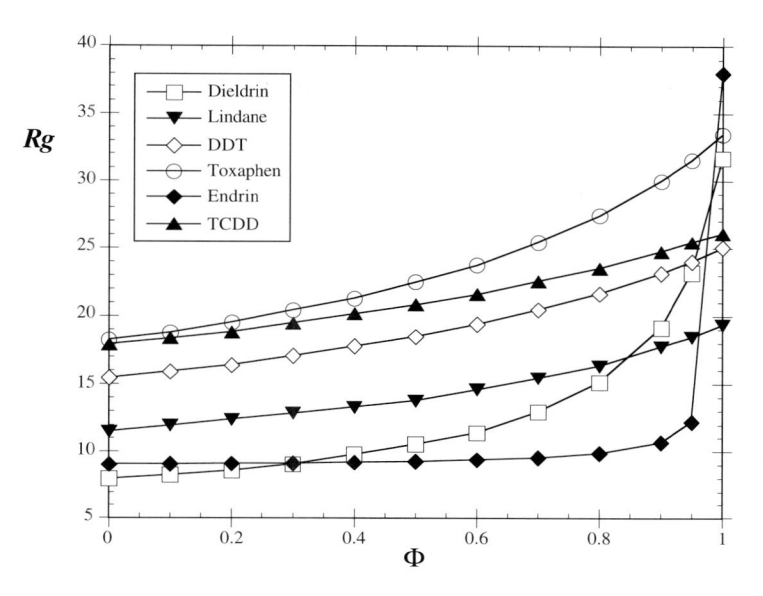

7.4 Halbflüchtige Chlorkohlenwasserstoffe: Persistent Organic Pollutants

Abbildung 7.7: Zunehmende räumliche Reichweite R_g einiger halbflüchtiger CKW in Abhängigkeit von Φ. Die Reichweite ist in % des Erdumfangs angegeben. Bei Aldrin, Chlordan und Heptachlor verlaufen die Kurven ähnlich.

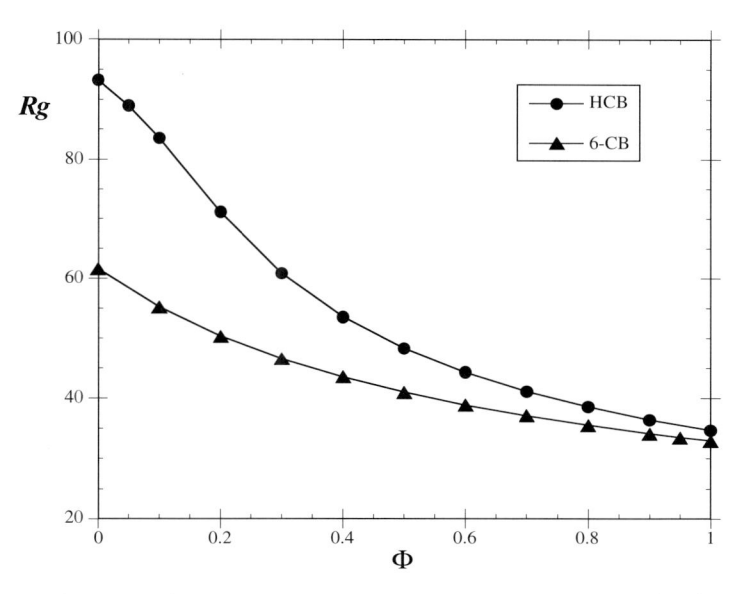

Abbildung 7.8: Abnehmende räumliche Reichweite R_g von Hexachlorbenzol (HCB) und Hexachlorbiphenyl (6-CB) in Abhängigkeit von Φ. Die Reichweite ist in % des Erdumfangs angegeben. Bei Mirex verläuft die Kurve ähnlich wie bei Hexachlorbenzol.

2. Wie der hohe Wert von $R_{\mathrm{g}}^{\Phi=0}$ zeigt, ist bei Hexachlorbenzol, Hexachlorbiphenyl und Mirex der atmosphärische Transport gegenüber Abbau und Auswaschung durch Regen der dominante Prozeß. Dies steht in Übereinstimmung mit den niedrigen Abbauraten $\kappa_{\mathrm{g}}^{\mathrm{OH}} < 10^{-6}\,\mathrm{s}^{-1}$ und den hohen Henry-Konstanten $K_{\mathrm{H}} > 10\,\mathrm{Pa\,m^3/mol}$. Bei zunehmendem Φ werden die Substanzen durch die stärkere Partikeldeposition der Atmosphäre entzogen, so daß die Reichweite abnimmt.[7] Bei $\Phi = 1$ stehen atmosphärischer Transport und maximale Partikeldeposition in Konkurrenz, und die Werte liegen wie bei der ersten Gruppe bei ca. 30%.

Beim zweiten Eckwert der räumlichen Reichweite, $R_{\mathrm{g}}^{\Phi=1}$, kommt die stark unterschiedliche Abbaurate $\kappa_{\mathrm{g}}^{\mathrm{OH}}$ nicht mehr zum Tragen. Dieser Wert liegt bei den meisten Substanzen zwischen 25% und 35%. Bei Lindan und Heptachlor ist er mit ca. 20% deutlich niedriger. Bei Lindan beruht dieser niedrigere Wert vor allem auf der erheblich größeren Wasserlöslichkeit, die einen schwächeren Übertritt in die Atmosphäre sowie stärkere Auswaschung durch Regen bewirkt (Lindan hat die niedrigste Henry-Konstante aller betrachteten Stoffe). Heptachlor hat ebenfalls eine relativ niedrige Henry-Konstante, und zudem ist seine Abbaurate in Wasser deutlich größer als bei den anderen Stoffen.

Bezug zur Realität

Was besagen diese Resultate im Hinblick auf die Realität? Für diese Frage ist der ausführlich belegte empirische Befund maßgeblich, daß sich viele halbflüchtige CKW in den letzten Jahrzehnten weltweit verteilt haben (Lewis u. Lee 1976; Tatsukawa *et al.* 1990; Kurtz u. Atlas 1990; Atlas u. Schauffler 1990; Puri *et al.* 1990; Knap u. Binkley 1991, S. 1508; Howard *et al.* 1991, Bd. III, S. 94, S. 269; Ballschmiter u. Wittlinger 1991; Wania u. Mackay 1993).

Diese weiträumige Verteilung der CKW ist in Form von Konzentrationsmeßwerten $c(x, t)$ für Ozeanwasser und Luft dokumentiert. Die gemessenen Werte spiegeln eine langjährige Abfolge von Emissionen aus räumlich gestreuten Quellen wider, und sie liefern daher keine direkten Vergleichswerte für die hier berechnete räumliche Reichweite einer Punktquelle. Dennoch zeigen die Meßwerte, daß halbflüchtige CKW sich in der Realität weiträumiger verteilen als kurzlebige Substanzen wie die hier verwendete Referenzsubstanz für niedrige Reichweiten, 1-Butanol. Da die räumliche Reichweite von 1-Butanol im Modell $R_{\mathrm{g}} \approx 10\%$ beträgt, wird hier die Bezeichnung „weiträumige Verteilung" für Werte von $R \geq 20\%$ verwendet. (Dieser Wert $R = 20\%$ bildet keine absolute Unterscheidung zwischen niedrigen und hohen Reichweiten, sondern ist spezifisch für das hier verwendete Modell gewählt.)

---

7. „Partikel-adsorbierte Verbindungen haben sowohl aufgrund der trockenen und nassen Deposition in der Atmosphäre als auch aufgrund der Sedimentation in der Hydrosphäre und der Bioinkorporation als Nahrung in der Biosphäre deutlich geringere Reichweiten als Verbindungen, die molekular verteilt in Luft oder gelöst in Wasser transportiert werden." (Ballschmiter 1992, S. 512) Dies gilt jedoch nur unter der Voraussetzung, daß die Stabilität von gasförmigem und partikeladsorbiertem Anteil annähernd gleich ist. Dies ist nur bei Fall 2, nicht jedoch bei Fall 1 gegeben.

7.4 Halbflüchtige Chlorkohlenwasserstoffe: Persistent Organic Pollutants

Nachdem in dieser Weise definiert ist, was im Rahmen des Modells unter „weiträumigem Transport" zu verstehen ist, wird nun untersucht, unter welchen Bedingungen die räumliche Reichweite der halbflüchtigen CKW 20% und mehr beträgt. Dazu werden die Stoffe in einem zweidimensionalen Diagramm mit je einer Achse für Persistenz und Reichweite eingeordnet (Abb. 7.9).

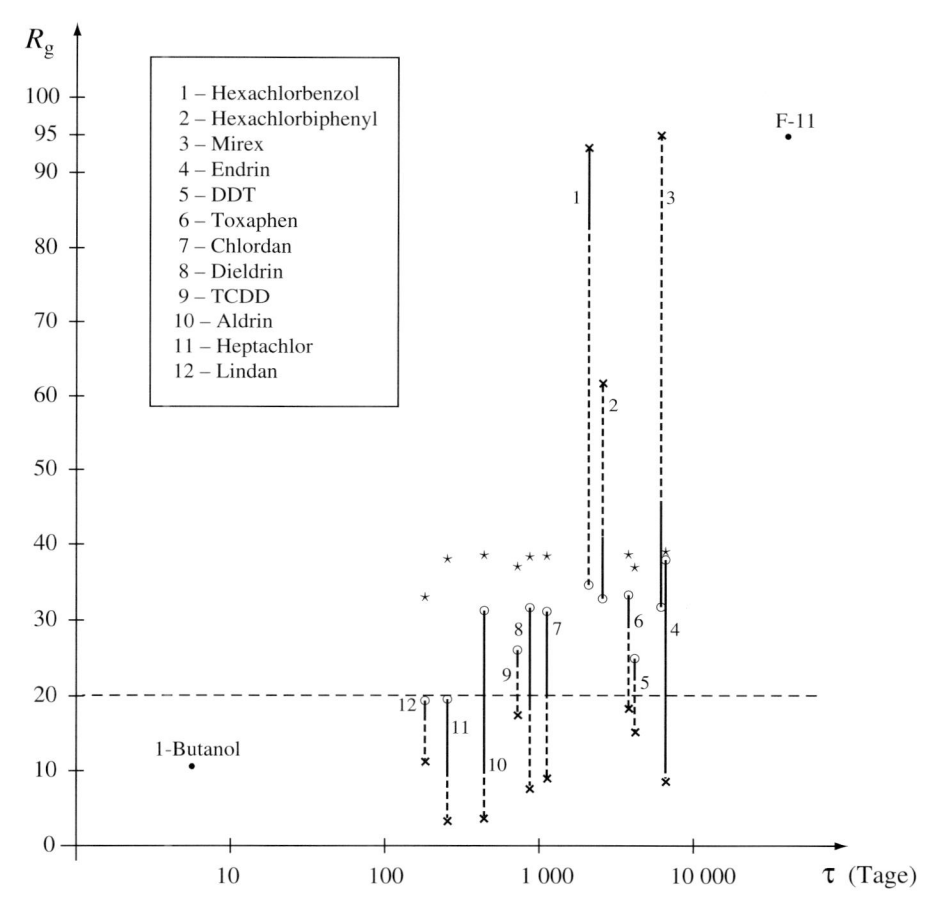

Abbildung 7.9: Persistenz τ (in Tagen) und räumliche Reichweite R_g (in % des Erdumfangs) der halbflüchtigen CKW. Die Linien stellen die Intervalle dar, die sich für R_g ergeben, wenn Φ über das Intervall $[0, 1]$ variiert wird. Gestrichelt sind bei Mirex und 6-CB die Bereiche $\Phi < 0.5$, bei HCB der Bereich $\Phi > 0.1$, bei allen anderen Stoffen (Nr. 4–12) der Bereich $\Phi < 0.9$. $\star$ bezeichnet bei den Stoffen 4–12 den Wert $R_g^{\Phi=0}$, der sich bei einer verminderten atmosphärischen Abbaurate $\kappa_g' = 3 \cdot 10^{-7}\,\text{s}^{-1}$ ergibt. Vgl. die Ausführungen im Text.

Auf der horizontalen Achse sind die Werte für τ in Tagen auf einer logarithmischen Skala aufgetragen, und auf der vertikalen Achse ist die atmosphärische Reichweite R_g in % des Erdumfangs dargestellt. Die beiden Referenzsubstanzen

1-Butanol und F-11 sind mit den Werten aus Tab. 7.3 am unteren und oberen Ende der Skalen für Persistenz und Reichweite eingetragen.

Für τ sind die Intervalle, die bei den halbflüchtigen CKW durch Variation von Φ entstehen, durch das arithmetische Mittel der Werte für $\Phi = 0$ und für $\Phi = 1$ (s. Tab. 7.5) repräsentiert. Für R sind diese Intervalle durch die Linien zwischen den Punkten $R_g^{\Phi=0}$ ($\times$) und $R_g^{\Phi=1}$ ($\circ$) wiedergegeben. Die untere Grenze für weiträumigen Transport ist bei $R_g = 20\%$ durch die gestrichelte Linie markiert.

An diesem Diagramm läßt sich erkennen:

1. Die Reichweiten von Hexachlorbenzol, Hexachlorobiphenyl und Mirex liegen in den Intervallen [36%, 93%] (HCB), [34%, 62%] (6-CB) und [33%, 95%] (Mirex) und somit generell über 20%. Das Modell reproduziert somit für diese Substanzen den empirisch festgestellten weiträumigen Transport unabhängig vom Wert von Φ.

   Bei HCB sind aufgrund seines relativ hohen Dampfdrucks von ca. $2.5 \cdot 10^{-3}$ Pa niedrige Werte für Φ und damit eher hohe Werte für R anzunehmen. Dies ist mit der durchgezogenen Linie in Abb. 7.9 dargestellt, die dem Bereich $\Phi < 0.1$ entspricht.

   Bei 6-CB und Mirex hingegen sind wegen des niedrigeren Dampfdrucks von ca. $1 \cdot 10^{-4}$ Pa höhere Werte für Φ anzunehmen. Daher sind eher die niedrigeren Reichweiten R_g in den graphisch dargestellten Intervallen plausibel (dargestellt durch die durchgezogenen Linien in Abb. 7.9, die dem Bereich $\Phi > 0.5$ entsprechen).

2. Die Reichweiten von Aldrin, Chlordan, Dieldrin etc. (Stoffe 4–12 in Abb. 7.9) liegen – je nach dem Wert von Φ und damit von κ_g^{eff} – z. T. deutlich unter 20%. Damit das Modell auch bei diesen Substanzen den empirisch festgestellten weiträumigen Transport reproduziert, darf der atmosphärische Abbau nicht zu stark sein. Dies bedeutet beim hier verwendeten Ansatz $\kappa_g^{\text{eff}} = (1-\Phi) \cdot \kappa_g^{\text{OH}}$, daß der Parameter κ_g^{OH} durch hohe Werte des Parameters Φ kompensiert werden muß. Inwieweit ist diese Annahme auch in der Realität plausibel?

   Wie auf S. 122 ausgeführt, ist die Partikeladsorption in der Realität ein Faktor, der den atmosphärischen Abbau stark einschränken kann.[8] Hohe Werte von $\Phi > 0.9$ (dann ist κ_g^{eff} um eine Größenordnung niedriger als κ_g^{OH}) haben somit einen realistischen Hintergrund. Damit können vor allem die räumlichen Reichweiten, die für die Stoffe 4–12 bei $\Phi > 0.9$ erhalten werden, als plausible Modellresultate gelten (durchgezogene Linien in Abb. 7.9).

---

8. "It is possible that the association of chemicals with particles may substantially extend their lifetimes over those expected for the same substance in the gas phase." (Bidleman et al. 1990, S. 288)

   "The detection of chlordane in remote atmospheres (Pacific and Atlantic Oceans; the Arctic) indicates that long range transport occurs. It has been estimated that 96% of the airborne reservoir of chlordane exists in the sorbed state which may explain why its long range transport is possible without chemical transformation." (Howard 1991, Bd. III, S. 92)

7.4 Halbflüchtige Chlorkohlenwasserstoffe: Persistent Organic Pollutants

Allerdings sind in der Realität bei Substanzen mit vergleichsweise hohem Dampfdruck und schwacher Partikeladsorption (das sind hier Lindan und Aldrin mit einem Dampfdruck über $5 \cdot 10^{-3}$ Pa) auch andere Faktoren als allein die Partikeladsorption für die Verringerung des atmosphärischen Abbaus verantwortlich. Dies kann z. B. die Temperatur sein, die neben der Partikeladsorption auch Dampfdruck und Henry-Konstante sowie die Kinetik der Abbaureaktionen beeinflußt (Wania u. Mackay 1993a, S. 14f.).

Wie solche Faktoren die atmosphärischen Abbauraten im einzelnen beeinflussen, ist jedoch nur unzureichend bekannt.[9] Im Modell ist es als Alternative zum Ansatz $\kappa_g^{\text{eff}} = (1-\Phi) \cdot \kappa_g^{\text{OH}}$ ebenfalls plausibel, für die atmosphärische Abbaurate einen frei wählbaren Parameter κ_g' zu verwenden, der – unabhängig vom Wert von Φ – deutlich niedrigere Werte als κ_g^{OH} annehmen kann. Annahmen hinsichtlich des Werts von Φ sind dann zur Erklärung bzw. Reproduktion des weiträumigen Transports nicht erforderlich.

Als Maximalwert für diese Abbaurate κ_g' kann die zu hoch liegende Abbaurate κ_g^{OH} gelten. Dieser Maximalwert führt bei $\Phi = 0$ zur räumlichen Reichweite $R_g^{\Phi=0}$, die bei Aldrin etc. in Abb. 7.9 das untere Ende der gestrichelten Linien bildet. Wenn man κ_g' dann kontinuierlich verringert, nimmt dieser Eckwert $R_g^{\Phi=0}$ kontinuierlich zu. Bei $\kappa_g' \approx 5 \cdot 10^{-7}$ s^{-1} ist er bis auf ca. 30% angestiegen, bei noch kleineren Werten liegt er – wie bei HCB, 6-CB und Mirex – *höher* als der zweite Eckwert $R_g^{\Phi=1}$. (Dieser zweite Eckwert $R_g^{\Phi=1}$ ist von der atmosphärischen Abbaurate unabhängig und bleibt daher bei Variation von κ_g' konstant.) In Abb. 7.9 ist der Wert $R_g^{\Phi=0}$ für eine Abbaurate $\kappa_g' = 3 \cdot 10^{-7}$ s^{-1} mit „$\star$" markiert; zum Vergleich: κ_g^{OH} von 6-CB beträgt ca. $1 \cdot 10^{-7}$ s^{-1}. Unter diesen Bedingungen zeigen auch Aldrin, Chlordan, Dieldrin etc. bei Variation von Φ eine *abnehmende* räumliche Reichweite mit Werten, die generell über 20% liegen.

Als Resultat aus diesen Überlegungen läßt sich festhalten, daß κ_g^{OH} bei halbflüchtigen Substanzen wie den hier betrachteten CKW keine geeignete Abschätzung für die tatsächlich wirksamen atmosphärischen Abbauraten ist. Diese Abbauraten liegen in der Realität vermutlich deutlich tiefer als die Werte von κ_g^{OH}. Im Hinblick auf die POPs-Debatte ist zu betonen, daß κ_g^{OH} mit Sicherheit nicht als Kriterium für weiträumigen Transport geeignet ist. Man vergleiche dazu auch SE-TAC (1999).

---

9. „*Fate of dieldrin in the atmosphere is unknown* but monitoring data has demonstrated that it can be carried long distances." (Howard et al. 1991, Bd. III, S. 268, Hervorhebung MS) Vgl. auch die widersprüchlichen Angaben zur troposphärischen Abbaurate von Lindan: „In the atmosphere, vapor phase reactions with photochemically produced hydroxyl radicals may be an *important fate process.*" mit einer Angabe von nur 2.3 Tagen für die atmosphärische Halbwertszeit einerseits (Howard 1991, Bd. III, S. 453) und „The global environmental fate (...) of chemically stable semivolatile organohalogens, *which react little or not at all* with OH, O_3 or H_2O, [e.g. 1,2,3,4,5,6-hexachlorocyclohexanes, (...)], depends mainly on their mobility in the different environmental compartments" andererseits (Ballschmiter u. Wittlinger 1991, S. 1103) (Hervorhebungen MS).

7.5 Stoffvergleich mittels Persistenz und Reichweite

7.5.1 Graphische Darstellung der Modellresultate

Zusätzlich zu den halbflüchtigen CKW werden nun einige Lösungsmittel und Basischemikalien betrachtet: neben F-11 drei weitere FCKW und HFCKW; die chlorierten Lösungsmittel Tetrachlorkohlenstoff (Tetra) und Perchlorethylen (Per); Oktan, Nonan und Decan als eine Reihe von Alkanen; Benzol und verschiedene Chlorbenzole sowie Cyclohexan, Dioxan, Aceton und Methyl-tertiär-Butylether (MBTE). Die stoffspezifischen Eingabedaten sind in Tab. 7.6 zusammengestellt.

Tabelle 7.6: Abbauraten und Gleichgewichtskonstanten verschiedener Lösungsmittel und Basischemikalien (Howard 1991, Howard et al. 1991).

Substanz	κ_s (s^{-1})	κ_l (s^{-1})	κ_g (s^{-1})	log K_{ow}	K_H (Pa m^3/mol)
F-21 (CHCl$_2$F)	$2.93 \cdot 10^{-8}$	$2.93 \cdot 10^{-8}$	$1.10 \cdot 10^{-8}$	1.55	$2.53 \cdot 10^3$
F-22 (CHClF$_2$)	$2.93 \cdot 10^{-8}$	$2.93 \cdot 10^{-8}$	$1.55 \cdot 10^{-9}$	1.08	$2.98 \cdot 10^3$
F-142 b (CH$_3$CClF$_2$)^a	$2.93 \cdot 10^{-8}$	$2.93 \cdot 10^{-8}$	$1.40 \cdot 10^{-9}$	1.60	$2.42 \cdot 10^4$
Tetra	$2.93 \cdot 10^{-8}$	$2.93 \cdot 10^{-8}$	$2.19 \cdot 10^{-9}$	2.83	$3.08 \cdot 10^3$
Per	$2.93 \cdot 10^{-8}$	$2.93 \cdot 10^{-8}$	$9.11 \cdot 10^{-8}$	3.40	$1.51 \cdot 10^3$
Chlorbenzol	$7.36 \cdot 10^{-8}$	$7.36 \cdot 10^{-8}$	$4.80 \cdot 10^{-7}$	2.84	$3.49 \cdot 10^2$
1,4-Dichlorbenzol	$7.71 \cdot 10^{-8}$	$7.71 \cdot 10^{-8}$	$1.75 \cdot 10^{-7}$	3.52	$1.52 \cdot 10^2$
1,2,4-Trichlorbenzol	$7.71 \cdot 10^{-8}$	$7.71 \cdot 10^{-8}$	$2.73 \cdot 10^{-7}$	4.02	$1.44 \cdot 10^2$
4-Chlortoluol	$7.71 \cdot 10^{-8}$	$7.71 \cdot 10^{-8}$	$9.55 \cdot 10^{-7}$	3.33	$4.12 \cdot 10^2$
Dioxan	$7.71 \cdot 10^{-8}$	$7.71 \cdot 10^{-8}$	$4.32 \cdot 10^{-6}$	-0.27	$4.94 \cdot 10^{-1}$
Cyclohexan	$7.71 \cdot 10^{-8}$	$7.71 \cdot 10^{-8}$	$4.03 \cdot 10^{-6}$	3.44	$1.95 \cdot 10^4$
Benzol	$7.64 \cdot 10^{-7}$	$7.64 \cdot 10^{-7}$	$6.99 \cdot 10^{-7}$	2.13	$5.50 \cdot 10^2$
Aceton	$2.00 \cdot 10^{-6}$	$2.00 \cdot 10^{-6}$	$1.25 \cdot 10^{-7}$	-0.24	$3.72 \cdot 10^0$
MTBE	$7.71 \cdot 10^{-8}$	$7.71 \cdot 10^{-8}$	$1.32 \cdot 10^{-6}$	1.24	$5.95 \cdot 10^1$
Oktan	$6.69 \cdot 10^{-8}$	$6.69 \cdot 10^{-8}$	$4.36 \cdot 10^{-6}$	5.18	$3.25 \cdot 10^5$
Nonan	$6.69 \cdot 10^{-8}$	$6.69 \cdot 10^{-8}$	$5.35 \cdot 10^{-6}$	5.46	$6.24 \cdot 10^5$
Decan	$6.69 \cdot 10^{-9}$	$6.69 \cdot 10^{-9}$	$5.73 \cdot 10^{-6}$	5.98	$5.22 \cdot 10^5$

a. Abbaurate κ_g nach Nimitz u. Skaggs (1992).

Wie bei den halbflüchtigen CKW wird eine stoßförmige Emission in den Boden betrachtet, und Persistenz und atmosphärische Reichweite werden aus den Expositionswerten berechnet und in das R-τ-Diagramm eingetragen (Abb. 7.10). Da alle diese Stoffe nicht an Aerosolpartikel adsorbieren, ergeben sich keine Intervalle wie bei den halbflüchtigen CKW, sondern einzelne Zahlenwerte, die in Abb. 7.10 mit Punkten dargestellt sind. F-11, 1-Butanol und die halbflüchtigen CKW sind zum Vergleich ebenfalls wiedergegeben.

Zu den Resultaten für die einzelnen Substanzgruppen:

- *Halogenierte Lösungsmittel:* Für alle halogenierten Lösungsmittel wird die Persistenz durch die atmosphärische Abbaurate bestimmt: $\tau \approx 1/\kappa_g$. Bei F-11, F-21, F-22, F-142 b und Tetra beträgt R_g 95%, bei Per ist $R_g = 68.5\%$. Die hohen Werte stimmen mit der gleichförmigen globalen Verteilung von Tetrachlor-

7.5 Stoffvergleich mittels Persistenz und Reichweite

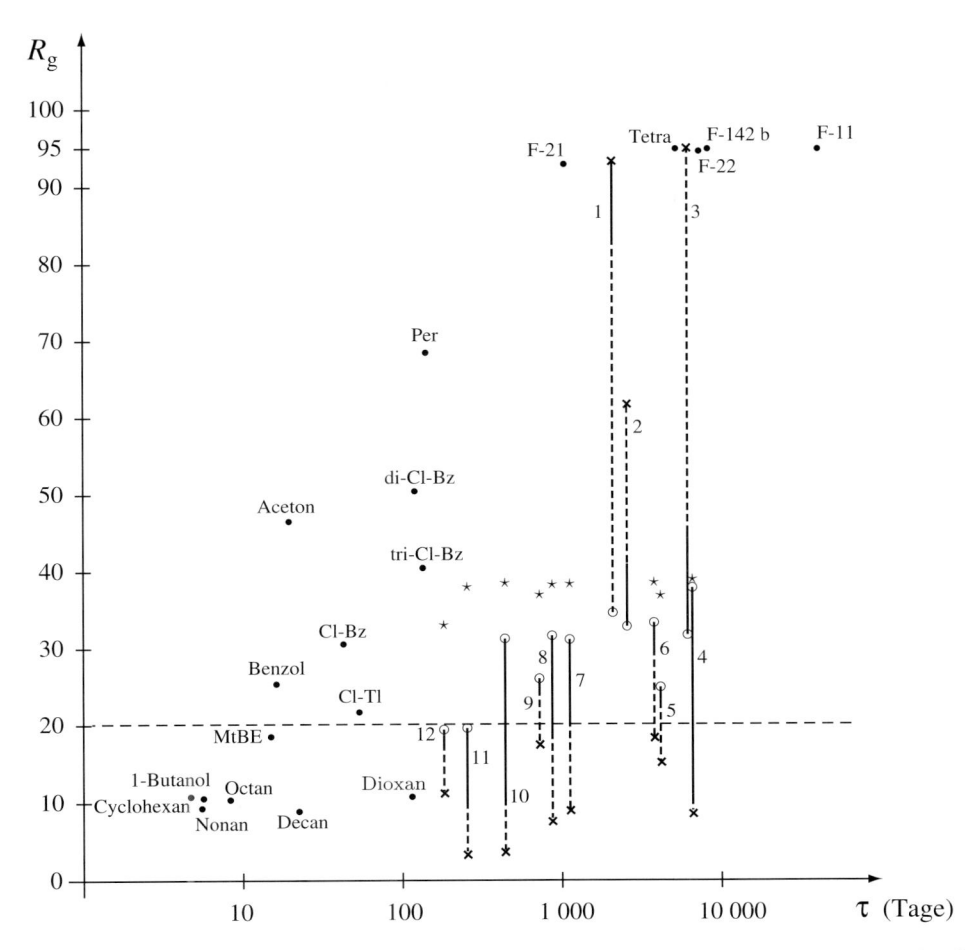

Abbildung 7.10: Persistenz τ und atmosphärische räumliche Reichweite R_g verschiedener Stoffe im Vergleich. Die Abkürzungen bedeuten: F-21: $CHCl_2F$, F-22: $CHClF_2$, F-142 b: CH_3-CClF_2, Per: Perchlorethylen, Tetra: Tetrachlorkohlenstoff, Cl-Bz: Chlorbenzol, Di-Clbz: 1,4-Dichlorbenzol, Tri-Cl-Bz: 1,2,4-Trichlorbenzol, Cl-Tl: 4-Chlortoluol, MBTE: Methyl-tertiär-Butylether. Der Maximalwert der räumlichen Reichweite beträgt 95%, und wie in Abb. 7.9 ist die Untergrenze für weiträumigen Transport bei $R_g = 20\%$ eingezeichnet.

kohlenstoff und den FCKW und HFCKW überein, die experimentell festgestellt wurde. Die niedrigere Reichweite von Per korrespondiert mit der Beobachtung, daß die Konzentration von Per in der südlichen Hemisphäre ca. um einen Faktor 0.1 niedriger liegt als in der nördlichen Hemisphäre (Wiedmann *et al.* 1994). Die reale Verteilung von Per ähnelt damit der Test-Verteilung e_3 auf S. 94, für die sich dort eine Reichweite von $R = 73\%$ ergeben hat. Dieser Wert stimmt weitgehend mit dem Wert überein, der sich nun im Ringmodell für Per ergeben hat.

- *Chlorierte Benzole:* R_g und τ sind bei allen drei Chlorbenzolen höher als bei Benzol, vor allem aufgrund der durchgängig niedrigeren Werte für κ_s, κ_l und κ_g.

  Chlortoluol hingegen hat einen höheren Wert für κ_g als Benzol und dadurch eine niedrigere räumliche Reichweite als Benzol. Aufgrund der tieferen Henry-Konstante und des höheren K_{ow} wird die Persistenz τ stärker als bei Benzol durch die – tieferen – Werte für κ_s und κ_l bestimmt; τ ist daher mit 54 Tagen höher als bei Benzol (16 Tage).

- *Nichthalogenierte Lösungsmittel:* Benzol und Aceton, deren atmosphärische Abbaurate κ_g unter $1 \cdot 10^{-6}\,\mathrm{s}^{-1}$ liegt, besitzen relativ hohe Reichweiten von 25% und 50%. Auch dies steht in Übereinstimmung mit Schätzungen aus der Literatur.[10] Die übrigen Substanzen haben wie die Testsubstanz 1-Butanol niedrige räumliche Reichweiten.

  τ liegt bei allen Substanzen außer bei Dioxan (114 d) unter 20 d. Markant ist der Einfluß der Wasserlöslichkeit bzw. der Henry-Konstanten auf die Persistenzen von Dioxan und Cyclohexan, deren Abbauraten κ_s, κ_l und κ_g nahezu identisch sind; s. Tab. 7.6: τ beträgt bei Dioxan 114 Tage und bei Cyclohexan 4.63 Tage, wohingegen die räumlichen Reichweiten beider Substanzen weitgehend gleich sind.

Generell läßt sich festhalten, daß für genügend langlebige Substanzen wie die FCKW eine globale Verteilung beobachtet wird. Aber auch die halbflüchtigen CKW mit einer Reichweite von $R_g \approx 30\%$, deren Expositionsverteilung keine globale Gleichverteilung ist, haben im Modell an „weit entfernten Orten", d. h. in den Ortsabschnitten um $j = n/2+1$, die den Antipoden zur Quelle $j = 1$ bilden, von Null verschiedene Expositionswerte. Dies läßt sich mit dem Verhältnis aus der Exposition am Antipoden des Freisetzungsorts ($e_{n/2+1}$) und der Exposition am Freisetzungsort (e_1) illustrieren:

Bei einer Reichweite von $R_g = 20\%$, wie sie bei Chlordan mit $\Phi = 0.9$ auftritt, hat dieses Verhältnis $e_{n/2+1}/e_1$ den Wert $1 \cdot 10^{-6}$, bei einer Reichweite von $R_g = 36\%$ (Hexachlorbiphenyl mit $\Phi = 0.9$) beträgt es $4 \cdot 10^{-4}$; bei CCl_3F beträgt es 0.97 und bei 1-Butanol 0.

Weiterhin zeigt das Diagramm, daß neben den offensichtlichen Fällen „hohe Persistenz, hohe Reichweite" und „niedrige Persistenz, niedrige Reichweite" auch die anderen beiden Fälle möglich sind: Es gibt Stoffe mit hoher Persistenz und niedriger Reichweite wie z. B. Dioxan, und auch der vierte Fall, Stoffe mit relativ niedriger Persistenz und hoher Reichweite, tritt auf: Per, Benzol und Aceton haben so nied-

---

10. "In the atmosphere, acetone will be lost by photolysis and reaction with photochemically produced hydroxyl radicals. Half-life estimates from these combined processes are 79 and 13 days in January and June, respectively, for an overall annual average of 22 days. Therefore considerable dispersion should occur." (Howard 1991, Bd. II, S. 11) "Benzene is probably widely distributed through the atmosphere and it appears that residues are to be detected in air and water." (Mackay *et al.* 1985, S. 367)

rige atmosphärische Abbauraten und eine so hohe Flüchtigkeit (Henry-Konstante), daß sie für den atmosphärischen Transport zur Verfügung stehen. Insgesamt sind Persistenz und Reichweite zwar miteinander korreliert, sie können jedoch nicht eindeutig aufeinander abgebildet werden.

7.5.2 Aussagekraft der Resultate

Die Genauigkeit der Resultate für R und τ wird von der Genauigkeit der verschiedenen Modellparameter bestimmt. Bei τ sind dies vor allem die Abbauraten κ_i und die Parameter u_{ik}, die den Übertritt zwischen den verschiedenen Kompartimenten beschreiben: τ liegt immer im Intervall $[1/\kappa_{\max}, 1/\kappa_{\min}]$ und ist somit im wesentlichen umgekehrt proportional zu den κ_i. Je stärker jedoch die Abbauraten κ_i differieren, desto stärker ist der Einfluß der Übertrittsparameter u_{ik} auf τ.

Bei R kommt zudem noch der Einfluß der Diffusionskoeffizienten D_l und D_g hinzu. Da diese Parameter jedoch nur mit einer vergleichsweise geringen Unsicherheit von ca. 100% behaftet sind, wird auch die Unsicherheit von R durch die größere Unsicherheit der u_{ik} und κ_i bestimmt, denn diese Parameter beeinflussen, wie stark Boden und Wasser an den atmosphärischen Transport angekoppelt sind und welches Gewicht der Transport gegenüber dem Abbau besitzt.

Bei kurzreichweitigen Substanzen ($R_g < 15\%$) kommt, wie bereits beim Test des Modells in Abschnitt 7.3.2 diskutiert, zum Tragen, daß das Modell keine kurzreichweitigen Transportprozesse beschreibt. Dies bedeutet hier, daß die Reichweiten für sehr kurzlebige und zugleich flüchtige Substanzen (Cyclohexan, 1-Butanol und die Alkane) unrealistisch hoch liegen. Es ist zu vermuten, daß wenig flüchtige Substanzen wie Heptachlor oder Lindan, die hohe Persistenzen von über 100 Tagen besitzen, und kurzlebige flüchtige Substanzen wie 1-Butanol sich stärker in R unterscheiden, wenn eine höhere räumliche Auflösung zugrundegelegt und auch kurzreichweitiger Transport modelliert wird. Die Differenzierung zwischen kurzlebigen, flüchtigen Substanzen wie Cyclohexan einerseits und persistenten, wenig flüchtigen Substanzen wie Lindan andererseits, die hier nur auf die Werte von τ gestützt werden kann, könnte dann mit Hilfe genauerer Werte für R verbessert werden.

Die größte Unsicherheit in der Klassifizierung resultiert aus den Unsicherheiten in den atmosphärischen Abbauraten κ_g und den Geschwindigkeitskonstanten für den Übertritt aus Boden und Wasser in die Atmosphäre. Für eine Verbesserung der Klassifizierung ist somit vor allem eine genauere Kenntnis dieser Parameter und ihrer Variabilität erforderlich. Dies gilt vor allem für die halbflüchtigen CKW, für die insbesondere der Einfluß der Partikeladsorption auf Abbauraten und Phasenübertrittskonstanten nur sehr ungenau bekannt ist, und in weniger starkem Maße auch für die übrigen Substanzen.

Es muß betont werden, daß alle Werte für Persistenz und Reichweite als modellabhängige Resultate zu verstehen sind, die nicht direkt auf die Realität übertragen werden können. Erstens hängt die Qualität der Resultate wesentlich von der Genauigkeit der Stoffparameter ab. Zudem sind im Modell auch die räumliche und zeitliche Variabilität der Basisprozesse – Abbau, Übertritt zwischen den Kompartimenten, Transport –, der Einfluß der Temperatur und viele andere Faktoren ausgeblendet. Diese Modellannahmen beschränken die Aussagekraft des Modells unabhängig von der Datenqualität.

Dennoch zeigt der Vergleich mit dem in der Umwelt beobachteten Verhalten von FCKW, HFCKW, Per, Benzol, Aceton und den POPs, daß die Persistenz und Reichweite dieser Stoffe mit dem Modell abgeschätzt werden können. Was das Modell damit ermöglicht, ist ein Stoffvergleich unter konsistenten und plausiblen Bedingungen. Es stellt somit ein Instrument zur relativen Einstufung von Chemikalien dar (*Ranking*, *Scoring*). Eine solche Einstufung von Umweltchemikalien nach ausgewählten Leitgrößen wie Persistenz und Reichweite ist gerade wegen der Unsicherheit in einzelnen Aspekten ein wesentliches Instrument der Chemikalienbewertung.[11] Auf einem SETAC-Workshop zum Thema *Chemical Ranking and Scoring: Guidelines for Relative Assessments of Chemicals* wurde als Hauptzweck solcher Einstufungssysteme genannt, daß sie die Aufbereitung und Vermittlung zahlreicher Einzelbefunde unterstützen und Informationen für Management und Entscheidungsfindung bereitstellen sollen (Swanson u. Socha 1997, S. 1ff.) – diesem Zweck soll auch das hier entwickelte System dienen.

Ein wichtiger Punkt ist dabei, daß die Indikatoren, nach denen verschiedene Chemikalien klassifiziert werden, transparent sind. Eine Stoffeinstufung ist dann wenig oder gar nicht transparent, wenn mehrere verschiedene Indikatoren (z. B. LC_{50}, Bioakkumulationspotential, Halbwertszeiten) zu einem einzigen Wert verrechnet werden, weil dabei das Resultat erstens nicht mehr in die einzelnen Beiträge aufgeschlüsselt werden kann und zweitens nicht nur vom Wert der einfließenden Größen, sondern auch von der – meistens willkürlich gewählten – Verrechnungsmethode abhängt. Aus diesem Grund werden Persistenz und Reichweite hier nicht zu einem einheitlichen Wert, z. B. zum Produkt $R \cdot \tau$, zusammengezogen, sondern im zweidimensionalen R-τ-Diagramm dargestellt.

Bei Swanson u. Socha (1997, S. 31ff.) sind verschiedene *Ranking*-Systeme zusammengestellt, mit denen Expositionen charakterisiert werden können. Im einzelnen stützen sich diese Systeme auf Persistenz, Bioakkumulationspotential, Emissionsmengen oder Produktionsvolumen sowie Monitoringdaten zum Vorkommen in der Umwelt; das räumliche Verteilungsverhalten wird jedoch nicht einbezogen. Das hier vorgestellte System, dessen Quintessenz die Abbildungen 7.9 und 7.10 sind, ergänzt diese Systeme daher. Wie es in das derzeitige Verfahren zur Chemikalienbewertung eingefügt werden kann, wird im folgenden Kapitel in den Abschnitten 8.1 und 8.2 ausgeführt.

---

11. "For many organics, screening is undertaken for assessment purposes, or to check for compliance with assigned guidelines or recommended limits. No such values exist for organics. Consequently, organics screening is often used to rank chemicals in terms of their mobility, bioconcentration factors and so on. Such rankings put problems into perspective. For example, often the absolute number is unimportant, but the ranking of substances or pathways needs to be known for risk reduction." (Jones *et al.* 1991, S. 326)
   „Der Umweltrat hält die Entwicklung von Umweltindikatorensystemen als Instrument zur Beschreibung der Umweltsituation für notwendig, um die herrschende Flut von Umweltdaten zu relevanten, politisch umsetzbaren Informationen zu verdichten." (SRU 1994, S. 127)

7.6 Räumliche Reichweite bei mehreren Emittenten

Für Expositionsfelder, die sich aus den Beiträgen mehrerer Emittenten zusammensetzen, wurde in den Abschnitten 4.3 und 6.3.4 die kombinierte räumliche Reichweite eingeführt. Mit Hilfe dieser Größe lassen sich zwei Fälle unterscheiden: (1) Die kombinierte Reichweite resultiert überwiegend aus der Verteilung in der Umwelt, d. h. die kombinierte Reichweite R und die stoffbezogene Reichweite R_0 sind ungefähr gleich; (2) die kombinierte Reichweite R resultiert vor allem aus der Anordnung der Emittenten, während die stoffbezogene Reichweite R_0 klein ist.

Mit Hilfe des Ringmodells wird hier für eine Gruppe von gleichartigen Emittenten im konstanten Abstand $\delta = 5\%$ ermittelt, wie die kombinierte atmosphärische Reichweite R_g zunimmt, wenn die Anzahl der Emittenten (bezeichnet mit N) schrittweise von 1 auf 5 erhöht wird. Betrachtet werden F-11 (R_0 hoch), 1-Butanol (R_0 niedrig) und Chlorbenzol (R_0 im Zwischenbereich). Die atmosphärischen Expositionsverteilungen $\{e_{g,j}\}_{j=1,...,n}$ dieser drei Substanzen sind für den Fall mit fünf Emittenten in den Abbildungen 7.11 bis 7.13 dargestellt. Die räumlichen Reichweiten sind unverändert in % des Erdumfangs angegeben, und n, die Anzahl der Abschnitte auf dem Ring, hat ebenfalls unverändert den Wert 80.

Für alle drei Substanzen ist der Zusammenhang zwischen der Reichweite und der Ausdehnung des Gebiets, in dem die Emittenten liegen (bezeichnet mit D), in Abb. 7.14 dargestellt; die zugehörigen Zahlenwerte sind in Tab. 7.7 angegeben.

Tabelle 7.7: Kombinierte räumliche Reichweiten R_g von F-11, 1-Butanol und Chlorbenzol in Abhängigkeit von der Anzahl der Emittenten (N) und der Größe des Emissionsgebiets (D). D und R_g in % des Erdumfangs, $n = 80$, Emission in den Boden.

N	D	R_g (F-11)	R_g (1-But)	R_g (Clbz)
1	1	95.0	10.6	30.6
2	6	95.0	13.3	31.8
3	11	95.0	16.9	33.6
4	16	95.0	20.9	36.0
5	21	95.0	25.2	38.9

Es zeigt sich, daß die räumliche Reichweite unter der Modellannahme, daß die Abbau- und Transportmechanismen räumlich konstant sind, bei allen Substanzen weitgehend linear von der Größe des Expositionsgebiets abhängt. Der Ordinatenabschnitt entspricht der Reichweite eines einzelnen Emittenten und damit der stoffspezifischen Reichweite R_0. Damit die Steigungen besser verglichen werden können, wurde der Ordinatenabschnitt hier für die drei Substanzen annähernd gleich gewählt.

Bei 1-Butanol nimmt die Reichweite fast direkt proportional zur Anzahl der Emittenten zu (Steigung ca. 0.8), d. h. jeder weitere Emittent vergrößert die Reichweite um ca. 4% von L (Erdumfang). Bei Chlorbenzol beträgt die Zunahme nur ca. 2% von L (Steigung 0.4), und bei F-11 hat die Anzahl der Emittenten überhaupt keinen Einfluß auf R.

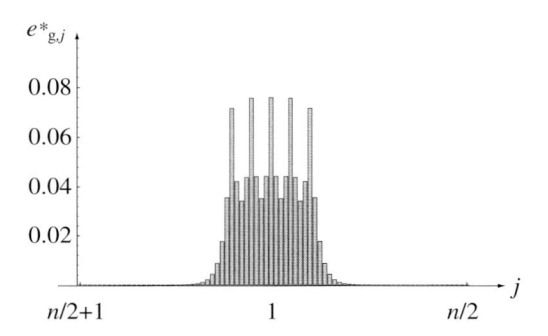

Abbildung 7.11: Atmosphärische Expositionsverteilung von 1-Butanol bei Emission aus fünf gleich starken, um jeweils $\delta = 5\%$ auseinanderliegenden Quellen. Der Schwerpunkt der Emittenten liegt bei $j = 1$, die kombinierte Reichweite beträgt $R_g = 25.2\%$, die stoffbezogene Reichweite beträgt $R_0 = 10.6\%$.

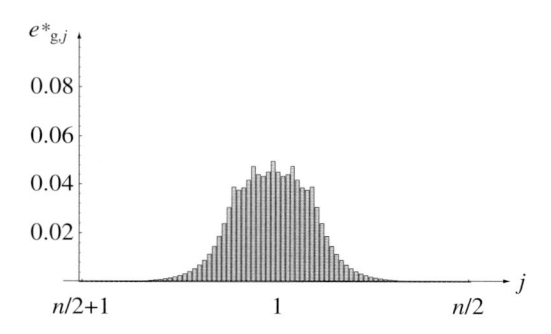

Abbildung 7.12: Atmosphärische Expositionsverteilung von Chlorbenzol bei Emission aus fünf gleich starken, um jeweils $\delta = 5\%$ auseinanderliegenden Quellen. Der Schwerpunkt der Emittenten liegt bei $j = 1$, die kombinierte Reichweite beträgt $R_g = 38.9\%$, die stoffbezogene Reichweite beträgt $R_0 = 30.6\%$.

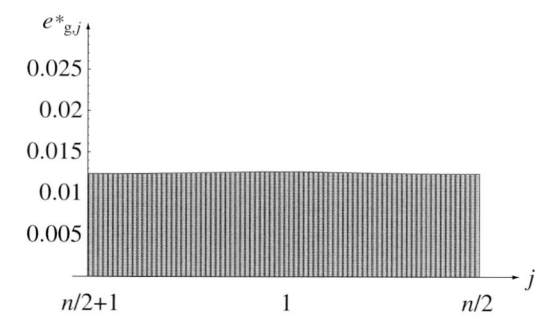

Abbildung 7.13: Atmosphärische Expositionsverteilung von F-11 bei Emission aus fünf gleich starken, um jeweils $\delta = 5\%$ auseinanderliegenden Quellen. Der Schwerpunkt der Emittenten liegt bei $j = 1$, die kombinierte Reichweite beträgt $R_g = 95\%$, die stoffbezogene Reichweite beträgt ebenfalls $R_0 = 95\%$.

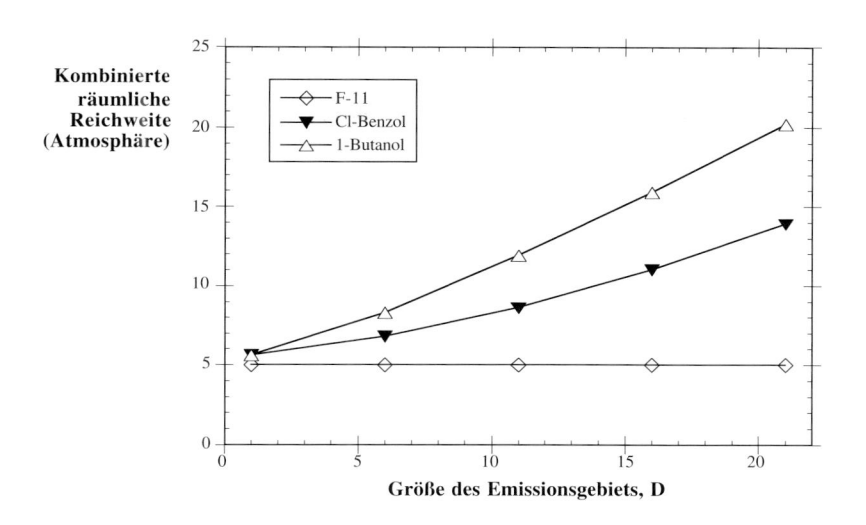

7.6 Räumliche Reichweite bei mehreren Emittenten

Abbildung 7.14: Räumliche Reichweiten R_g von 1-Butanol, Chlorbenzol und F-11 in Abhängigkeit von der Größe des Emissionsgebiets (D) (in % des Erdumfangs). Werte aus Tab. 7.7 für F-11 um 90%, für Chlorbenzol um 25% vermindert.

In der Realität treten diese drei idealisierten Fälle sowie zahlreiche weitere Expositionsmuster auf. Erheblichen Einfluß auf die realen Expositionsmuster hat auch der gezielte Transport von Stoffen *vor* ihrer Freisetzung in die Umwelt, der hier nur durch δ, den Abstand der Emittenten, widergespiegelt wird. Für viele Stoffe sind die Transportbewegungen im – immer stärker globalisierten – Markt so kompliziert, daß sich nicht ohne weiteres bestimmen läßt, wo und wann die Emissionen in die Umwelt stattfinden. Noch komplizierter wird das Expositionsmuster bei beweglichen Quellen wie z. B. Schiffen, aus deren Schutzanstrich Tributylzinn ins Meerwasser freigesetzt wird.[12]

Dies bedeutet, daß vor allem bei Stoffen mit nicht allzu hoher stoffbezogener Reichweite die gezielte Verteilung vor der Freisetzung verstärkt untersucht und bei der Beurteilung der Expositionen berücksichtigt werden sollte. Wie das Beispiel 1-Butanol zeigt, kann einerseits die *Höhe* der Exposition gesenkt werden, indem die emittierte Menge bei allen Emittenten gleichmäßig vermindert wird. Andererseits kann aber auch die *Größe* des Expositionfeldes beeinflußt werden, indem die Freisetzung nur bei einzelnen Emittenten vermindert wird. Dies führt auf die Frage, in welchen Fällen die flächendeckende Nutzung von Chemikalien eingeschränkt werden kann. Diese Frage läßt sich jedoch ohne eine Diskussion des Verwendungszwecks der Stoffe und der Verteilung des Nutzens (räumlich, zeitlich, auf verschiedene Bevölkerungsgruppen) nicht untersuchen; sie übersteigt daher den Rahmen dieser

---

12. Tributylzinn wird u. a. dazu eingesetzt, um Schiffsrümpfe von Pilzen, Mikroben, Schnecken und Muscheln freizuhalten. Es ist für Wasserorganismen stark toxisch und hat in vielen Häfen zu erheblichen Umweltproblemen geführt (Fent u. Hunn 1991, Fent u. Müller 1991).

Studie. Festhalten läßt sich im Hinblick auf das Umweltverhalten der Stoffe, daß zusammenhängende Expositionsfelder sich bei niedriger Persistenz und Reichweite am ehesten in einzelne Teilbereiche auflösen lassen, für die dann jeweils die am besten passenden Lösungen gesucht werden können.

Kapitel 8

Folgerungen für die Bewertung von Umweltchemikalien

In den vorangehenden Kapiteln wurde mit dem Reichweiten-Konzept ein neuer Ansatz zur Chemikalienbewertung dargestellt. Dieses Konzept wurde vor dem Hintergrund der bestehenden Verfahren zur Chemikalienbewertung entwickelt und soll als Ergänzung zu ihnen dienen. In den folgenden Abschnitten wird ausgeführt, wie sich das Reichweiten-Konzept mit den bestehenden Verfahren kombinieren läßt und welche Folgerungen sich für die Chemikalienbewertung ergeben.

8.1 Expositionsgestützte und wirkungsgestützte Chemikalienbewertung

8.1.1 Vorgehensweise

Zentral für das Reichweiten-Konzept ist die konsequente Unterscheidung zwischen Expositionen und Wirkungen, sowohl auf deskriptiver als auch auf normativer Seite. Um das Reichweiten-Konzept in Beziehung zum bisherigen Vorgehen bei der Chemikalienbewertung zu setzen, ist es daher sinnvoll, von dieser Unterscheidung auszugehen. Bei der Chemikalienbewertung, wie sie in Kapitel 2 geschildert wurde, werden Expositions- und Wirkungsanalyse zwar ebenfalls als zwei getrennte Teilschritte durchgeführt, danach werden aber die Konzentrationswerte, die sich aus der Expositionsanalyse ergeben, mit Schwellenwerten wie der *Predicted No Effect Concentration* (PNEC) verglichen. Diese Wirkungsschwellen sind es, die den entscheidungsrelevanten Bezugspunkt liefern. Die Exposition hingegen wird lediglich als kausale Vorbedingung für Wirkungen angesehen, nicht jedoch als eigenständiger Bewertungsgegenstand.

Im Gegensatz zu dieser Sichtweise wird im Reichweiten-Konzept die Stoffbewertung vollständig auf der Stufe der Exposition durchgeführt, d. h. die Untersuchung der physikalisch-chemischen Stoffeigenschaften und des Umweltverhaltens führt zu Endpunkten – Persistenz und Reichweite –, die auf der Ebene der Exposition liegen. Mit diesem Ansatz ist es nun möglich, die Chemikalienbewertung in eine *expositionsgestützte* und eine *wirkungsgestützte* Bewertung zu gliedern, wie es in Abb. 8.1 dargestellt ist.

Den drei Ebenen von Emission, Exposition und Wirkungen werden jeweils eigene Endpunkte zugeordnet: Die Freisetzungsmenge und das Freisetzungsmuster

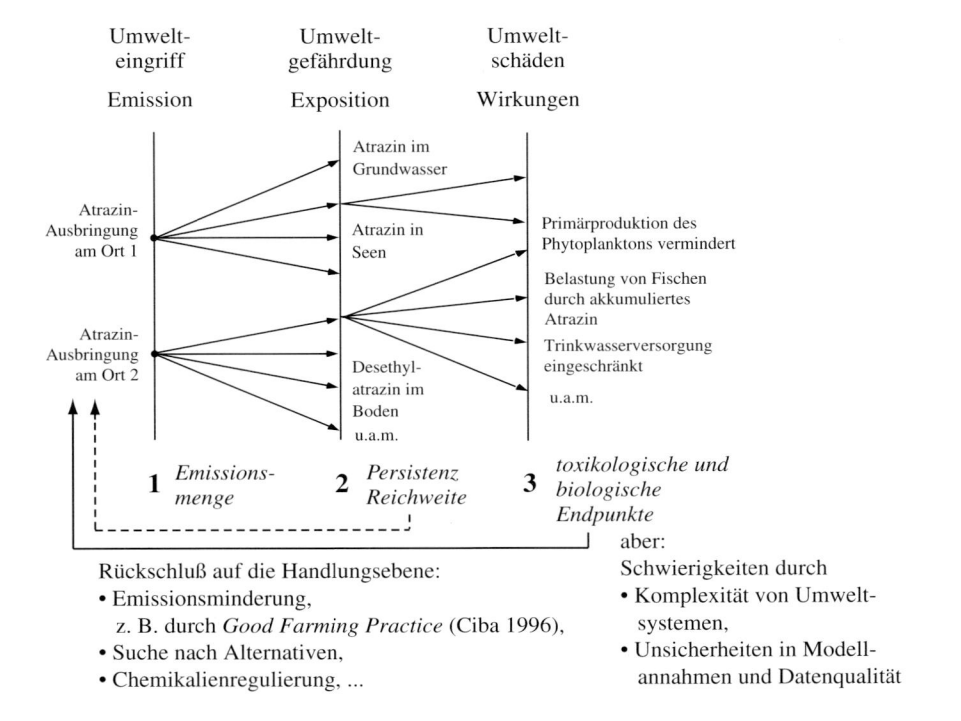

	Umwelt- eingriff	Umwelt- gefährdung	Umwelt- schäden
	Emission	Exposition	Wirkungen

```
                Atrazin im
                Grundwasser
Atrazin-                        Primärproduktion des
Ausbringung    Atrazin in       Phytoplanktons vermindert
am Ort 1       Seen
                                Belastung von Fischen
                                durch akkumuliertes
Atrazin-                        Atrazin
Ausbringung                     Trinkwasserversorgung
am Ort 2       Desethyl-        eingeschränkt
               atrazin im       u.a.m.
               Boden
               u.a.m.

   1  Emissions-   2  Persistenz   3  toxikologische und
      menge           Reichweite      biologische
                                     Endpunkte
```

Rückschluß auf die Handlungsebene:
- Emissionsminderung,
  z. B. durch *Good Farming Practice* (Ciba 1996),
- Suche nach Alternativen,
- Chemikalienregulierung, ...

aber:
Schwierigkeiten durch
- Komplexität von Umwelt-
  systemen,
- Unsicherheiten in Modell-
  annahmen und Datenqualität

Abbildung 8.1: Expositionsgestützte und wirkungsgestützte Chemikalienbewertung mit der Freisetzung des Herbizids Atrazin als Beispiel. Desethylatrazin ist ein Umwandlungsprodukt von Atrazin.

der Emission; Persistenz und Reichweite der Exposition; Toxizitätsendpunkte und ökologische Endpunkte den Wirkungen. Anhand dieser Endpunkte trägt jede der drei Ebenen in spezifischer Weise zur Chemikalienbewertung bei:

Die Emissionsmenge bestimmt die *Größenordnung* der Umwelteinwirkungen durch eine bestimmte Substanz. Bei Substanzen, die auch natürlich vorkommen wie z. B. Methylchlorid oder CO_2, setzt sie die anthropogene Umwelteinwirkung in Beziehung zum natürlichen Hintergrund. Unabhängig von Substanzeigenschaften wie Reichweite und Toxizität kann jede Substanz bei großen Emissionsmengen zu erheblichen Umweltbelastungen führen; es gibt reine Mengenprobleme durch „harmlose" Substanzen, z. B. durch Fäkalstoffe aus Intensivtierhaltung. Somit kann über die Emissionsmenge die Umweltwirksamkeit jeder Substanz direkt beeinflußt werden.

Die Emissionsmenge ist daher die erste „Stellgröße", mit der die Umweltbelastung durch anthropogene Chemikalien vermindert werden kann. Da jedoch viele Substanzen mit sehr unterschiedlichen Eigenschaften in unterschiedlichen Mengen freigesetzt werden, sind für die Entscheidung, bei welchen Substanzen die Reduktion der Emissionsmengen Priorität haben soll,[1] zusätzliche, substanzspezifische Kriterien notwendig. Dies sind bisher vor allem wirkungsgestützte Indikatoren, die im Rahmen von Toxikologie und Ökotoxikologie ermittelt werden. Aus dem Bild, das diese Indikatoren von den Umwelteffekten einer Substanz liefern, sollen Konsequenzen für die Handlungsebene gezogen werden, z. B. indem ein Stoff im Hinblick auf die bestehende Gesetzgebung zugelassen oder verboten wird, indem neue Leitlinien zur Stoffhandhabung entwickelt werden, oder indem ganz neue Stoffe entwickelt werden (ausgezogener Pfeil in Abb. 8.1, „klassische" wirkungsgestützte Bewertung).

Die Sprechweise von einer „expositionsgestützten" Bewertung besagt, daß zusätzlich auch expositionsgestützte Indikatoren wie R und τ herangezogen werden, wenn Leitlinien zur Stoffhandhabung aufgestellt werden sollen (gestrichelter Pfeil in Abb. 8.1; bisher nicht übliche Bewertung).

Diese beiden Bewertungsansätze und ihre jeweiligen Endpunkte werden in Tabelle 8.1 nach vier Kriterien miteinander verglichen:

1. *Normatives Leitbild:* um welche Schutzgüter geht es, und aus welchen Gründen sollen diese Schutzgüter geschützt werden?

2. *Mögliche Endpunkte:* welche naturwissenschaftlichen Meßgrößen werden zu diesem Zweck bestimmt?

3. *Deskriptiver Gegenstand:* welcher Sachverhalt wird von den Endpunkten abgebildet?

4. *Normativer Gegenstand:* in welchem Sinne ist der deskriptive Gegenstand normativ relevant? Welche Bewertung läßt sich an ihm festmachen?

Wirkungsgestützte Endpunkte beziehen sich auf den Wirkungsmechanismus, wie er im Organismus oder Umweltsystem abläuft, z. B. bei der Auslösung von Tumorwachstum oder beim stratosphärischen Ozonabbau. Sie sollen erfassen, ob und wie stark ein Stoff nach diesem Mechanismus wirkt. Das Ziel der Bewertung besteht darin, das Auftreten von Effekten, so weit sie sich mit toxikologischen und ökotoxikologischen Tests erfassen lassen, zu minimieren und so die Unversehrtheit von Organismen und Umweltsystemen so weit wie möglich zu gewährleisten. Zeitpunkt und Ort des Auftretens von Schäden werden nicht erfaßt, und ebensowenig wird eine Beziehung zur auslösenden Chemikalienemission hergestellt.

---

1. Die Zielsetzung, daß solche Formen der Chemikaliennutzung eingeschränkt werden sollten, die zu erheblichen Emissionen in die Umwelt führen, hat nichts mit Technologiefeindlichkeit oder ökologischem Fundamentalismus zu tun, sondern ist ein legitimes und auch rationales Element in der chemiepolitischen Diskussion. Aus dem Gebrauch chemischer Produkte wird nicht nur Nutzen gezogen, sondern zugleich werden auch andere Güter wie Umweltqualität und Verteilungsgerechtigkeit durch den Einsatz chemischer Produkte beeinträchtigt. Im Rahmen einer rationalen chemiepolitischen Entscheidungsfindung müssen Nutzengewinn und Beeinträchtigung anderer Güter gegeneinander abgewogen werden.

Tabelle 8.1: Expositionsgestützte und wirkungsgestützte Bewertung im Vergleich.

	Wirkungsgestützte Bewertung	Expositionsgestützte Bewertung
Normatives Leitbild	körperliche Integrität von Organismen; funktionale u. strukturelle Integrität von Ökosystemen	Vorsorgeprinzip; Verteilungsgerechtigkeit hinsichtlich Nutzen u. Nebenfolgen
Mögliche Endpunkte[a]	diverse Toxizitätsendpunkte, Ökosystemstreß, stratosphärischer Ozonabbau	Persistenz und Reichweite
Gegenstand, deskriptiv	Auswirkungen bei Organismen u. Ökosystemen; Wirkungsmechanismus	räumliche und zeitliche Verteilung von Umweltchemikalien
Gegenstand, normativ	Schäden	Gefährdungen

a. Zur Verwendung des Begriffs „Endpunkt" vgl. man z. B. Suter (1993b).

Expositionsgestützte Endpunkte wie R und τ beziehen sich demgegenüber auf die räumliche und zeitliche Verteilung von Chemikalien in der Umwelt. Sie sollen erfassen, wie stark ein Stoff zu einer räumlich und zeitlich ausgedehnten Exposition beiträgt, d. h. sie beziehen sich nicht auf den Mechanismus einer Chemikalienwirkung in der Umwelt, sondern auf das Ausmaß einer Chemikalienexposition.[2] Das Ziel der Bewertung besteht darin, mögliche Folgen solcher Expositionen zu vermeiden oder zumindest eine ausgeglichenere – gerechtere – Verteilung der Folgen zu erreichen. Zeitpunkt und Ort der Expositionen werden erfaßt und nach Möglichkeit in Beziehung zur auslösenden Emission gesetzt.

Diese beiden Typen von Endpunkten werden nun in einem zweistufigen Verfahren zur Chemikalienbewertung miteinander kombiniert. Dabei ist folgende Überlegung maßgeblich: Da die wirkungsgestützte Bewertung

- zeitlich und finanziell aufwendiger sowie
- methodisch komplizierter ist und zudem
- ungünstigenfalls zu spät zu positiven Befunden führt,

---

2. Das Ausmaß der Exposition wird einerseits von ihrer Dauer und räumlichen Ausdehnung und andererseits von der Höhe der einwirkenden Konzentration bestimmt. Die Konzentrationshöhe ist mit der Emissionsmenge korreliert (extensiver, d. h. zur Stoffmenge proportionaler Anteil der Kontamination); Dauer und räumliche Ausdehnung sind stoff- und umweltspezifische Aspekte, die von der Emissionsmenge unabhängig sind (intensiver Anteil der Kontamination) (Scheringer u. Berg 1994).

sollte sie nicht für alle Stoffe durchgeführt werden,[3] sondern nur für ausgewählte Chemikalien. Diese Vorauswahl kann mit Hilfe der expositionsgestützten Bewertung erfolgen: Die expositionsgestützte Bewertung identifiziert Stoffe mit hoher Reichweite und/oder Persistenz, d. h. mit problematischem Expositionsverhalten. Wenn solche Stoffe in der Umwelt zu Wirkungen führen, ist dies besonders schwerwiegend, weil die Wirkungen weiträumig und langfristig auftreten. Stoffe mit hoher Persistenz und Reichweite sollten also allein aufgrund dieser Eigenschaften nicht verwendet werden oder durch Alternativen mit niedrigerer Reichweite und Persistenz ersetzt werden (der Vergleich der Stoffe kann z. B. in einem Diagramm wie in Abb. 7.10 erfolgen).

Diese Leitlinie beruht auf dem von Persistenz und Reichweite aufgenommenen normativen Ziel, (1) Prävention und Fehlerfreundlichkeit (Weizsäcker u. Weizsäcker 1986) zu ermöglichen[4] sowie (2) die zeitliche und räumliche Verlagerung von Chemikalienexpositionen zu vermeiden. Dabei ist zu betonen, daß die expositionsgestützte Bewertung in keinem Fall zur Aussage führt, Stoffe mit niedriger Persistenz und Reichweite seien harmlos – das Wirkungspotential muß erst noch abgeschätzt werden.

Zu diesem Zweck bildet die wirkungsgestützte Bewertung den zweiten Schritt, in dem die Substanzen mit unproblematischem Expositionsverhalten auf ihre toxischen Eigenschaften hin untersucht werden. Ziel dieser Bewertung ist es, unter den kurzreichweitigen Stoffen diejenigen mit dem geringsten Potential für Wirkungen zu identifizieren.

Allerdings kann man bei diesem zweistufigen Vorgehen – natürlich – nicht damit rechnen, ausschließlich kurzlebige, nicht toxische und zugleich für die Anwendungszwecke gut geeignete Substanzen zu finden. Es kann schon bei der expositionsgestützten Bewertung Zielkonflikte zwischen der Dauerhaftigkeit für den Gebrauch und der Persistenz in der Umwelt geben, z. B. bei Farbstoffen. Weiterhin können Zielkonflikte zwischen niedriger Persistenz, Reichweite und Toxizität einer Substanz einerseits und hohem Energiebedarf bei ihrer Herstellung oder Verwendung andererseits auftreten, z. B. beim Einsatz von wäßrigen Lösungsmittel-Systemen (Wolf et al. 1991). Auch können manche Stoffe für gewisse Anwendungen unerläßlich sein, obwohl sie toxisch oder brennbar sind, und in solchen Fällen müssen Maßnahmen für genügenden Arbeitsschutz und lokalen Umweltschutz getroffen werden, die mit zusätzlichem Aufwand verbunden sind.

Das hier vorgeschlagene Bewertungsverfahren ist also kein Königsweg zu einer unproblematischen Chemie. Sein Beitrag besteht darin, daß es eine Umkehrung der

---

3. Wie die Erfahrung mittlerweile zeigt, ist dies wegen des damit verbundenen Aufwandes auch gar nicht möglich: „The EC's existing chemicals programme will take centuries to work its way through pre-1981 substances and consume vast resources in the process." (ENDS 1998a, S. 24); vgl. auch die in Abschnitt 2.4 geschilderten Schwierigkeiten.

4. Eine chemische Technologie kann als fehlerfreundlich angesehen werden, wenn sie keine langfristigen und weitreichenden Expositionen auslöst. Dann ist es nämlich möglich, zu einer anderen Technologie zu wechseln, ohne daß Expositionen aus der alten Technologie, wie z. B. die langfristige FCKW-Belastung der Stratosphäre, fortbestehen.

beim Chemikalieneinsatz lange Zeit maßgeblichen Strategie ermöglicht: Stoffe mit akutem Wirkungspotential (toxische oder brennbare Lösungsmittel) wurden durch Stoffe mit geringerem akutem Wirkungspotential ersetzt (z. B. FCKW), und damit haben chronische und weiträumige Kontaminationen mit zunächst unbekannten Folgen die akuten, lokalen Risiken mit bekannten Schadensereignissen abgelöst. Diese Strategie erweist sich jedoch angesichts der Folgen, die sich mittlerweile abzeichnen (stratosphärischer Ozonabbau, Bioakkumulation von CKW-Pestiziden, hormonähnliche Wirkung zahlreicher Substanzen), als nicht mehr vertretbar. Aus diesem Grund ist das hier vorgeschlagene Bewertungsverfahren auf eine „kurzreichweitige Chemie" ausgerichtet.

Eine kurzreichweitige Chemie bietet, auch wenn sie nicht *per se* risikofrei ist, einen wesentlichen Vorteil: Wenn vor allem solche Risiken gehandhabt werden müssen, die im Umfeld der Emittenten anfallen, befinden sich die beteiligten Akteure – z. B. Chemikalienproduzenten, gewerbliche und private Anwender, Konsumenten von Chemiedienstleistungen – in denselben kulturellen, ökonomischen und rechtlichen Kontexten. Dadurch können sie leichter miteinander in Kontakt treten und konsensfähige Lösungen aushandeln als bei globalen Problemen, die sich über viele und sehr verschiedene kulturelle, rechtliche, politische und ökonomische Kontexte erstrecken. Erstens kann auf institutioneller Ebene flexibler reagiert werden, z. B. durch die Umsetzung neuer Maßnahmen, durch den Wechsel von Technologien oder durch Gesetzgebung, und zudem können die Konzentrationen und Mengen, mit denen die Stoffe in der Umwelt auftreten, schneller beeinflußt werden (Fehlerfreundlichkeit).

8.1.2 Anwendungsbereiche

Bereits in den 50er und 60er Jahren wurde festgestellt, daß DDT und andere CKW-Pestizide sowie PCB persistent sind und sich weiträumig verteilen. Damit war eine erste Gruppe von „klassischen" Umweltchemikalien identifiziert, und in den Industrieländern wurden die negativen Erfahrungen mit diesen Substanzen relativ bald umgesetzt, indem ihr Gebrauch eingeschränkt und dann verboten wurde. Parallel dazu hat die chemische Entwicklung bei neueren Pestiziden die sehr nachteiligen Expositionseigenschaften der älteren Pestizide gezielt vermieden.

Eine weitere Gruppe von „klassischen" Umweltchemikalien sind halogenierte Lösungsmittel: Chlorierte Lösungsmittel wie Tri- und Perchlorethylen sind einerseits toxisch und können zudem zu langwierigen und schwer zu beseitigenden Grundwasserkontaminationen führen; FCKW führen zum Ozonabbau in der Stratosphäre. Für chlorierte Lösungsmittel wurden verbesserte Rückhalte- und Recyclingtechniken eingeführt, der Gebrauch von FCKW wurde mit dem Protokoll von Montreal eingeschränkt.

Allerdings blieb die Tendenz, polychlorierte Biphenyle, CKW-Pestizide und halogenierte Lösungsmittel entweder zu vermeiden oder mit verbesserten Technologien zu handhaben, überwiegend auf die westlichen Industrieländer beschränkt:

- In Indien, Afrika und Südamerika wird DDT nach wie vor zur Malariabekämpfung eingesetzt (Renner 1998). Alternativen dazu sind zwar möglich (Chapin u. Wasserstrom 1981, WWF 1998), aber teilweise teurer und/oder aufwendiger zu realisieren, vor allem, wenn sie eine Kombination verschiedener Maßnahmen umfassen. Andere CKW-Pestizide werden noch immer als Pflanzenschutzmittel verwendet (Bidleman et al. 1990).

- In Rußland werden polychlorierte Biphenyle nach wie vor in Transformatoren eingesetzt und auch noch neu hergestellt (Hileman 1998). Außerdem entweichen sie aus bestehenden Depots in die Umwelt (Tanabe 1988).

- Weitere Substanzen wie Chlorparaffine und polybromierte Biphenyle und Diphenylether haben ein ähnliches Umweltverhalten wie die bisher ausgewiesenen 12 POPs (Krämer u. Ballschmiter 1987, ENDS 1998d), werden jedoch immer noch produziert und eingesetzt. Die Erweiterung der POPs-Liste um solche Stoffe wird kontrovers diskutiert (Renner 1998).

- Auch heute noch werden trotz dem Protokoll von Montreal FCKW hergestellt und emittiert, einerseits in Ländern, die das Protokoll nicht unterzeichnet haben, aber auch auf Schwarzmärkten in Ländern, die das Protokoll unterzeichnet haben (Holmes u. Ellis 1996, ENDS 1998e).

  Wie Abb. 7.10 zeigt, besitzen zudem auch die FCKW-Ersatzstoffe (HFCKW) noch immer erhebliche Persistenzen und globale Reichweiten; sie sind z. T. treibhauswirksam und tragen ebenfalls signifikant, wenn auch zu geringerem Ausmaß, zum stratosphärischen Ozonabbau bei (Wallington et al. 1994, Rose 1994).

Es gibt also noch immer durchaus gravierende und dringliche Umweltprobleme durch „klassische" hochreichweitige Substanzen wie FCKW und POPs. Einerseits werden diese Probleme in den gegenwärtigen internationalen Verhandlungen zu den POPs thematisiert. Andererseits ist dies noch keine Garantie, daß die Probleme auch wirklich gelöst werden. Für die POPs-Verhandlungen ist erstens entscheidend, wie die Länder, die nach wie vor DDT und PCB einsetzen, beim Übergang zu Alternativen finanziell und technologisch unterstützt werden können. Hier sind einerseits die Industrienationen gefordert; andererseits müssen von den Ländern, die zur Zeit noch POPs verwenden, effiziente und verläßliche Wege für den Einsatz der Mittel und die Realisierung der Alternativen zugesagt werden.

Zweitens hängt die Relevanz der POPs-Verhandlungen davon ab, wie flexibel die Protokolle für die Aufnahme weiterer Substanzen sind (zur Zeit wird von über 100 weiteren Kandidaten gesprochen).

Schließlich zeigen die Verstöße gegen das Protokoll von Montreal, daß es auf internationaler Ebene sehr schwer ist, wirksame Maßnahmen durchzuführen. Angesichts der mittlerweile gut bekannten Umweltprobleme durch persistente und hochreichweitige Stoffe ist eine umfassende Argumentation für die Entwicklung von Alternativen – wie sie auch durch das Reichweiten-Konzept unterstützt wird – umso wichtiger.

Zur Zeit können Persistenz und Reichweite vor allem für CKW und FCKW als besonders persistente und weiträumig verteilte Problemstoffen abgeschätzt werden. Für viele weitere Substanzen müssen R und τ anhand von Modellrechnungen und Meßprogrammen erst noch ermittelt werden, z. B. für Chlorparaffine, Flammschutzmittel, Weichmacher oder Silikone. Auf diese Weise kann nach und nach bestimmt werden, welche Aussagekraft die expositionsgestützte Bewertung hat und wie sie sich in der Praxis mit einer wirkungsgestützten Bewertung kombinieren läßt.

8.2 Risiko oder Vorsorge?

Bei der Kombination von expositions- und wirkungsgestützter Bewertung werden nicht nur verschiedene Typen von Indikatoren oder Endpunkten zusammengeführt, sondern auch verschiedene Perspektiven des Natur- und Technikverständnisses, die zwei chemiepolitische Eckpositionen darstellen.

Die wirkungsgestützte Bewertung folgt dem „klassischen" Schema von Problemsuche und Lösung: Man möchte erstens wissen, welche Schäden eintreten können – wobei die Schäden aus der Erfahrung bekannt oder aus der Kenntnis möglicher Wirkmechanismen denkbar sein können – und zweitens sollen die Mechanismen geklärt werden, nach dem die Schäden eintreten. Anhand der Mechanismen können dann auch die Eintrittswahrscheinlichkeiten solcher Schäden abgeschätzt werden, für die sie nicht aus der Erfahrung bekannt sind. Schließlich soll aus den quantifizierten Schadenshöhen und den Wahrscheinlichkeiten für das Eintreten der Schäden das Risiko berechnet werden, das mit verschiedenen Handlungsalternativen verbunden ist. Das Ziel dieser Vorgehensweise besteht darin, das Risiko kalkulieren, beurteilen und – im Verhältnis zum Aufwand für Maßnahmen zur Risikominderung – minimieren zu können.

Die zentrale Annahme, auf die sich dieses Vorgehen stützt, ist, daß alle relevanten Schadensereignisse bekannt sind und sich kausal auf auslösende Ereignisse zurückführen lassen. Im Bereich von Umweltbelastungen und Umweltveränderungen ist diese Annahme jedoch nicht erfüllt, und daher führt das risikoorientierte Vorgehen zu erheblichen Schwierigkeiten: Einerseits sind sehr langwierige Untersuchungen nötig, die oftmals dennoch nur unklare Resultate liefern; andererseits besteht immer die Möglichkeit, daß zusätzliche, unerwartete Effekte auftreten wie z. B. die erst vor kurzem entdeckte endokrine Wirkung vieler Chemikalien. Eine Quantifizierung und kalkulierbare Erfassung der Risiken gelingt daher nicht, und eine ausschließlich am Risiko-Konzept orientierte Chemiepolitik ist letztendlich eine reaktive Politik, die ihr Ziel – eine auf ein plausibles und vollständiges Risikokalkül gestützte Chemikalienhandhabung – nicht erreicht.[5]

---

5. Aus diesem Grund wird auch in der europäischen Chemiepolitik zunehmend die Position vertreten, daß Stoffe unabhängig von ihrer Toxizität vor allem hinsichtlich Persistenz und Bioakkumulationspotential beurteilt werden sollten (ENDS 1998b).

Die dazu komplementäre Sichtweise besteht darin, daß man die Tatsache, daß das Wissen über die möglichen Folgen von Umwelteingriffen immer unvollständig ist, bewußt in die Strategie der Chemikalienbewertung einbezieht. Das Ziel dieser Sichtweise ist die Vermeidung langfristiger und umfangreicher Umweltveränderungen mit vielen einzelnen Aspekten, die erst bei ihrem Eintritt als Schäden spürbar werden, vorher jedoch nicht bekannt und auch nicht vorstellbar waren. Diese Sichtweise ist explizit am Vorsorgegedanken orientiert. Die zentrale Frage ist dabei, wie das Ausmaß möglicher Umweltveränderungen beurteilt werden soll, wenn sie (noch) nicht im einzelnen bekannt sind. Dieses Problem, daß vorsorgeorientierte Entscheidungen weniger gut empirisch abgestützt sind, führt zu erheblichen Mißverständnissen und Konflikten zwischen einem risikoorientierten und einem vorsorgeorientierten „Lager"[6] und steht im Brennpunkt der Diskussion über das Vorsorgeprinzip und die Wege zu seiner Umsetzung (Gray 1990, Earl 1992, Ellis 1993, Bewers 1995, Gray u. Bewers 1996).

Dabei geht es um die Frage, welche wissenschaftliche Grundlage benötigt wird, damit vorsorgende Maßnahmen gerechtfertigt erscheinen, oder aber welche Maßnahmen auch ohne wissenschaftlichen Nachweis der möglichen Folgen eines Umwelteingriffs gerechtfertigt sein können – haben solche Maßnahmen dann überhaupt eine vertretbare, nicht-willkürliche Basis? Bringt das Vorsorgeprinzip ein willkürliches Element in den Entscheidungsprozeß, durch den die Bedeutung wissenschaftlicher Nachweise marginalisiert wird?

Diese Fragen nach den Anwendungsformen des Vorsorgeprinzips und nach den Kriterien, mit deren Hilfe im Voraus über die Zulässigkeit oder Angemessenheit eines Umwelteingriffs entschieden werden soll, ist somit ein chemie- und umweltpolitischer Brennpunkt. Es geht dabei nicht um blinde Ablehnung oder Befürwortung technischer Entwicklungen, sondern um die sehr wesentliche Frage, inwieweit Lernen aus Erfahrungen, das Prinzip *trial and error*, eine adäquate Strategie zur Beurteilung von Umwelteingriffen ist. Bis zu welchem Schweregrad der Erfahrungen können der Lerneffekt und der Nutzen, um dessentwillen man die Erfahrungen überhaupt in Kauf genommen hat, überhaupt noch gerechtfertigt werden? Ab welchem – voraussichtlichen – Schweregrad kann man mit keinem politisch, gesellschaftlich und wirtschaftlich produktiven Lerneffekt mehr rechnen, so daß man auch auf den Nutzen verzichten sollte? Oder anders ausgedrückt: Bei welchen Umwelteingriffen ist es möglich, daß in ihrer Folge die Bewältigung unvorhergesehener Nebenfolgen zum vordringlichen Problem wird und daß die ursprünglich intendierten Ziele und Zwecke, seien sie nun erfüllt oder nicht, in den Hintergrund treten? Inwieweit können und müssen diese „unvorhergesehenen Nebenfolgen" im Vorhinein abgeschätzt und in die Entscheidung einbezogen werden?

Weil die heutigen Industriegesellschaften über sehr große technische Möglichkeiten für Eingriffe in die Umwelt verfügen, und weil diese technischen Möglichkeiten

---

6. So gibt es z. B. in der Ökobilanz-Forschung eine „Front" zwischen einer *less is better*-Position (vorsorgeorientiert) und einer vom *Risk Assessment* her argumentierenden Position (risikoorientiert), vgl. Potting (1998, S. 12).

nicht mehr in einen erprobten Erfahrungsschatz eingebettet sind, sollten solche Fragen intensiv und breit, auch öffentlich, diskutiert werden. Ein Beispiel für eine solche Diskussion ist die Debatte, die 1997 und 1998 im Vorfeld der schweizerischen Abstimmung über die „Genschutzinitiative" geführt wurde.

Wie solche Diskussionen zeigen, unterscheiden sich die risikoorientierte und die vorsorgeorientierte Position in ihrem Natur- und Technikverständnis erheblich. Dennoch ist die Wahl zwischen Risiko und Vorsorge keine entweder-oder-Entscheidung, sondern die beiden Sichtweisen können – und sollten – miteinander kombiniert werden. Gerade für einen praktisch und ökonomisch so wichtigen und zugleich umweltrelevanten Bereich wie die Produktion und Nutzung von Chemikalien ist es dringend geboten, ein ausgewogenes Verhältnis zwischen Risiko und Vorsorge zu erreichen.

Bisher hat in der Chemiepolitik die risikoorientierte Sichtweise überwogen, die jedoch immer stärker auf die in den Kapiteln 2 und 3 dargestellten Probleme stößt. Die Vorsorgeorientierung war demgegenüber eher auf einzelne Problemfelder beschränkt, so z. B. auf den Schutz der Meere, wo das Vorsorgeprinzip 1987 explizit als umweltpolitische Leitlinie herangezogen wurde (Nollkaemper 1991).[7] Mittlerweile wird das Vorsorgeprinzip jedoch auch für die Chemiepolitik als ganze herangezogen (EEA 1998, S. 19ff.), und es wird nach Wegen gesucht, fundierte Bewertungskriterien für mögliche, aber im einzelnen noch unbekannte Wirkungen von Umweltchemikalien zu etablieren.

Eine Möglichkeit, risiko- und vorsorgeorientierte Chemiepolitik systematisch miteinander zu kombinieren, bietet das im vorangehenden Abschnitt 8.1 beschriebene Verfahren von wirkungsgestützter und expositionsgestützter Bewertung: Die expositionsgestützte Bewertung ist vorsorgeorientiert und hat das Ziel, daß unvorhersehbare Entwicklungen mit großem Schadenspotential vermieden werden. Sie deckt weiträumige und langfristige Expositionen ab, denn weil die in diesem Bereich möglichen Ereignisse und ihre Eintrittswahrscheinlichkeiten nicht bekannt sind und auch nicht ermittelt werden können (vgl. Kapitel 3 sowie Abschnitt 5.2.2), fehlt hier die Grundlage für eine kalkulierbare risikoorientierte Betrachtung. (Eine Inkaufnahme von unwägbaren und irreversiblen Belastungen hat mit Risikobereitschaft im eigentlichen Sinn nichts mehr zu tun.) Im Bereich hoher Reichweiten und Persistenzen ist somit eine vorsorgeorientierte Chemiepolitik sinnvoll, d. h. wenn ein Stoff bei der expositionsgestützten Bewertung eine hohe Persistenz und Reichweite aufweist, sollten allein aufgrund dieses Befundes Alternativen mit geringerer Persistenz und Reichweite gesucht werden.

Demgegenüber geht es im Bereich niedriger Reichweiten und Persistenzen darum, die Wirkungen der Substanzen so verläßlich wie möglich zu charakterisieren, so daß

---

7. In der Erklärung der 2. Internationalen Konferenz zum Schutz der Nordsee heißt es: „Accepting that in order to protect the North Sea from possible damaging effects of the most dangerous substances, a precautionary approach is necessary which may require action to control inputs of such substances even before a causal link is established by absolutely clear scientific evidence." (Erklärung der London-Konferenz von 1987, zitiert nach Gray u. Bewers (1996)).

problematische Wirkungen, mögliche Schutzmaßnahmen und der Aufwand für Alternativen mit anderen Stoffen sowie der Nutzen des Chemikalieneinsatzes gegeneinander abgewogen werden können. Wie ausgeführt, sind kurzreichweitige Stoffe nicht *per se* harmlos, sondern für den Umgang mit ihren problematischen Eigenschaften wie Toxizität, Mutagenität oder Brennbarkeit muß ein zureichendes Instrumentarium aus Arbeitsschutz und lokalem Umweltschutz gewährleistet und ggf. auch entwickelt werden. Auf dieser Grundlage kann im Bereich niedriger Reichweiten und Persistenzen eine risikoorientierte Chemiepolitik betrieben werden, deren Ziel es ist, bekannte und lokal begrenzte Risiken zu handhaben.

8.3 Umweltwissenschaftliche und chemiepolitische Ziele

Aus den vorangehenden Überlegungen ergibt sich eine stärkere – und stärker wissenschaftlich fundierte – Vorsorgeorientierung und damit im Zusammenhang eine „Chemie der kurzen Reichweiten" als eine mögliche Leitlinie für die künftige Entwicklung chemischer Produkte und für die Chemikalienbewertung. Zum Abschluß und Ausblick werden hier einige umweltwissenschaftliche und chemiepolitische Zielsetzungen aufgeführt, die sich aus der Perspektive dieser Leitlinie ergeben.

8.3.1 Umweltchemie

Eine erste Gruppe von Fragen bezieht sich konkret auf die weitere Ausarbeitung der Indikatoren R und τ. Die Definitionen aus Kapitel 6 und das Modell aus Kapitel 7 sind lediglich ein erster Schritt zur expositionsgestützten Chemikalienbewertung, der zu verschiedenen weiteren Fragen führt:

- Welchen Einfluß haben Prozesse wie die Adsorption an Aerosolpartikel auf R und τ? Inwieweit müssen räumliche und zeitliche Variabilität von Abbauraten und Transportparametern berücksichtigt werden?

  Diese Fragen beziehen sich auf eine adäquate naturwissenschaftliche Erfassung der Prozesse, die den Abbau und das Verteilungsverhalten von Umweltchemikalien bestimmen. Viele Einflußfaktoren sind zur Zeit noch unbekannt und müssen genauer untersucht werden. Allerdings muß dabei sorgfältig zwischen dem methodischen und technischen Aufwand und dem Datenbedarf einerseits und der erreichbaren Aussagekraft und der notwendigen Transparenz der Resultate andererseits abgewogen werden. Aufgrund der Überkomplexität von Umweltsystemen sind detailliertere und umfangreichere Modelle nicht prinzipiell besser, genauer oder richtiger.

- Welche Modelle sind für die Berechnung von R und τ geeignet? Neuere Modellrechnungen von Müller-Herold *et al.* (1997), Bennett *et al.* (1998) und van Pul *et al.* (1998) stützen sich auf andere Annahmen als das hier verwendete Ringmodell und führen vor allem für R zu anderen Resultaten als das hier verwendete Modell. Solche unterschiedlichen Modellannahmen müssen systematisch verglichen werden, so daß die Bestimmung von Persistenz und Reichweite auf verläßlichere Grundlagen gestützt werden kann.

- Wie können auch Folgeprodukte, die in der Umwelt aus einer emittierten Substanz entstehen, bei der Bestimmung von R und τ erfaßt werden? Die Definition der Persistenz, die bei Römpp (1993, S. 540f.) gegeben wird, besagt zwar: „Für organische Stoffe gilt das Prinzip, daß die Persistenz von Umwandlungsprodukten Bestandteil ihrer Persistenz ist." Die Erfassung von Umwandlungsprodukten ist jedoch zur Zeit i. a. nicht möglich, denn erstens sind die Umwandlungsprodukte selbst oder aber ihre Eigenschaften vielfach nicht bekannt, und zweitens gibt es noch keine Konzepte, um Umwandlungsprodukte bei der Berechnung von R und τ einzuschließen.

- Wie können die Resultate aus Modellrechnungen mit gemessenen Daten in Zusammenhang gebracht werden, und wie können R und τ aus Monitoring-Daten geschätzt werden? Monitoring-Daten stellen Expositionen dar, die aus vielen Quellen stammen, wobei Stärke, Ort sowie Zeitpunkt und Zeitdauer der Emissionen variieren; manche Quellen sind auch überhaupt nicht bekannt. Daher ist es nicht ohne weiteres möglich, idealisierte Modellszenarien wie aus Kapitel 7 mit Monitoring-Daten in Beziehung zu setzen. Wie die Beiträge von Glaze (1998), *Too Little Data, too Many Models*, und Laane (1998), *Uninformative Data*, zeigen, handelt es sich hierbei um ein drängendes und methodisch schwieriges Problem, man vergleiche dazu auch Eisenberg et al. (1998).

Eine weitere Klärung dieser Fragen ist notwendig, damit R und τ zunehmend verläßlichere Aussagen über Dauer und Ausmaß von Expositionen erlauben.

8.3.2 Weitere Verteilungsfragen

Über diese Fragen hinaus, die sich auf die naturwissenschaftliche Plausibilität und Validität der Indikatoren R und τ beziehen, geht die Frage, inwieweit sich der gezielte Transport durch den Menschen und die unbeabsichtigte Verteilung in der Umwelt überlagern. Bei vielen Substanzen, vor allem bei solchen, die weniger hohe stoffbezogene Reichweiten haben als CKW und FCKW, trägt der gezielte Transport erheblich zur räumlichen Ausdehnung der Exposition bei, z. B. bei Pestiziden, Lösungsmitteln oder Kunststoffzusätzen. Für solche Stoffe ist zu klären, in welchem Verhältnis gezielter Transport und Verteilung in der Umwelt stehen und wie der gezielte Transport erfaßt und in die Bewertung einbezogen werden kann. Damit ist ein weiterer Schritt im Lebenszyklus von Stoffen angesprochen, d. h. über die umweltchemische Betrachtung hinaus, die sich allein mit den Prozessen *nach* der Chemikalienemission beschäftigt, werden Konzepte benötigt, mit denen frühere Phasen des Lebenszyklus bewertet werden können. Die Frage nach der Stoffverteilung durch Gütertransport klingt an bei Ballschmiter (1992, S. 509); konkrete Ansätze wurden von Berg (1997) für den Erdöltransport und von Vögl et al. (1999) für die Distribution von Lösungsmitteln und lösungsmittelhaltigen Produkten erarbeitet.

Neben den Emissionen und Expositionen, die sich durch gezielten Stofftransport und durch Verteilung in der Umwelt ergeben, müßten weitere Verteilungsfragen sowohl empirisch als auch normativ untersucht und in die Chemikalienbewertung einbezogen werden: Wie verteilen sich manifeste Wirkungen – soweit sie bekannt sind – und auch der aus dem Chemikalieneinsatz gezogene Nutzen auf verschiedene Bevölkerungsgruppen, sowohl innerhalb eines bestimmten Gebietes als auch in räumlich getrennten Gebieten und über längere Zeiträume hinweg?[8]

Dies erfordert umfangreiche Studien, die nicht im Rahmen des Routineverfahrens zur Chemikalienbewertung durchgeführt werden können. Als begleitende Forschungsprojekte können sie jedoch wertvolle Impulse für die zukünftige Chemiepolitik liefern.

8.3.3 Toxikologie und Ökotoxikologie

Drittens ergeben sich aus der Orientierung am Reichweiten-Konzept und am Vorsorgeprinzip auch für die Wirkungsforschung in Toxikologie und Ökotoxikologie Folgefragen.

Wenn die wirkungsgestützte Bewertung mit einer vorgeschalteten expositionsgestützten Bewertung kombiniert wird, müssen diese beiden Bewertungsschritte aufeinander abgestimmt werden: In welchen Fällen können Persistenz und Reichweite als genügend aussagekräftig angesehen werden, und in welchen Fällen werden Wirkungsbefunde als unerläßlich erachtet? Wie können in diesen Fällen die Testorganismen und Testbedingungen stärker als bisher den Anwendungsformen einzelner Stoffe angepaßt werden?

Zudem gibt es unabhängig von dieser Abstimmung mit der expositionsgestützten Bewertung in der Wirkungsforschung einen wichtigen Bereich, in dem ebenfalls zur Umsetzung des Vorsorgeprinzips beigetragen werden kann, nämlich bei der statistischen Auswertung toxikologischer Tests.

Die meisten Tests sind ausschließlich darauf ausgelegt, daß die Wahrscheinlichkeit α, mit der ein positives Resultat falsch ist (Fehler 1. Art), hinreichend klein ist; meistens wird α bei der Konzeption eines Tests mit 5% vorgegeben. Mit einem kleinen Wert von α ist jedoch nichts ausgesagt über die Wahrscheinlichkeit, mit der

---

8. Die Frage nach den Folgen, die sich nach längerer Zeit einstellen, und nach dem Nutzen und Schaden, der zukünftigen Generationen aus heutigen Umwelteingriffen erwächst, ist für moderne Industriegesellschaften trotz der Debatte über „Nachhaltigkeit" noch immer eine ungewohnte Frage. Ursprünglich beruhen die modernen Industriegesellschaften auf der Annahme, daß die Lebensbedingungen in der Zukunft durch technischen Fortschritt kontinuierlich besser werden. Ein jüngeres Beispiel für diese Ansicht findet sich im Heidelberger Aufruf, den 425 Wissenschaftler 1992 im unmittelbaren Anschluß an die UN-Konferenz über Umwelt und Entwicklung in Rio unterzeichnet haben: „We stress that (...) progress and development have always involved increasing control over hostile forces, to the benefit of mankind. We therefore consider that scientific ecology is no more than an extension of this *continual progress toward the improved life of future generations.*" (zitiert nach Bewers (1995), Hervorhebung MS.) Heute hat sich diese Sichtweise jedoch als unrealistisch erwiesen, und es muß auch damit gerechnet werden, daß die Lebensbedingungen sich verschlechtern, weil es neben dem Nutzen immer mehr unerwünschte Nebenfolgen gibt. Es ist daher eine eigene Aufgabe geworden, solche Verschlechterungen durch Vorsorge zu vermeiden.

ein *negatives* Testergebnis eine zutreffende Aussage über die Realität zuläßt.[9] Dies ist nur möglich, wenn zudem auch die Wahrscheinlichkeit, daß ein negatives Testergebnis fälschlicherweise als zutreffend akzeptiert wird (Fehler 2. Art), geprüft und als niedrig ausgewiesen wird. Diese Wahrscheinlichkeit wird mit β und der Wert $1-\beta$ als die *Macht* des Tests bezeichnet. β oder die Macht des Tests wird zur Zeit bei der Konzeption vieler Tests überhaupt nicht berücksichtigt (Hayes 1987, Peterman 1990). Darüber hinaus zeigt sich bei einer nachträglichen Analyse, daß viele Tests eine recht niedrige Macht von z. B. 50% haben, so daß aus negativen Testergebnissen durchaus nicht auf Harmlosigkeit der getesteten Substanz geschlossen werden kann (Hayes 1987).

Der Bezug zum Vorsorgeprinzip besteht nun in zweifacher Hinsicht (Peterman u. M'Gonigle 1992):

1. Auch bei negativen Testergebnissen sind Vorsichtsmaßnahmen dann gerechtfertigt, wenn die Macht des Tests so niedrig ist, daß aus dem negativen Ergebnis nicht verläßlich auf die Abwesenheit von Effekten geschlossen werden kann. Dies ist bei vielen Tests, wie sie zur Zeit durchgeführt werden, der Fall (Hayes 1987).

2. Neben der Wahrscheinlichkeit für falsch positive Ergebnisse (α) sollte auch die Wahrscheinlichkeit für falsch negative Ergebnisse (β) von Beginn an in die Konzeption der Tests einbezogen werden, so daß vermehrt Tests mit a) bekanntem und b) möglichst niedrigem β durchgeführt werden können (Mathes u. Weidemann 1991, S. 89). Nur auf diese Weise kann die Harmlosigkeit der getesteten Substanzen geprüft werden.

Diese Überlegungen zeigen, daß auch die Wirkungsforschung wichtige Beiträge zu einer vorsorgeorientierten Chemikalienbewertung beisteuern kann. Insbesondere sollte die Aussagekraft negativer Resultate verstärkt werden, d. h. auch wenn in einem ersten Test keine positiven Resultate erhalten werden, sollten zusätzliche und differenziertere Tests durchgeführt werden, mit denen die Aussagekraft dieser ersten Ergebnisse verbessert wird.[10]

8.3.4 Chemiepolitik

Schließlich ist eine umfassendere Debatte über Risiko und Vorsorge in der Chemiepolitik wünschenswert. Eine stärkere Vorsorgeorientierung sollte von allen Akteu-

---

9. Aus dem Fehlen eines signifikanten positiven Befundes wird oftmals der – scheinbar naheliegende – Schluß gezogen, es gebe auch in der Realität keinen entsprechenden Effekt: „This de facto assertion that the assumption "there is no effect" is true, even though results show only that this assumption "there is no effect" has not been falsified, is a logical jump that scientists and resource managers often make." (nach Peterman, 1990, S. 4).

10. Bisher sieht die Risikobeurteilung gemäß *Technical Guidance Document* der EU nur bei *positiven* ersten Resultaten detailliertere Untersuchungen vor. Da jedoch ein ungerechtfertigter Schluß von fehlenden positiven Resultaten auf Harmlosigkeit erhebliche Fehleinschätzungen und Kosten nach sich ziehen kann, sollte diese Schieflage in der Methodik der Risikobeurteilung korrigiert werden.

ren, die an der Chemiepolitik beteiligt sind – Unternehmen der chemischen Industrie; Unternehmen, die chemische Produkte einsetzen; Verwaltung; Gesetzgebung; Wissenschaft –, diskutiert werden. Diese Akteure haben zwar stark verschiedene Bezugssysteme wie z. B. den internationalen Markt oder die nationale Gesetzgebung, und sie verfolgen verschiedene Zwecke. Dennoch ist die Chemiepolitik ein Bereich, in dem sie in irgendeiner Form kooperieren müssen.[11] Eine stärkere Vorsorgeorientierung ist nur möglich, wenn sie von der Mehrzahl der Akteure mitgetragen wird. Sie sollte als Chance verstanden werden, den Gebrauch von Chemikalien zu überdenken und auch neu zu organisieren.

- Die chemische Industrie durchläuft derzeit einen starken technisch-ökonomischen Wandel. Ein Teil dieses Prozesses überlagert sich mit der Nachhaltigkeits-Debatte, in der die chemische Industrie ebenfalls engagiert ist. Im Hinblick auf Ressourcenverbrauch und Stoffemissionen ist es dabei ein wichtiges Ziel, daß die Wertschöpfung der chemischen Industrie in Zukunft weniger stark an die ausgestoßene Stoffmenge gebunden ist (Ayres 1998). Ein möglicher Ansatz dazu ist, daß die chemische Industrie nicht vorwiegend chemische Produkte, sondern „Chemie-Dienstleistungen" anbietet, wobei sich unter einer Chemie-Dienstleistung verstehen läßt, daß neben einer chemischen Substanz auch die technische und logistische Unterstützung bei ihrer Anwendung und Entsorgung angeboten wird.[12]

  Darüber hinaus umfaßt das Leitbild der Nachhaltigkeit aber auch ökonomische und gesellschaftliche Belange. Hier ist eine verstärkte Kooperation mit anderen Akteuren – Kunden und Zulieferern, Behörden und Hochschulen, Organisationen des Umwelt- und Konsumentenschutzes etc. – erforderlich, so daß mit den betroffenen Gruppen über Nutzen und Gewinn aus der Chemieproduktion einerseits und Gefahren und Nebenfolgen andererseits diskutiert werden kann. Das Leitbild der „kurzreichweitigen Chemie" unterstützt dieses Ziel, indem es den Bezug zum lokalen Umfeld betont.

  Für alle diese Entwicklungen werden neue Methoden zur Stoff- und Technologiebewertung benötigt, und die chemische Industrie kann – in der Kooperation mit Behörden, Hochschulen und anderen Akteuren – wesentlich zur Ausarbeitung und Validierung solcher Ansätze beitragen.

  Konkret sind Pilotstudien denkbar, in denen an ausgewählten Fallbeispielen die Möglichkeiten für eine „Chemie der kurzen Reichweiten" erprobt werden, und in denen der Dialog mit den beteiligten Gruppen geführt wird. Ein Beispiel für eine solche Diskussion ist die Studie *Hoechst Nachhaltig*, die in einer

---

11. Sennett (1998, S. 199) vertritt die Position, daß verschiedene Akteure mit unterschiedlichen Zielen gerade in der Auseinandersetzung miteinander eine soziale und politische Gemeinschaft aufbauen können, und daß eine solche Konfliktkultur ein anstrebenswertes Ziel ist. Gleichzeitig weist er auf die Schwierigkeiten hin, die diesem Ziel in der derzeitigen Form des globalisierten Kapitalismus entgegenstehen.

12. Ein Beispiel ist der sog. *Safetainer*, den die Firma *Dow* für die Handhabung von Perchlorethylen in der chemischen Reinigung anbietet.

Zusammenarbeit zwischen der Firma Hoechst und dem Ökoinstitut e. V. Freiburg erstellt wurde (Ewen *et al.* 1997). Auch die internationale Initiative „Verantwortliches Handeln" (*Responsible Care*), mit der sich die chemische Industrie Leitlinien für Umweltschutz, Anlagensicherheit, Arbeitssicherheit, Transportsicherheit, Produktverantwortung und Kommunikation gegeben hat (VCI 1996), ist ein Beitrag zu diesem Prozeß. In weitergehenden Schritten ließe sich untersuchen, ob die Produktverantwortung, die im „Verantwortlichen Handeln" angesprochen wird, mit Hilfe normativer Erwägungen, wie sie mit dem Reichweiten-Konzept vorgestellt wurden, konkreter definiert werden kann.

Spezifische Produktsysteme[13] wie z. B. Farbstoffe, Lösungsmittel in verschiedenen Anwendungsfeldern und Pflanzenschutzmittel können auf die Persistenz und Reichweite der Stoffe, die in die Umwelt gelangen, untersucht werden. Die für die Anwendung notwendige Lebenszeit der Produkte müßte gegen die unerwünschte Persistenz abgewogen werden, und in der Produktentwicklung ließe sich darauf hinarbeiten, daß die Stoffe unter Umweltbedingungen noch schneller abgebaut werden als bisher und daß sich die Anwendungsmengen weiter vermindern lassen. Wenn nicht mehr damit gerechnet werden muß, daß in Nahrungsmitteln, Gebrauchsgegenständen, Wasser, Luft und Böden zahlreiche Chemikalienrückstände zu finden sind, könnte die chemische Industrie der „Chemophobie" (Glaze 1996) anders entgegentreten als bisher.

- Gesetzgebung und Behörden können einerseits auf wissenschaftlicher Seite die Neuentwicklung von Indikatoren und Bewertungsverfahren noch stärker als bisher unterstützen, indem sie konkrete Bedürfnisse artikulieren und sich durch Beratung und Finanzierung an Projekten beteiligen. Andererseits können sie in Zusammenarbeit mit Produzenten und Anwendern die Umsetzung neuer Verfahren evaluieren. Geeignet wären dafür die erwähnten Pilotstudien, die in begrenzten Bereichen und für begrenzte Dauer durchgeführt werden und in denen Erfahrungen mit neuen Ansätzen gesammelt werden können, bevor ein neues Verfahren definitiv eingeführt wird. Die Einführung des Reichweiten-Konzepts in die Chemikaliengesetzgebung ist ein mögliches Ziel, für das eine solche Vorbereitungsphase organisiert werden müßte.

- In der Forschung ist es notwendig, daß nicht allein Mechanismen des Umweltverhaltens von Chemikalien geklärt werden, sondern daß verstärkt auch die weiteren Zusammenhänge der Chemikalienproduktion und -nutzung untersucht und bewertet werden. Grundsätzlich geht es um die Frage, wie der Lebenszyklus von Chemikalien – der Produktion, Vertrieb und Nutzung sowie Entsorgung und damit verbundene Umwelteinflüsse umfaßt – erfaßt, beurteilt und verbessert werden kann. Viele Einzelfragen aus diesem umfangreichen Komplex wurden in den vorangehenden Kapiteln, v. a. Kapitel 4 und 5, angesprochen; man vergleiche dazu auch Hungerbühler *et al.* (1998, S. 229ff.).

---

13. Damit sind die eigentlichen Produkte und weitere Stoffe, die am Lebenszyklus der Produkte beteiligt sind, gemeint.

Mit einer reinen Liste solcher Fragestellungen ist die Aufgabe der Wissenschaften jedoch noch bei weitem nicht vollständig benannt, denn gleichzeitig müssen auch die erforderlichen methodischen und institutionellen Rahmenbedingungen geschaffen werden. Die vielschichtigen Fragen, die bei der Untersuchung und Beurteilung des Lebenszyklus von Chemikalien auftreten, lassen sich nämlich nur selten einzelnen Disziplinen zuordnen. Vielfach entsprechen sie nicht den etablierten disziplinären Traditionen und Erkenntnisinteressen, auch nicht denen der Chemie, und zudem müssen sie mit Methoden aus verschiedenen wissenschaftlichen Bereichen, z. B. Umweltchemie und Ethik, bearbeitet werden.

Unter dem Stichwort *Transdisziplinarität* wurden mittlerweile erste Ansätze vorgestellt, die es erlauben, verschiedene Teilbereiche eines Problems im Zusammenhang zu bearbeiten und die Forschung auf lebensweltliche Probleme auszurichten, ohne daß dabei notwendigerweise die wissenschaftliche Stimmigkeit und Professionalität verlorengeht (Jahn u. Wehling 1995, SPPU 1995, Jaeger u. Scheringer 1998).

Allerdings stößt solche transdisziplinäre Forschung zur Zeit noch auf zahlreiche institutionelle Hindernisse (Mangel an geeigneten Bewertungskriterien für die Forschungsprojekte, vor allem auch im Rahmen der Forschungsfinanzierung; Mangel an Möglichkeiten zur wissenschaftlichen Qualifikation mit disziplinenübergreifender Forschung; Mangel an Infrastruktur). Somit stehen die wissenschaftlichen Institutionen vor der Aufgabe, ihre Organisation in ganz konkreten Punkten stärker für die Bearbeitung lebensweltlicher Problemstellungen zu öffnen, die sich nicht disziplinär einordnen lassen.

Darüber hinaus ist auch für die Hochschulen die verstärkte Kooperation mit den anderen Partnern der Chemiepolitik unerläßlich (Beteiligung an Pilotstudien, s. o.).

Mit diesen Überlegungen ist dargestellt, in welcher Richtung die Chemikalienbewertung und die Chemiepolitik in Zukunft weitergeführt werden können. Es handelt sich dabei um Ansatzpunkte, wie sie sich u. a. aus der Perspektive des Reichweiten-Konzepts ergeben, und die als Anstoß zur Diskussion dienen sollen. Der wichtigste Punkt ist dabei der Zusammenhang von Beschreibung und Bewertung, der zeigen soll, daß es bei der Chemikalienbewertung nicht allein um toxikologische Tests, Ökologie oder Tierschutz geht, sondern auch um grundlegende menschliche Werte und einen kooperativen Aushandlungsprozeß zwischen den beteiligten Akteuren.

Anhang A

Mathematische Struktur des Ringmodells

A.1 Übertritt zwischen den Kompartimenten

Die Kinetik der Übertrittsprozesse zwischen den Umweltkompartimenten Boden (s), Wasser (l) und Luft (g) ist im hier betrachteten Modell unabhängig vom Ortsabschnitt j. Sie kann daher für die drei Konzentrationen $c_s(t)$, $c_l(t)$ und $c_g(t)$ ohne den Index j formuliert werden. Wenn diese drei Konzentrationen $c_s(t)$, $c_l(t)$ und $c_g(t)$ zum dreielementigen Vektor

$$\mathbf{c}_{\mathrm{slg}}(t) := (c_s(t), c_l(t), c_g(t))^T$$

zusammengefaßt werden, gilt für diesen Vektor die folgende Bewegungsgleichung:

$$\dot{\mathbf{c}}_{\mathrm{slg}}(t) = -\mathbf{U} \cdot \mathbf{c}_{\mathrm{slg}}(t) \tag{A.1}$$

mit der Matrix

$$\mathbf{U} = \begin{pmatrix} u_{\mathrm{sg}} + u_{\mathrm{sl}} & -u_{\mathrm{ls}} \cdot \dfrac{V_l}{V_s} & -u_{\mathrm{gs}} \cdot \dfrac{V_g}{V_s} \\ -u_{\mathrm{sl}} \cdot \dfrac{V_s}{V_l} & u_{\mathrm{ls}} + u_{\mathrm{lg}} & -u_{\mathrm{gl}} \cdot \dfrac{V_g}{V_l} \\ -u_{\mathrm{sg}} \cdot \dfrac{V_s}{V_g} & -u_{\mathrm{lg}} \cdot \dfrac{V_l}{V_g} & u_{\mathrm{gs}} + u_{\mathrm{gl}} \end{pmatrix}.$$

Die Elemente u_{ik} der Matrix $\mathbf{U}$ stellen die Geschwindigkeitskonstanten der verschiedenen Übertrittsprozesse dar. Berücksichtigt werden

- *diffusive Prozesse*, deren Verlauf u. a. von den stoffspezifischen Verteilungskonstanten Henry-Konstante K_H und Oktanol-Wasser-Verteilungskoeffizient K_{ow} bestimmt wird;

- *advektive Prozesse* wie trockene und nasse Deposition, Ausregnen (*wash out*) und Abschwemmung (*runoff*), bei denen die betrachtete Substanz mit zirkulierenden Aerosol-Partikeln bzw. Wasserströmungen und Wassertropfen verfrachtet wird.

Die einzelnen Elemente der Matrix $\mathbf{U}$ haben folgende Bedeutung (die Zahlenwerte der Matrixelemente u_{ik} sind in Tab. A.2 bis Tab. A.5 angegeben):

Tabelle A.1: Geschwindigkeitskonstanten für den Übertritt zwischen den Umweltkompartimenten; die Zahlenwerte der Konstanten sind in Tab. A.2 bis Tab. A.5 angegeben.

$u_{\mathrm{sl}} = u_{\mathrm{sl}}^{\mathrm{dep}}$	Übertritt Boden $\rightarrow$ Wasser: Abschwemmung u. Auswaschung
$u_{\mathrm{sg}} = u_{\mathrm{sg}}^{\mathrm{diff}}$	Übertritt Boden $\rightarrow$ Luft: Verdampfung
$u_{\mathrm{ls}} = 0$	kein direkter Übertritt Wasser $\rightarrow$ Boden
$u_{\mathrm{lg}} = u_{\mathrm{lg}}^{\mathrm{diff}}$	Übertritt Wasser $\rightarrow$ Luft: nur diffusiv (Verdampfung)
$u_{gi} = (u_{gi}^{\mathrm{diff}} + u_{gi}^{\mathrm{wash}}) \cdot (1 - \Phi)$ $\quad + u_{gi}^{\mathrm{dep}} \cdot \Phi, \quad i = \mathrm{s}, \mathrm{l}$	Luft $\rightarrow$ Boden und Luft $\rightarrow$ Wasser: diffusiver Übertritt und Auswaschung des gasförmigen Anteils $(1 - \Phi)$ sowie Deposition des partikelgebundenen Anteils Φ

A.1.1 Diffusive Prozesse

Die Bilanzgleichungen für zwei Kompartimente, die durch diffusive Prozesse miteinander in Kontakt stehen – hier Wasser und Luft –, lauten:

$$\dot{c}_{\mathrm{l}}(t) = -u_{\mathrm{lg}}^{\mathrm{diff}} \cdot c_{\mathrm{l}}(t) + u_{\mathrm{gl}}^{\mathrm{diff}} \frac{V_{\mathrm{g}}}{V_{\mathrm{l}}} \cdot c_{\mathrm{g}}(t)$$

$$\dot{c}_{\mathrm{g}}(t) = u_{\mathrm{lg}}^{\mathrm{diff}} \frac{V_{\mathrm{l}}}{V_{\mathrm{g}}} \cdot c_{\mathrm{l}}(t) - u_{\mathrm{gl}}^{\mathrm{diff}} \cdot c_{\mathrm{g}}(t).$$

Der Mechanismus des diffusiven Übertritts durch die Grenzfläche zwischen Wasser und Luft wird üblicherweise mit Hilfe des Zwei-Film-Modells beschrieben (Mackay u. Paterson 1982); eine ausführliche Darstellung findet sich bei Schwarzenbach *et al.* (1993, Kapitel 10). Dabei wird angenommen, daß die Phasengrenzfläche in jeder Richtung von einer dünnen Schicht ohne turbulente Mischungsprozesse umgeben ist, und daß an der Phasengrenzfläche selbst thermodynamisches Gleichgewicht besteht, daß also $c_{\mathrm{g}}^{\mathrm{grfl}} / c_{\mathrm{l}}^{\mathrm{grfl}} = K_{\mathrm{gl}}$ gilt (K_{gl} wird aus der Henry-Konstante K_{H} ermittelt, s. u.). Weiterhin wird angenommen, daß der Stofftransport zwischen dem Inneren jeder Phase (dort ist $c_{\mathrm{g}} \neq c_{\mathrm{g}}^{\mathrm{grfl}}$ und $c_{\mathrm{l}} \neq c_{\mathrm{l}}^{\mathrm{grfl}}$) und der Phasengrenzfläche nach dem 1. Fickschen Gesetz verläuft.

Damit erhält man für die Geschwindigkeitskonstanten $u_{\mathrm{gl}}^{\mathrm{diff}}$ und $u_{\mathrm{lg}}^{\mathrm{diff}}$:

$$u_{\mathrm{gl}}^{\mathrm{diff}} = \left(\frac{1}{u_{g_1}} + \frac{1}{u_{\mathrm{l}}/K_{\mathrm{gl}}}\right)^{-1} \cdot \frac{A_{\mathrm{gl}}}{V_{\mathrm{g}}} \quad (\mathrm{A}.2)$$

$$= \frac{u_{\mathrm{l}} \cdot u_{g_1}}{u_{\mathrm{l}} + u_{g_1} \cdot K_{\mathrm{gl}}} \cdot \frac{A_{\mathrm{gl}}}{V_{\mathrm{g}}}$$

sowie

$$u_{\mathrm{lg}}^{\mathrm{diff}} = u_{\mathrm{gl}}^{\mathrm{diff}} \frac{V_{\mathrm{g}}}{V_{\mathrm{l}}} K_{\mathrm{gl}}.$$

u_{l} und u_{g_1} bezeichnen die *Transfergeschwindigkeiten* auf beiden Seiten der Phasengrenzfläche. Der wesentliche Zusammenhang zwischen u_{l} und u_{g_1} einerseits und $u_{\mathrm{gl}}^{\mathrm{diff}}$ andererseits ist, daß sich der Reziprokwert der Gesamtgeschwindigkeit $u_{\mathrm{gl}}^{\mathrm{diff}}$

additiv aus den Reziprokwerten der Transfergeschwindigkeiten zusammensetzt. In die Transfergeschwindigkeiten u_l und u_{g_1} gehen die molekularen Diffusionskoeffizienten in Wasser und Luft, die Dicke der Schichten zwischen der Phasengrenzfläche und den beiden homogenen Phasen sowie die Windgeschwindigkeit ein. Die Transfergeschwindigkeiten werden hier näherungsweise als stoffunabhängig betrachtet; dabei werden folgende Zahlenwerte verwendet:

Tabelle A.2: Transfergeschwindigkeiten an der Phasengrenzfläche Wasser-Luft.

Parameter	Zahlenwert (nach Mackay u. Paterson (1991))
u_l	0.03 m/h = 0.72 m/d
u_{g_1} (Luft über Wasser)	3 m/h = 72 m/d

Der Stoffaustausch zwischen Boden und Luft ist etwas komplizierter zu formulieren, da sowohl Wasser als auch Luft in den Poren des Bodens eingeschlossen sind und dementsprechend zwei verschiedene Transfergeschwindigkeiten u_{s_1} (luftgefüllte Poren) und u_{s_2} (wassergefüllte Poren) berücksichtigt werden müssen; für Details s. Jury *et al.* (1983, S. 560) und Mackay u. Paterson (1991, S. 431). Es ist

$$u_{gs}^{\text{diff}} = \left(\frac{1}{u_{g_2}} + \frac{1}{u_{s_1} + u_{s_2}/K_{gl}}\right)^{-1} \cdot \frac{A_{sg}}{V_g} \qquad (A.3)$$

$$= \frac{u_{g_2}(u_{s_1} + u_{s_2}/K_{gl})}{u_{g_2} + u_{s_1} + u_{s_2}/K_{gl}} \cdot \frac{A_{sg}}{V_g}$$

und

$$u_{sg}^{\text{diff}} = u_{gs}^{\text{diff}} \frac{V_g}{V_s} K_{gs}.$$

Die Zahlenwerte für die Transfergeschwindigkeiten im Boden und in der Luft über dem Boden sind in Tabelle A.3 angegeben:

Tabelle A.3: Transfergeschwindigkeiten an der Phasengrenzfläche Boden-Luft.

Parameter	Zahlenwert (nach Mackay u. Paterson (1991); Jury *et al.* (1983))
u_{s_1} luftgefüllte Poren	$6.7 \cdot 10^{-3}$ m/h = 0.16 m/d
u_{s_2} wassergefüllte Poren	$2.6 \cdot 10^{-6}$ m/h = $6.2 \cdot 10^{-5}$ m/d
u_{g_2} (Luft über Boden)	1 m/h = 24 m/d

Die Kompartimente Boden und Wasser stehen im hier betrachteten Modell nicht in direktem Kontakt, so daß zwischen ihnen kein diffusiver Stoffaustausch stattfindet.

Die beiden Gleichgewichtskonstanten K_{gl} und K_{sl} werden in folgender Weise aus der Henry-Konstante K_H und dem Oktanol-Wasser-Verteilungskoeffizienten K_{ow} ermittelt:

- *Henry-Konstante:* Tabelliert findet man meistens die dimensionsbehaftete Henry-Konstante $K_H = p^{\text{sat}}/c_l^{\text{sat}}$ (in Pa·m³/mol), die das Verhältnis aus

Dampfdruck über einer gesättigten wäßrigen Lösung und Sättigungskonzentration in der Lösung beschreibt. Die dimensionslose Konstante K_{gl} wird dann berechnet gemäß

$$K_{\text{gl}} = \frac{c_{\text{g}}^{\text{Glg}}}{c_{\text{l}}^{\text{Glg}}} = \frac{1}{R_{\text{A}} \cdot T} \frac{p^{\text{sat}}}{c_{\text{l}}^{\text{sat}}} = \frac{1}{R_{\text{A}} \cdot T} \cdot K_{\text{H}},$$

wobei hier die Werte für $K_{\text{H}} = p^{\text{sat}}/c_{\text{l}}^{\text{sat}}$ für die meisten Substanzen von Howard (1991) übernommen werden. $R_{\text{A}} = 8.3144 \text{J}/(\text{mol}\cdot\text{K})$ ist die Gaskonstante; $T = 298\,\text{K}$ die als konstant angenommene Umgebungstemperatur. I. a. können die Zahlenwerte, die für gesättigte Lösungen ermittelt wurden, als Näherungswerte auch für verdünnte Lösungen verwendet werden (Schwarzenbach *et al.* 1993, S. 114).

- *Verteilungskoeffizient Boden – Wasser:* Für unpolare Substanzen ist der Verteilungskoeffizient K_{sl} proportional zum Verteilungskoeffizienten K_{oc} zwischen organischem Material und Wasser (Karickhoff 1981):

$$K_{\text{sl}} = f_{\text{oc}} \cdot K_{\text{oc}}.$$

f_{oc} ist der Anteil an organischem Kohlenstoff im Boden; hier wird $f_{\text{oc}} = 2\,\%$ verwendet (Mackay u. Paterson 1991). K_{oc} ergibt sich aus dem Oktanol-Wasser-Verteilungskoeffizienten K_{ow} gemäß folgender Beziehung (Karickhoff 1981):[1]

$$K_{\text{oc}} = 0.41\, K_{\text{ow}}.$$

A.1.2 Advektive Prozesse

Neben den diffusiven Übertrittsprozessen, die von der Abweichung der Konzentrationen $c_{\text{s}}(t)$, $c_{\text{l}}(t)$ und $c_{\text{g}}(t)$ von den Gleichgewichtswerten angetrieben werden, laufen auch advektive, d. h. mit dem Fluß eines Trägermaterials (Aerosol-Partikel; Regentropfen) verbundene Übertrittsprozesse ab. Dies sind hier trockene und nasse Deposition Auswaschung durch Regen und Abschwemmung vom Boden mit ablaufendem Wasser.

Aufgrund dieser advektiven Prozesse stellt sich zwischen den verschiedenen Kompartimenten ein Fließgleichgewicht (*steady state*) ein, bei dem die Stoffkonzentrationen in den einzelnen Kompartimenten nicht den Gleichgewichtskonzentrationen entsprechen.

Die advektiven Prozesse werden hier in folgender Weise formuliert:

---

1. Diese Relation wurde an einem Satz von fünf aromatischen Kohlenwasserstoffen ermittelt und durch Vergleich mit K_{oc}-Meßwerten für 42 weitere Substanzen (halogenierte Kohlenwasserstoffe, Organophosphate, Triazine u. a. m.) validiert. Für den von Karickhoff verwendeten Datensatz ist bei Schwarzenbach *et al.* (1993, S. 274f.) eine Regressionsanalyse dargestellt.

A.1 Übertritt zwischen den Kompartimenten

- *Trockene und nasse Deposition; Auswaschung durch Regen*: Durch diese Prozesse wird an Partikel adsorbiertes sowie in Regentropfen gelöstes Material aus der Troposphäre in den Boden und das Wasser überführt.

  Der an Aerosolpartikel adsorbierte Anteil der atmosphärischen Konzentration wird mit Φ bezeichnet; in der Bilanzgleichung für den Übertritt aus der Luft in den Boden und das Wasser werden trockene und nasse Deposition (Parameter u_{gi}^{dep}) mit dem Faktor Φ gewichtet, Auswaschung durch Regen (Parameter u_{gi}^{wash}) und diffusiver Übertritt (Parameter u_{gi}^{diff}) mit dem Faktor $(1-\Phi)$ (s.o., Tabelle A.1 auf S. 160).

  Im einzelnen resultieren die Geschwindigkeitskonstanten u_{gs}^{dep}, u_{gl}^{dep} und u_{gi}^{wash} für die Depositionsprozesse wie folgt (Tabelle A.4):

Tabelle A.4: Geschwindigkeitskonstanten für trockene und nasse Partikeldeposition sowie Auswaschung durch Regen.

Parameter	Zahlenwert (nach Mackay u. Paterson (1991))
$u_{gs}^{dep} = (u^{dry} + u^{wet}) \cdot (A_{gs}/V_g)$	$1.51 \cdot 10^{-3}\,\mathrm{h^{-1}}$
$u_{gl}^{dep} = (u^{dry} + u^{wet}) \cdot (A_{gl}/V_g)$	$3.52 \cdot 10^{-3}\,\mathrm{h^{-1}}$
$u_{gi}^{wash} = u^{rain}/K_{gl} \cdot (A_{gi}/V_g)$	resultiert in Abhängigkeit von der stoffspezifischen Henry-Konstante K_{gl}
u^{dry}	$10.8\,\mathrm{m/h} = 260\,\mathrm{m/d}$
$u^{wet} = Q \cdot u^{rain}$	$19.4\,\mathrm{m/h} = 465\,\mathrm{m/d}$
u^{rain}	$9.7 \cdot 10^{-5}\,\mathrm{m/h} = 2.33 \cdot 10^{-3}\,\mathrm{m/d}$, entspricht dem weltweiten mittleren Jahresniederschlag von ca. $5 \cdot 10^{17}$ l/a.
Q	$2 \cdot 10^5$ (Auswaschungsrate: Jeder Regentropfen wäscht beim Herabfallen das Q-fache seines eigenen Volumens aus.)

- *Abschwemmung:* Der Transport Boden → Wasser durch Abschwemmung von gelöstem und an Bodenpartikel adsorbiertem Material wird in der Geschwindigkeitskonstanten u_{sl}^{dep} zusammengefaßt. Für die Berechnung von u_{sl}^{dep} gilt:

Tabelle A.5: Geschwindigkeitskonstanten für Abschwemmung Boden → Wasser.

Parameter	Zahlenwert (nach Mackay u. Paterson (1991))
$u_{sl}^{dep} = (u_s^{runoff} + \dfrac{u_l^{runoff}}{K_{sl}}) \dfrac{A_{gs}}{V_s}$	resultiert in Abhängigkeit vom Verteilungskoeffizienten K_{sl}
u_l^{runoff}	$9.4 \cdot 10^{-4}\,\mathrm{m/d}$ (*water runoff*)
u_s^{runoff}	$5.5 \cdot 10^{-7}\,\mathrm{m/d}$ (*soil runoff*)

A.2 Transport in Wasser und Luft

Umweltchemikalien werden global verteilt, indem sie mit der Zirkulation der Atmosphäre und der Hydrosphäre verfrachtet werden (advektiver Fluß). Dieser Stofftransport beruht auf Strömungsbewegungen der Trägermedien Luft und Wasser, die die Substanzen mit sich führen. Für die mathematische Beschreibung können die Strömungsbewegungen in einen Anteil mit mittlerer, konstanter Strömungsgeschwindigkeit und in einen Anteil mit fluktuierender Strömungsgeschwindigkeit (Turbulenz) unterteilt werden (Schwarzenbach et al. 1993, S. 200ff.). Die bezüglich Geschwindigkeit und Richtung fluktuierenden Strömungsbewegungen bewirken eine turbulente Diffusion (*eddy diffusion*). Mathematisch kann der Stoffluß F_{turb}, der durch den turbulenten Anteil der Strömungsbewegung bewirkt wird, als diffusiver Fluß formuliert werden:

$$F_{\text{turb}} = -D^{\text{eddy}} \frac{\partial c}{\partial x} \quad \text{1. Ficksches Gesetz} \qquad (A.4)$$

und

$$\dot{c}(x,t) = D^{\text{eddy}} \frac{\partial^2 c}{\partial x^2} \quad \text{2. Ficksches Gesetz.} \qquad (A.5)$$

Obwohl durch diese mathematische Formulierung eine Analogie zur „echten" (molekularen) Diffusion besteht, beruht die turbulente Diffusion physikalisch auf dem Stofftransport durch – verschieden schnelle und verschieden orientierte – Strömungsbewegungen, und nicht auf molekularer Diffusion (die um mehrere Größenordnungen langsamer ist).

Im hier betrachteten Ringmodell würde eine Strömungsbewegung ausschließlich kreisförmig verlaufen. Im Modell ist keine der beiden möglichen Zirkulationsrichtungen vor der anderen ausgezeichnet; der Stofftransport erfolgt also im Rahmen dieses Modells in beide Richtungen gleichermaßen. Ein solcher symmetrischer Stofftransport wird am einfachsten als rein diffusiver Transport dargestellt, der vom Freisetzungsort in beide Richtungen führt.

Der Modellparameter d_i (Einheit s^{-1}), der im Modell den diffusiven Transport beschreibt, resultiert gemäß folgender Beziehung aus dem Diffusionskoeffizienten D_i^{eddy} (Einheit cm^2/s):

$$d_i = \frac{D_i^{\text{eddy}}}{(40\,000\,\text{km}/n)^2} = \frac{D_i^{\text{eddy}}}{l_n^2},$$

Der Zahlenwert von d_i hängt also ab von n, der Anzahl der Abschnitte, in die der Ring unterteilt wird. Bei $n_1 = 10$ entspricht $\Delta j = 1$ einer Distanz von $l_{n_1} = 4000$ km und bei $n_2 = 20$ einer Distanz von $l_{n_2} = 2000$ km. Wenn man von n_1 auf n_2 übergeht, um eine höhere räumliche Auflösung zu erhalten, skaliert d_i gemäß

$$d_{i,n_2} = \left(\frac{n_2}{n_1}\right)^2 \cdot d_{i,n_1}.$$

A.3 Kombination aller Prozesse

A.3.1 Abbau und Transport innerhalb eines Kompartiments

Im Modell wird angenommen, daß innerhalb eines Umweltkompartimentes i (dessen Index i in den folgenden Ausdrücken weggelassen wird) alle Abbauprozesse nach einer Reaktion 1. Ordnung verlaufen, also gemäß der Gleichung

$$\dot{c}_j(t) = -\kappa \cdot c_j(t), \quad j = 1, \ldots, n.$$

Wenn diese Gleichung um die Transportprozesse erweitert wird, erhält man die vollständige Bilanzgleichung für die Konzentration $c_j(t)$ in einem Abschnitt j im betrachteten Umweltkompartiment. Parallel zum Fall mit stoßförmiger Emission bei $t = 0$ (Exposition als Zielgröße) ist auch der Fall mit kontinuierlicher Emission (*steady state*-Konzentration als Zielgröße) dargestellt.

Bei stoßförmiger Emission zum Zeitpunkt $t = 0$ gilt:

$$\dot{c}_j(t) = d\left\{c_{j+1}(t) - c_j(t)\right\} + d\left\{c_{j-1}(t) - c_j(t)\right\} - \kappa\, c_j(t) \tag{A.6}$$

und entsprechend bei kontinuierlicher Emission, die durch einen – hier zeitunabhängigen – Quellterm q_j beschrieben wird:

$$\dot{c}_j(t) = d\left\{c_{j+1}(t) - c_j(t)\right\} + d\left\{c_{j-1}(t) - c_j(t)\right\} - \kappa\, c_j(t) + q_j. \tag{A.7}$$

Abgesehen von Abbau- und Quellterm entsprechen diese beiden Gleichungen dem diskretisierten 2. Fickschen Gesetz (vgl. Gl. A.5).

Der n-elementige Vektor

$$\mathbf{c}_{\text{intern}}(t) := (c_1(t), c_2(t), \ldots, c_n(t))^T$$

erfüllt also die Differentialgleichung

$$\dot{\mathbf{c}}_{\text{intern}}(t) = -\mathbf{T}\, \mathbf{c}_{\text{intern}}(t) \quad \text{(stoßförmige Emission)} \tag{A.8}$$

bzw.

$$\dot{\mathbf{c}}_{\text{intern}}(t) = -\mathbf{T}\, \mathbf{c}_{\text{intern}}(t) + \mathbf{q} \quad \text{(kontinuierliche Emission)} \tag{A.9}$$

mit

$$\mathbf{T} = \begin{pmatrix} \kappa + 2d & -d & 0 & \ldots & 0 & -d \\ -d & \kappa + 2d & -d & 0 & \ldots & 0 \\ \vdots & & & & & \vdots \\ -d & 0 & \ldots & 0 & -d & \kappa + 2d \end{pmatrix}. \tag{A.10}$$

$\mathbf{T}$ wird durch entsprechende Wahl der Parameter κ und d für jedes Kompartiment spezifiziert, so daß die drei Matrizen $\mathbf{T}_s$ (Boden), $\mathbf{T}_l$ (Wasser) und $\mathbf{T}_g$ (Luft) resultieren.

A.3.2 Abbau, Transport und Übertritt zwischen den Kompartimenten

Aus den Bilanzgleichungen für die Übertrittsprozesse (Gl. A.1) und die Abbau- und Transportsprozesse (Gl. A.6 bzw. Gl. A.7) kann jetzt die vollständige Bilanzgleichung für alle Konzentrationen $c_{s,j}(t)$, $c_{l,j}(t)$ und $c_{g,j}(t)$ aufgestellt werden. Der vollständige Konzentrationsvektor

$$\mathbf{c}(t) := (c_{s,1}(t), \ldots, c_{s,n}(t),\ c_{l,1}(t), \ldots, c_{l,n}(t),\ c_{g,1}(t), \ldots, c_{g,n}(t))^T \qquad (A.11)$$

umfaßt $3n$ Elemente; er erfüllt die Bewegungsgleichung

$$\dot{\mathbf{c}}(t) = -\mathbf{S}\,\mathbf{c}(t) \quad \text{(stoßförmige Emission)} \qquad (A.12)$$

bzw.

$$\dot{\mathbf{c}}(t) = -\mathbf{S}\,\mathbf{c}(t) + \mathbf{q} \quad \text{(kontinuierliche Emission)}. \qquad (A.13)$$

Dabei ist die Matrix $\mathbf{S}$ eine $3n \times 3n$-Matrix, deren Struktur von der – frei wählbaren – Anordnung der Konzentrationen $c_{s,j}(t)$, $c_{l,j}(t)$ und $c_{g,j}(t)$ im Vektor $\mathbf{c}(t)$ abhängt. Wenn die obige Anordnung (Gl. A.11) verwendet wird, entsteht das Grundgerüst von $\mathbf{S}$ als die direkte Summe der drei Matrizen $\mathbf{T}_s$, $\mathbf{T}_l$ und $\mathbf{T}_g$:

$$\mathbf{T}_s \oplus \mathbf{T}_l \oplus \mathbf{T}_g = \begin{pmatrix} \mathbf{T}_s & 0 & 0 \\ 0 & \mathbf{T}_l & 0 \\ 0 & 0 & \mathbf{T}_g \end{pmatrix}.$$

Dieses Grundgerüst wird in folgender Weise ergänzt: Die Abbaurate der Gasphase (κ_g) wird mit dem Faktor $(1-\Phi)$ multipliziert, so daß der partikelgebundene Anteil der Abbaureaktion in der Gasphase entzogen ist. Auf diese Weise resultiert eine Matrix $\mathbf{T}_g^{(1-\Phi)}$, deren Diagonalelemente die Form $\kappa_g(1-\Phi) + 2d$ haben (in den Diagonalelementen von $\mathbf{T}$ oben in Gl. A.10 fehlt der Faktor $(1-\Phi)$).

Außerdem enthält $\mathbf{S}$ in den Diagonalblöcken zusätzlich zu den Matrizen $\mathbf{T}_s$, $\mathbf{T}_l$ und $\mathbf{T}_g^{(1-\Phi)}$ die Geschwindigkeitskonstanten für die Übertrittsprozesse Boden $\to$ Wasser/Luft; Wasser $\to$ Boden/Luft sowie Luft $\to$ Boden/Wasser; in den Außerdiagonalblöcken stehen die Geschwindigkeitskonstanten für die Übertrittsprozesse in den entgegengesetzten Richtungen. Dies sind die Parameter u_{ik} aus Tabelle A.1 auf S. 160.

Mit allen diesen Beiträgen nimmt $\mathbf{S}$ die folgende Form an:

$$\mathbf{S} = \begin{pmatrix} \mathbf{T}_s + (u_{sl} + u_{sg})\,\mathbf{I}_{n\times n} & 0 & -u_{gs}\cdot V_g/V_s\cdot\mathbf{I}_{n\times n} \\ -u_{sl}\cdot V_s/V_l\cdot\mathbf{I}_{n\times n} & \mathbf{T}_l + (u_{ls} + u_{lg})\,\mathbf{I}_{n\times n} & -u_{gl}\cdot V_g/V_l\cdot\mathbf{I}_{n\times n} \\ -u_{sg}\cdot V_s/V_g\cdot\mathbf{I}_{n\times n} & -u_{lg}\cdot V_l/V_g\cdot\mathbf{I}_{n\times n} & \mathbf{T}_g^{(1-\Phi)} + (u_{gs} + u_{gl})\,\mathbf{I}_{n\times n} \end{pmatrix} \qquad (A.14)$$

(mit $\mathbf{I}_{n\times n}$ als n-dimensionaler Einheitsmatrix).

A.4 Vorgehensweise bei der Berechnung von R und τ

A.4.1 Berechnung der Exposition

Die Bewegungsgleichungen für die Konzentrationen $c_{i,j}(t)$ bilden die Systeme (A.12) und (A.13) aus $3n$ gekoppelten linearen gewöhnlichen Differentialgleichungen. Für diese Systeme kann die allgemeine Form der Lösung $\mathbf{c}(t)$ analytisch angegeben werden; die explizite Berechnung des Zeitverlaufs $c_{i,j}(t)$ für alle Ortsabschnitte $j = 1, \ldots, n$ in allen drei Kompartimenten $i = \mathrm{s}, \mathrm{l}, \mathrm{g}$ muß allerdings numerisch erfolgen.

Zur Berechnung von R und τ ist die explizite Bestimmung der Konzentrationen $c_{i,j}(t)$ jedoch gar nicht erforderlich, sondern es reicht aus, bei stoßförmiger Emission die Expositionen $e_{i,j} = \int_0^\infty c_{i,j}(t)\,dt$ und bei kontinuierlicher Emission die *steady state*-Konzentrationen $c_{i,j}^{\mathrm{st}}$ zu berechnen:

Im ersten Fall (stoßförmige Emission) kann die Lösung $\mathbf{c}(t)$ für die Bewegungsgleichung

$$\dot{\mathbf{c}}(t) = -\mathbf{S}\,\mathbf{c}(t) \tag{A.15}$$

geschrieben werden als:

$$\mathbf{c}(t) = e^{-\mathbf{S}\,t}\,\mathbf{c}(0), \tag{A.16}$$

wobei $e^{-\mathbf{S}\,t}$ für die Potenzreihe der Exponentialfunktion steht, die für jede quadratische Matrix berechnet werden kann. Damit ergibt sich für die Exposition $\mathbf{e}$:

$$\begin{aligned}
\mathbf{e} &= \int_0^\infty \mathbf{c}(t)\,dt \\
&= \int_0^\infty e^{-\mathbf{S}\,t}\,dt \cdot \mathbf{c}(0) \\
&= \mathbf{S}^{-1} \cdot \mathbf{c}(0).
\end{aligned} \tag{A.17}$$

Dabei wird vorausgesetzt, daß $\mathbf{S}$ diagonalisierbar ist (ohne Beweis) und daß alle Eigenwerte von $\mathbf{S}$ positiv sind (mit dem Satz von Gerschgorin (Niemeyer u. Wermuth 1987, S. 225) läßt sich zeigen, daß für alle Eigenwerte $\lambda_{i,j}$ von $\mathbf{S}$ gilt: $\lambda_{i,j} \geq \kappa_i \geq 0$). Bei positiven Eigenwerten von $\mathbf{S}$ existiert das Integral $\int_0^\infty e^{-\mathbf{S}\,t}\,dt$.

Im zweiten Fall (kontinuierliche Emission) führt die Bewegungsgleichung

$$\dot{\mathbf{c}}(t) = -\mathbf{S}\,\mathbf{c}(t) + \mathbf{q}$$

mit Bedingung für *steady state*, $\dot{\mathbf{c}}(t) = 0$, unmittelbar auf die zu Gl. A.17 analoge Gleichung

$$\mathbf{c}^{\mathrm{st}} = \mathbf{S}^{-1}\,\mathbf{q}. \tag{A.18}$$

Das heißt: Die Exposition **e** (bei stoßförmiger Emission) und die *steady state*-Konzentration $\mathbf{c}^{\mathrm{st}}$ (bei kontinuierlicher Emission) resultieren also in gleicher Weise aus der Multiplikation der Matrix $\mathbf{S}^{-1}$ mit dem Emissions-Vektor $\mathbf{c}(0)$ bzw. $\mathbf{q}$. Somit können R und τ für stoßförmige und kontinuierliche Emission in gleicher Weise aus **e** und $\mathbf{c}^{\mathrm{st}}$ durch Inversion der Matrix $\mathbf{S}$ berechnet werden.

A.4.2 Berechnung der Persistenz

Die Persistenz τ wird berechnet als die Äquivalenzbreite der Funktion $M(t)$, die den Zeitverlauf der Gesamtstoffmenge nach stoßförmiger Emission beschreibt:

$$\begin{aligned}
\tau &= \frac{1}{M_0} \int_0^\infty M(t)\, dt \\
&= \frac{1}{M_0} \int_0^\infty \left(\sum_{j=1}^n m_{\mathrm{s},j}(t) + \sum_{j=1}^n m_{\mathrm{l},j}(t) + \sum_{j=1}^n m_{\mathrm{g},j}(t) \right) dt \\
&= \frac{1}{M_0} \sum_{j=1}^n \left(e_{\mathrm{s},j} \cdot V_{\mathrm{s}}/n + e_{\mathrm{l},j} \cdot V_{\mathrm{l}}/n + e_{\mathrm{g},j} \cdot V_{\mathrm{g}}/n \right). \quad (\mathrm{A}.19)
\end{aligned}$$

Da die ringförmige Modellwelt in n gleichgroße Abschnitte aufgeteilt ist, besitzen alle Abschnitte die gleichen Volumina V_{s}/n, V_{l}/n und V_{g}/n.

Die Definition für den Fall mit kontinuierlicher Emission lautet entsprechend:

$$\begin{aligned}
\tau &= \frac{1}{Q} \cdot M^{\mathrm{st}} \\
&= \frac{1}{Q} \cdot \left(\sum_j c_{\mathrm{s},j}^{\mathrm{st}} \cdot V_{\mathrm{s}}/n + \sum_j c_{\mathrm{l},j}^{\mathrm{st}} \cdot V_{\mathrm{l}}/n + \sum_j c_{\mathrm{g},j}^{\mathrm{st}} \cdot V_{\mathrm{g}}/n \right).
\end{aligned}$$

Q bezeichnet dabei die Quellenstärke des Emittenten (in $\mathrm{kg\,s^{-1}}$ oder $\mathrm{mol\,s^{-1}}$) in Analogie zur stoßförmig freigesetzten Stoffmenge M_0; M^{st} ist die Gesamtstoffmenge, die im *steady state* in der Umwelt vorhanden ist.

Bemerkung: τ kann in gleicher Weise wie für das Gesamtsystem auch allein für das Kompartiment i, in das der Stoff freigesetzt wird, berechnet werden:

$$\begin{aligned}
\tau_i &:= \frac{1}{M_0} \overline{M}_i \\
&= \frac{1}{M_0} \int_0^\infty M_i(t)\, dt \\
&= \frac{1}{M_0} \int_0^\infty \sum_{j=1}^n m_{i,j}(t)\, dt \\
&= \frac{1}{M_0} \sum_{j=1}^n e_{i,j} \cdot V_i/n.
\end{aligned}$$

Für die anderen beiden Kompartimente ist $M_0 = 0$, so daß keine solche kompartimentspezifische Persistenz berechnet werden kann. Im Gegensatz zur Gesamtpersistenz τ, die ausschließlich Abbauprozesse beschreibt, reflektiert die kompartimentspezifische Persistenz τ_i sowohl den Abbau im jeweiligen Kompartiment *und* den Übertritt in die anderen Kompartimente. So ist z. B. ist für die sehr flüchtigen FCKW τ_s aufgrund der Flüchtigkeit sehr klein, τ hingegen sehr groß.

A.4.3 Berechnung der Reichweite

Für die Berechnung von R wird die Quantilsdifferenz $\Delta_{0.95}$ verwendet, vgl. Abb. A.1. Dabei gilt für jeden Halbast der Verteilung $\{e_j\}_{j=1,\ldots,n}$, daß ein Bruchteil von 2.5% außerhalb des durch die Reichweite markierten Bereichs liegen soll. Vom Ende jedes Halbastes her, d. h. vom Mittelpunkt des Abschnitts $n/2 + 1$ (dieser Abschnitt wird jedem Halbast zur Hälfte zugeschlagen), werden solange die Expositionswerte e_j aufaddiert, bis auf jeder Seite der Wert 2.5% erreicht ist. Im Intervall zwischen diesen beiden Punkten liegen dann 95 % des Gewichts der Expositionsverteilung.

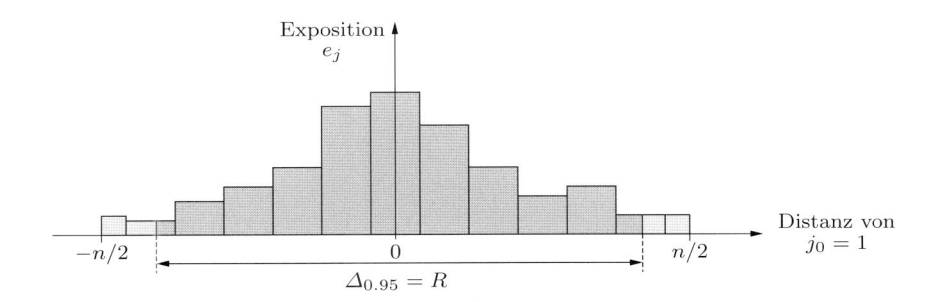

Abbildung A.1: Expositionsverteilung im Ringmodell mit $n = 12$; Freisetzungsort ist $j_0 = 1$. Das von $R = \Delta_{0.95}$ abgesteckte Intervall (dunkel schraffiert) enthält 95 % des Gewichts der Verteilung.

Weil das Modell nicht zur Simulation realistischer Szenarien gedacht ist, wird R nicht in absoluten Einheiten, z. B. in km, angegeben, sondern in % des Erdumfangs L. Auf diese Weise ist der relative Vergleich verschiedener Reichweiten möglich, und zugleich ist erkennbar, daß es sich nicht um reale Distanzen handelt.

Anhang B
Glossar

Aggregierungsproblem: bezeichnet hier die Schwierigkeit, daß verschiedenartige Umwelteffekte oder Umweltschäden wie z. B. Gesundheitsschädigungen beim Menschen, Artenverlust und Treibhauseffekt nicht adäquat auf ein gemeinsames Schadensmaß abgebildet werden können, z. B. durch Monetarisierung auf einen Geldwert. Dies wäre jedoch die nötige Voraussetzung, um die relativen Schadenshöhen zu bestimmen und zu einem Gesamtschaden zu aggregieren.

Auswirkung: wird hier verwendet als Oberbegriff für die Reaktionen von Organismen und Umweltsystemen auf Einwirkungen.

Bewertung: bedeutet hier je nach Zusammenhang: (1) Zuweisung eines Meßwertes, (2) Beurteilung der Relevanz von Indikatoren für ein bestimmtes Problem, (3) normatives Urteil, d. h. Bewertung eines Sachverhalts unter einer moralischen Norm, (4) Schaden-Nutzen-Abwägung.

Bewertungsproblem: bezeichnet hier die Schwierigkeit, daß Umweltveränderungen über den Geltungsbereich etablierter Schadensbegriffe hinausgehen und daß daher kein Konsens darüber besteht, Schäden welcher Art und Höhe sie darstellen.

Bioakkumulation: Bioakkumulierende Stoffe treten aus der Umwelt, d. h. aus dem Wasser, aus der Nahrung oder aus der Luft in das Gewebe von Organismen über und konzentrieren sich dort auf. Das Bioakkumulationspotential fettlöslicher Stoffe kann mit Hilfe des Oktanol-Wasser-Verteilungskoeffizienten K_{ow} abgeschätzt werden. Die Akkumulation kann sich entlang der Nahrungskette fortsetzen und führt dann bei den Arten am oberen Ende der Nahrungskette, z. B. bei Robben oder Seevögeln, zu einer zusätzlich erhöhten Konzentration im Gewebe (Biomagnifikation).

BSB$_5$: Biologischer Sauerstoffbedarf (engl. *Biological Oxygen Demand*, BOD) bei aerobem Abbau während fünf Tagen bei 20°C ohne Lichteinwirkung. Der BSB wird i. a. in g Sauerstoff pro g Substanz angegeben. Bei biologisch gut abbaubaren Substanzen ist er annähernd so groß wie der chemische Sauerstoffbedarf (CSB), bei biologisch schlecht abbaubaren Substanzen deutlich niedriger.

CKW: Chlorkohlenwasserstoffe, die zwei Hauptgruppen umfassen: a) Substanzen wie Tetrachlorkohlenstoff (CCl$_4$) mit hohem Dampfdruck, die zu den *Volatile Organic*

Chemicals, VOCs, gerechnet werden, und b) Verbindungen wie DDT oder PCB mit tiefem Dampfdruck, die zu den *Semivolatile Organic Chemicals*, SOCs, gerechnet werden.

CSB: Chemischer Sauerstoffbedarf (engl. *Chemical Oxygen Demand*, COD). Sauerstoffmenge, die bei chemischer Oxidation eines Stoffes, i. a. mit dem Oxidationsmittel Kaliumdichromat oder Kaliumpermanganat, verbraucht wird (in g Sauerstoff pro g Substanz).

deskriptiv: beschreibend (im Unterschied zu analytisch und zu normativ), d. h. (natur-)wissenschaftliche Resultate lediglich darstellend.

Einwirkung: wird hier verwendet als Oberbegriff für Immission und Exposition.

Emission: Stofffreisetzung in die Umwelt, stoßförmig (in kg) oder kontinuierlich (in kg/s oder t/a).

Endpunkt: Ursprünglich in der Toxikologie verwendet für eine Meßgröße, mit der eine toxische Wirkung erfaßt wird. Darüberhinaus ist ein Endpunkt eine definierte Zielgröße, die eine Aussage über eine Veränderung in der Umwelt erlaubt (vgl. auch Indikator). Persistenz und Reichweite werden hier als Endpunkte der expositionsgestützten Chemikalienbewertung verwendet.

Exposition: Produkt aus einwirkender Stoffkonzentration und Einwirkungsdauer, in $s \cdot kg/m^3$ (äußere Exposition). Wenn die Stoffaufnahme durch einen Organismus erfaßt werden soll (innere Exposition), wird die Exposition i. a. auf das Körpergewicht (in kg) und die Expositionszeit (in Tagen) bezogen, sie hat dann die Einheit $mg/(kg \cdot d)$.

FCKW: Fluorchlorkohlenwasserstoffe, z. B. CCl_3F (F-11); werden vor allem als Lösungsmittel, Entfettungsmittel, Kühlmittel und Treibgase eingesetzt. Sie sind nicht brennbar, nicht toxisch und in der Umwelt chemisch sehr stabil. FCKW tragen zum Ozonabbau in der Stratosphäre und zum anthropogenen Treibhauseffekt bei. Ihre Verwendung ist seit dem Protokoll von Montreal von 1987 eingeschränkt. Eine Gruppe von chemisch ähnlichen Ersatzstoffen enthält im Gegensatz zu den FCKW Wasserstoff und wird daher als HFCKW bezeichnet.

Gefährdung: Vorbedingung für den Eintritt eines Schadens. Wird hier als wertende Kategorie für Chemikalieneinwirkungen (Immissionen, Expositionen) verwendet. Dimensionen einer Gefährdung sind Dauer, räumliches Ausmaß und Höhe der Einwirkung. Gefährdung ist zu unterscheiden vom spezifischeren Begriff der „Gefahr" im rechtlichen Sinne, womit der Fall bezeichnet wird, daß ein konkretes Schadensereignis unmittelbar bevorsteht, und vom Begriff des Risikos, der sich auf das Ausmaß und die zugehörige Wahrscheinlichkeit möglicher, bekannter Schäden stützt.

Gutachterdilemma: (auch „Gutachtendilemma") Dieser Begriff bezeichnet die Situation, daß mehrere wissenschaftliche Stellungnahmen zur selben Frage je nach den zugrundeliegenden Prämissen und Betrachtungsweisen unterschiedlich oder sogar widersprechend ausfallen können. Da bei Fragen der Technikbewertung und Umweltforschung die Sachverhalte sehr vielschichtig sind und die wissenschaftlichen und außerwissenschaftlichen Grundannahmen viele, auch mit Unsicherheit behaftete Aspekte umfassen, ist das Gutachterdilemma mit einem Appell an die „Ehrlichkeit" oder das wissenschaftliche Ethos der Gutachter nicht zu lösen.

Immission: Stoffkonzentration an einem bestimmten Punkt in der Umwelt.

Indikator: naturwissenschaftliche Meßgröße, die ein integriertes Bild von einem naturwissenschaftlichen Sachverhalt liefert (Komplexitätsreduktion) und die Interpretation und Bewertung dieses Sachverhalts erlaubt (Vermittlung zwischen Norm und Sachverhalt).

Laborsystem: Dieser Begriff bezeichnet hier ein System mit zumindest weitgehend definierten Komponenten, an dem unter kontrollierbaren Bedingungen bestimmte Eingriffe vorgenommen werden. Laborsysteme dienen dem Zweck, ihre vor einem Eingriff unbekannte oder höchstens in Form einer Hypothese vermutete Reaktion auf diesen Eingriff systematisch zu untersuchen (Experiment).

LOEL: steht für engl. *Lowest Observed Effect Level* und bezeichnet i. a. die niedrigste Konzentration oder Dosis, bei der in einem toxikologischen Test ein Effekt festgestellt wurde. Ein solcher Wert hängt erheblich vom angewendeten Testverfahren ab.

Modell: Ein naturwissenschaftliches Modell beruht auf einer theoretischen Vorstellung von einem System, das von seiner Umgebung abgegrenzt ist und in dem ausgewählte, d. h. die für die jeweilige Betrachtung relevanten physikalischen, chemischen und biologische Prozesse ablaufen. Der Zustand des Systems wird im Modell durch Zustandsvariablen wie z. B. Stoffkonzentrationen dargestellt, und die verschiedenen Prozesse werden durch mathematische Gesetzmäßigkeiten beschrieben, nach denen sich die Zustandsvariablen ändern. Im einzelnen werden hier Simulationsmodelle und evaluative Modelle unterschieden. Simulationsmodelle bilden spezifische Prozesse so genau ab, daß die Modellresultate mit Meßdaten zu diesen Prozessen verglichen werden können. Evaluative Modelle liefern demgegenüber ein stark vereinfachtes Bild vom Umweltverhalten chemischer Stoffe, das sich auf durchschnittliche Parameterwerte stützt. Sie können mit relativ geringem Aufwand auf viele Stoffe angewendet werden und ermöglichen damit den Stoffvergleich unter einheitlichen Bedingungen.

Nachhaltige Entwicklung: Übersetzung des englischen Begriffs „*Sustainable Development*"; weitere deutsche Bezeichnungen sind „dauerhaft-umweltgerechte Entwicklung" (Sachverständigenrat für Umweltfragen) und „Zukunftsfähigkeit"

(Wuppertal-Institut). Der Begriff wird seit dem Erscheinen des Brundtland-Berichtes (1987) in zunehmendem Maß verwendet, um das Leitbild einer gesellschaftlichen Naturnutzung zu bezeichnen, die langfristig stabil ist, wobei dieses Leitbild i. a. ökonomische, gesellschaftliche und umweltbezogene Teilziele umfaßt, deren Verhältnis zueinander jedoch – bisher – nicht zureichend analysiert ist. Aufgrund seiner Breite und geringen Spezifität wird das Leitbild der nachhaltigen Entwicklung von verschiedenen gesellschaftlichen Gruppen im Hinblick auf sehr unterschiedliche Ziele und Zukunftsvorstellungen ins Feld geführt.

Wörtlich leitet sich die deutsche Bezeichnung „Nachhaltigkeit" von der nachhaltigen Forstwirtschaft her, bei der dem Wald nicht mehr Holz entnommen wird, als nachwächst, und bei der auch weitere Funktionen des Waldes wie z. B. Lawinenschutz dauerhaft erhalten bleiben. Die englische Bezeichnung „*Sustainable Development*" bezog sich ursprünglich auf die gegenseitige Abhängigkeit von wirtschaftlicher Entwicklung und Umweltschutz in den Entwicklungsländern.

naturalistischer Fehlschluß: Ableitung von Normen, Sollensvorschriften etc. aus deskriptiven Befunden, z. B. Meßwerten, ohne eine zusätzliche Begründung, die sich ihrerseits auf normative Grundlagen stützt.

NOAEL: steht für engl. *No Observed Adverse Effect Level* und bezeichnet i. a. die höchste Konzentration oder Dosis, bei der in einem toxikologischen Test kein Effekt festgestellt wurde. Ein solcher Wert hängt erheblich vom angewendeten Testverfahren ab.

Norm: a) ethische Norm (auch „normatives Prinzip"): moralisch begründete Handlungsregeln, die Werturteile über Handlungen und ihre Folgen rechtfertigen. Anhand einer Norm und geeigneter Indikatoren, mit denen die Norm auf einzelne Sachverhalte angewendet wird, können wünschenswerte, z. B. gerechte Zustände oder schutzwürdige Güter identifiziert werden. Eine Norm kann in folgender Hinsicht spezifiziert und mit anderen Normen verglichen werden: Aufgrund welcher Eigenschaft wird ein Schutzgut/Zustand als schutzwürdig/wünschenswert angesehen (dadurch wird die Menge aller schutzwürdigen Objekte oder der wünschenswerten Zustände bestimmt), und wie wird diese Schutzwürdigkeit begründet?

b) gesellschaftliche Norm: gesellschaftlich vereinbarte Regel wie z. B. die Übereinkunft, bei Rot an einer Ampel anzuhalten.

c) technische Norm: Standard, der der Vereinheitlichung dient (Vergleichbarkeit von Produkten) und definierte Qualitäten gewährleisten soll.

normativ: wertend; mit Geltungsanspruch, der auf eine Norm gestützt ist.

Ökobilanz: Verfahren zur umfassenden Untersuchung eines Produktes oder einer Dienstleistung, das alle Stufen des Produkt-Lebensweges (Rohstoffgewinnung, Herstellung, Vertrieb, Gebrauch, Recycling und Entsorgung) umfaßt und die mit diesen Stufen verbundenen Umwelteffekte bilanziert, vor allem Ressourcenverbrauch und Stoffemissionen. Engl. *Life Cycle Assessment*. Eine Ökobilanz ist nach ISO 14040 gegliedert in die Schritte Zieldefinition, Inventarerstellung, Wirkungsbeurteilung und Interpretation.

Operationalisierungsproblem: bezeichnet hier die Schwierigkeit, ein normatives Leitbild wie z. B. das der nachhaltigen Entwicklung durch geeignete Indikatoren zu konkretisieren, die zwischen dem Leitbild und einzelnen Sachverhalten (Anwendungsfällen) vermitteln und so das Leitbild überhaupt erst umsetzbar machen („operationalisieren").

PCB: Polychlorierte Biphenyle, gehören zu den halbflüchtigen CKW und den POPs. Insgesamt 209 verschiedene Verbindungen, die in technischer Form, d. h. als Gemische mit bestimmtem Chlorgehalt, u. a. in Transformatoren und Kondensatoren als Dielektrika sowie als Hydrauliköle eingesetzt wurden. Sie sind chemisch stabil, nicht brennbar und in der Umwelt persistent. PCB werden seit Ende der 70er Jahre in den USA und Westeuropa nicht mehr produziert, sind jedoch in vielen technischen Anlagen noch im Gebrauch. In Rußland werden PCB auch heute noch produziert.

PEC: steht für engl. *Predicted Environmental Concentration*, d. h. eine Stoffkonzentration in der Umwelt, wie sie z. B. mit evaluativen Modellen berechnet wird.

Persistenz: Maß für die Zeitdauer, die für den biologischen und/oder chemischen Abbau einer Substanz benötigt wird; wird in Tagen oder Jahren angegeben. Die Persistenz wird hier in Verbindung mit der räumlichen Reichweite als Maßzahl zur Charakterisierung von Chemikalienexpositionen und als Indikator für Umweltgefährdungen verwendet.

PNEC: steht für engl. *Predicted No Effect Concentration*, d. h. eine abgeschätzte Maximalkonzentration, bei der noch keine toxischen Effekte ausgelöst werden. Ein PNEC-Wert wird i. a. mit Hilfe von Extrapolationsfaktoren aus Testergebnissen zur akuten oder chronischen Toxizität ermittelt.

POPs: *Persistent Organic Pollutants*, Oberbegriff für persistente halbflüchtige Verbindungen, bei denen zur Zeit auf internationaler Ebene über ihren definitiven Ersatz durch Alternativen verhandelt wird. Bisher sind 12 halbflüchtige CKW als POPs deklariert worden. Es handelt sich um die Pestizide Aldrin, Chlordan, DDT, Dieldrin, Endrin, Heptachlor, Mirex und Toxaphen sowie um die Industriechemikalien Hexachlorbenzol und polychlorierte Biphenyle, und schließlich die polychlorierten Dibenzodioxine und Dibenzofurane, die als unerwünschte Nebenprodukte z. B. bei Verbrennungsprozessen anfallen.

Reichweite: Maß für die räumliche Distanz, über die sich ein Stoff durch Transportprozesse in der Umwelt verteilt (in km). Die räumliche Reichweite wird hier in Verbindung mit der Persistenz als Maßzahl zur Charakterisierung von Chemikalienexpositionen und als Indikator für Umweltgefährdungen verwendet (expositionsgestützte Chemikalienbewertung).

Risiko: in der probabilistischen Risikoanalyse und in der Entscheidungstheorie definiert als die Summe über das Produkt aus Eintrittswahrscheinlichkeit p_i und Ausmaß A_i jeder Konsequenz (i), die durch eine Handlung ausgelöst werden kann: $r = \sum_i p_i \cdot A_i$.

In der chemischen Risikobeurteilung wird das Verhältnis aus PEC (einwirkender Konzentration) und PNEC (geschätzter Wirkschwelle) als Risikoquotient bezeichnet (ohne direkten Bezug auf Wahrscheinlichkeiten).

Im allgemeinen Sprachgebrauch bezeichnet Risiko die Situation, daß eine Handlung möglicherweise negative Folgen hat, die jedoch – zum Teil – unbekannt oder unwahrscheinlich sind. Vgl. dazu auch Unsicherheit.

Schaden: negativ bewertete Veränderung an einem Schutzgut. Die negative Bewertung ist dabei nicht als eine rein individuelle Einschätzung zu verstehen, sondern i. a. durch Normen geprägt.

SOCs: *Semivolatile Organic Chemicals*, umfassen Stoffgruppen mit einem Dampfdruck tiefer als 10 Pascal (10^{-4} atm) wie Chlorkohlenwasserstoffe, z. B. DDT, und polycyclische aromatische Kohlenwasserstoffe (*Polycyclic Aromatic Hydrocarbons*, PAH, z. B. Benzo[a]pyren).

Syndrom-Ansatz: Vom Wissenschaftlichen Beirat für Globale Umweltveränderungen (WBGU) der deutschen Bundesregierung entwickelter Ansatz, mit dem besonders dominante Problemfelder des derzeitigen globalen Wandels identifiziert, analysiert und typisiert werden, z. B. das Sahel-Syndrom oder das Hoher-Schornstein-Syndrom. Der Syndrom-Ansatz wird zur Zeit v. a. am Potsdamer Institut für Klimafolgenforschung ausgearbeitet.

Technisches System: Ein technisches System wie z. B. ein einzelnes technisches Gerät oder eine technische Anlage ist durch einen bestimmten Zweck und einen auf diesen Zweck ausgerichteten Funktionszusammenhang charakterisiert. Dieser definierte Funktionszusammenhang macht das System kontrollierbar und im Sinne des Verwendungszwecks nutzbar.

Transdisziplinarität: Der Begriff wird seit einigen Jahren verwendet, um die wissenschaftliche Bearbeitung disziplinenübergreifender, lebensweltlicher Probleme zu charakterisieren. Transdisziplinarität läßt sich in folgender Weise von Multidisziplinarität und Interdisziplinarität abgrenzen:

Bei Multidisziplinarität werden die Teilaspekte des übergreifenden Problems aus disziplinären Perspektiven bearbeitet, und die Resultate werden nach der Untersuchung zusammengestellt.

Bei Interdisziplinarität werden verschiedene disziplinäre Perspektiven miteinander kombiniert, so daß sich über die Grenzen zwischen den Disziplinen hinweg neue Begrifflichkeiten und Erkenntnisinteressen ausbilden. Auch die interdisziplinären Problemstellungen ergeben sich zu Beginn jedoch i. a. aus den spezifischen Forschungstraditionen der Disziplinen.

Bei Transdisziplinarität ist das erkenntnisleitende Interesse unabhängig von disziplinären Erkenntniszielen auf lebensweltliche Probleme ausgerichtet. Die eingesetzten Methoden können neu entwickelt oder aus ihren ursprünglichen disziplinären Kontexten herausgelöst und auf neue Fragen übertragen werden. Dabei können Methoden miteinander kombiniert werden, die ursprünglich für sehr unterschiedliche Erkenntnisinteressen entwickelt worden sind.

Umweltchemikalien: hier verwendet als Bezeichnung für alle Stoffe, die durch menschliche Aktivität in erheblichen Mengen in die Umwelt freigesetzt werden. Die Bezeichnung umfaßt sowohl Stoffe, die gezielt freigesetzt werden als auch solche, die unbeabsichtigt freigesetzt werden, sowie Stoffe, die natürlich vorkommen und solche, die nur aus anthropogenen Quellen stammen (Xenobiotika). Bei natürlich vorkommenden Stoffen bestimmt der natürliche Hintergrund, welche anthropogenen Mengen als relevant anzusehen sind; bei nicht natürlich vorkommenden Stoffen können auch kleine Mengen relevant sein.

Umweltsystem: wird hier verwendet als umfassende Bezeichnung für bestimmte, wissenschaftlich untersuchte Ausschnitte aus der Biosphäre. Umweltsysteme können nur einzelne oder auch alle drei Kompartimente Boden, Wasser und Luft sowie Subkompartimente davon umfassen. Sie enthalten im Prinzip eine unbestimmte Anzahl Komponenten und müssen im Einzelfall durch eine bestimmte Auswahl der Komponenten und Prozesse definiert werden.

Unbestimmtheit: bezeichnet in der Entscheidungstheorie eine Situation, in der weder das Ausmaß und die Art noch die Eintrittswahrscheinlichkeiten für mögliche Folgeereignisse einer Handlung bekannt sind.

Ungewißheit: bezeichnet in der Entscheidungstheorie eine Situation, in der zwar Art und Ausmaß möglicher Folgeereignisse einer Handlung bekannt sind, die zugehörigen Eintrittswahrscheinlichkeiten jedoch nicht.

Unsicherheit: wird hier verwendet als Oberbegriff für Risiko, Ungewißheit und Unbestimmtheit.

Wahrnehmungsproblem: bezeichnet hier die Tatsache, daß viele Umweltveränderungen großmaßstäblich und langfristig sowie nach komplexen Wirkmechanismen ablaufen, so daß sie nicht als spezifische Ereignisse (sinnlich) wahrgenommen werden können.

Xenobiotika: Stoffe, für die es keine natürlichen Quellen gibt und die daher in der Umwelt nur nach der Freisetzung durch den Menschen vorkommen; auch als Fremdstoffe bezeichnet. Xenobiotika sind eine Teilgruppe der Umweltchemikalien.

Literatur

AGAZZI, E. (1995)
Das Gute, das Böse und die Wissenschaft. Die ethische Dimension der wissenschaftlich-technologischen Unternehmung. Akademie Verlag.

AHLERS, J., DIDERICH, R., KLASCHKA, U., MARSCHNER, A., SCHWARZ-SCHULZ, B. (1994)
Environmental Risk Assessment of Existing Chemicals, *Environmental Science and Pollution Research* **1** (2), 117–123.

ANDERSON, T. A., BEAUCHAMP, J. J., WALTON, B. T. (1991)
Organic Chemicals in the Environment, *Journal of Environmental Quality* **20**, 420–424.

ANDERSON, P. N., HITES, R. A. (1996)
System to Measure Relative Rate Constants of Semivolatile Organic Compounds with Hydroxyl Radicals, *Environmental Science and Technology* **30** (1), 301–306.

ASHFORD, N. A., MILLER, C. S. (1998)
Low-Level Chemical Exposures: A Challenge for Science and Policy, *Environmental Science and Technology* **32** (21), 508A–509A.

ATKINS, P. W. (1983)
Molecular Quantum Mechanics. Oxford University Press.

ATLAS, E. L., SCHAUFFLER, S. (1990)
Concentration and Variation of Trace Organic Compounds in the North Pacific Atmosphere, in: Kurtz, D. A. (Ed.): *Long Range Transport of Pesticides.* Lewis Publishers, 161–183.

ATLAS, E. L., LI, S. M., STANDLEY, L. J., HITES, R. A. (1993)
Natural and Anthropogenic Organic Compounds in the Global Atmosphere, in: Hewitt, C. N., Sturges, W. T. (Eds.): *Global Atmospheric Chemical Change.* Elsevier, 313–381.

AUER, C. M. (1988)
Use of Structure-Activity Relationships in Assessing the Risks of New Chemicals, in: Hart, R. W., Hoerger, F. D. (Eds.): *Carcinogen Risk Assessment: New Directions in the Qualitative and Quantitative Aspects.* Banbury Report 31, Cold Spring Harbor Laboratory.

AYRES, R. U. (1998)
Toward a Zero-Emission Economy, *Environmental Science and Technology* **32** (15), 366A–367A.

BALLSCHMITER, K. (1985)
Globale Verteilung von Umweltchemikalien, *Nachrichten aus Chemie, Technik und Laboratorium* **33** (3), 206–208.

BALLSCHMITER, K. (1991)
Global Distribution of Organic Compounds, *Environmental Carcinogenesis & Ecotoxicology Reviews* C **9** (1), 1–46.

BALLSCHMITER, K. (1992)
Transport und Verbleib organischer Verbindungen im globalen Rahmen, *Angewandte Chemie* **104**, 501–528.

BALLSCHMITER, K., WITTLINGER, R. (1991)
Interhemisphere Exchange of Hexachlorocyclohexanes, Hexachlorobenzene, Polychlorobiphenyls, and 1,1,1-Trichloro-2,2-bis(p-chlorophenyl)ethane in the Lower Troposphere, *Environmental Science and Technology* **25** (6), 1103–1111.

BARNTHOUSE, L., FAVA, J., HUMPHREYS, K., HUNT, R., LAIBSON, L., NOESEN, S., NORRIS, G., OWENS, J., TODD, J., VIGON, B., WEITZ, K., YOUNG, J. (1997)
Life-Cycle Impact Assessment: The State-of-the-Art. Society of Environmental Toxicology and Chemistry (SETAC).

BAUER, U. (1989)
Bestandsaufnahme und Handlungsbedarf am Beispiel ausgewählter Verbindungen: Perchlorethylen, in: Verein Deutscher Ingenieure: *Halogenierte organische Verbindungen in der Umwelt.* VDI Berichte 745, VDI Verlag, 979–1002.

BAYER AG (Hg.) (1988)
Meilensteine – 125 Jahre Bayer.

BAYERTZ, K. (1988)
Ökologie als Medizin der Umwelt? Überlegungen zum Theorie-Praxis-Problem in der Ökologie, in: Bayertz, K. (Hg.): *Ökologische Ethik.* Schnell & Steiner, 86–101.

BECK, U. (1986)
Risikogesellschaft. Auf dem Weg in eine andere Moderne. Suhrkamp.

BECKER, E. (1993)
Wissenschaft als ökologisches Risiko, in: Hieber, L. (Hrsg.): *Utopie Wissenschaft.* Profil, 33–51.

BENNETT, D. H., MCKONE, T. E., MATTHIES, M., KASTENBERG, W. E. (1998)
General Formulation of Characteristic Travel Distance for Semivolatile Organic Chemicals in a Multimedia Environment, *Environmental Science and Technology* **32** (24), 4023–4030.

BERG, M. (1997)
Umweltgefährdungsanalyse der Erdöltransportschiffahrt. Peter Lang.

BERG, M., ERDMANN, G., HOFMANN, M., JAGGY, M., SCHERINGER, M., SEILER, H. (Hrsg.) (1994)
Was ist ein Schaden? Verlag der Fachvereine Zürich.

BERG, M., ERDMANN, G., LEIST, A., RENN, O., SCHABER, P., SCHERINGER, M., SEILER, H., WIEDENMANN, R. (1995)
Risikobewertung im Energiebereich. Verlag der Fachvereine Zürich.

BERG, M., SCHERINGER, M. (1994)
Problems in Environmental Risk Assessment and the Need for Proxy Measures, *Fresenius Environmental Bulletin* **3** (8), 487–492.

BERG, M., SCHERINGER, M. (1995)
Umweltgefährdung durch den Betrieb energieerzeugender Systeme, in: Berg, M. *et al.*: *Risikobewertung im Energiebereich*, Verlag der Fachvereine Zürich, 257–345.

BETTS, K. S. (1998)
Chemical Industry Evaluates Toxicity Screening Costs, *Environmental Science and Technology*, **32** (5), 127A.

BEWERS, J. M. (1995)
The Declining Influence of Science on Marine Environmental Policy, *Chemistry and Ecology* **10**, 9–23.

BIDLEMAN, T. F., BILLINGS, W. N., FOREMAN, W. T. (1986)
Vapor-Particle Partitioning of Semivolatile Organic Compounds: Estimates from Field Collections, *Environmental Science and Technology* **20** (10), 1038–1043.

BIDLEMAN, T. F., (1988)
Atmospheric Processes, *Environmental Science and Technology* **22** (4), 361–367.

BIDLEMAN, T., ATLAS, E. L., ATKINSON, R., BONSANG, B., BURNS, K., KEENE, W., KNAP, A., MILLER, J., RUDOLPH, J., TANABE, S. (1990)
The Long-Range Transport of Organic Compounds, in: Knap, A. J. (Ed.): *The Long-Range Atmospheric Transport of Natural and Contaminant Substances*. Kluwer, 259–301.

BIERHALS, E. (1984)
Die falschen Argumente? – Naturschutz-Argumente und Naturbeziehung, *Landschaft und Stadt* **16** (1/2), 117–126.

BIRNBACHER, D. (1988)
Verantwortung für zukünftige Generationen. Reclam.

BOLIN, B. (1986)
How Much CO_2 Will Remain in the Atmosphere?, in: Bolin, B. *et al.* (Eds.): *The Greenhouse Effect, Climate Change, and Ecosystems*. SCOPE Report No. 29, John Wiley, 93–155.

BUA (BERATERGREMIUM FÜR UMWELTRELEVANTE ALTSTOFFE) (1986)
Umweltrelevante Alte Stoffe. Auswahlkriterien und Stoffliste. Verlag Chemie.

BÜRGIN, M., BUGMANN, E., WIDMER, F. (1985)
Untersuchungen zur Verbesserung von Landschaftsbewertungs-Methoden. Publikationen der Forschungsstelle für Wirtschaftsgeographie und Raumplanung an der Hochschule St. Gallen Nr. 9.

BUWAL (SCHWEIZERISCHES BUNDESAMT FÜR UMWELT, WALD UND LANDSCHAFT) (1998)
Methode der ökologischen Knappheit – Ökofaktoren 1997.

CALOW, P., SIBLY, R. M., FORBES, V. (1997)
Risk Assessment on the Basis of Simplified Life-History Scenarios, *Environmental Toxicology and Chemistry* **16** (9), 1983–1989.

CAMERON, J., ABOUCHAR, J. (1991)
The Precautionary Principle: A Fundamental Principle of Law and Policy for the Protection of the Global Environment, *Boston College International and Comparative Law Review* **14**, 1–27.

CAPEL, P. D., GIGER, W., REICHERT, P., WANNER, O. (1988)
Accidental Input of Pesticides into the Rhine River, *Environmental Science and Technology* **22** (9), 992–997.

CARSON, R. (1962)
Silent Spring. Houghton-Mifflin.

CHAPIN, G., WASSERSTROM, R. (1981)
Agricultural Production and Malaria Resurgence in Central America and India, *Nature (London)* **293**, 181–185.

CHAPMAN, P. M., CALDWELL, R. S., CHAPMAN, P. F. (1996)
A Warning: NOECs are Inappropriate for Regulatory Use, *Environmental Toxicology and Chemistry*, **15** (2), 77–79.

CHARLSON, R. J. (1992)
The Atmosphere, in: Butcher, S. S., Charlson, R. J., Orians, G. H., Wolfe, G. V. (Eds.): *Global Biogeochemical Cycles*. Academic Press, 213–238.

CIBA (1996)
The "Good Farming Practice Programs" for Atrazine and Simazine in Europe. Ciba Crop Protection.

CICERONE, R. J., ELLIOT, S., TURCO, R. P. (1992)
Global Environmental Engineering, *Nature (London)* **356**, 472.

CLASS, T., BALLSCHMITER, K. (1987)
Global Baseline Pollution Studies X (Atmospheric Halocarbons), *Fresenius Zeitschrift für Analytische Chemie* **327**, 198–204.

CONSOLI, F., ALLEN, D., BOUSTEAD, I., FAVA, J., FRANKLIN, W., JENSEN, A. A., DE OUDE, N., PARRISH, R., PERRIMAN, R., POSTLETHWAITE, D., QUAY, B., SÉGUIN, J., VIGON, B. (1993)
Guidelines for Life-Cycle Assessment: A "Code of Practice". Society of Environmental Toxicology and Chemistry (SETAC).

COWAN, C. E., MACKAY, D., FEIJTEL, T. C. J., VAN DE MEENT, D., DI GUARDO, A., DAVIES, J., MACKAY, N. (1996)
The Multimedia Fate Model: A Vital Tool for Predicting the Fate of Chemicals. Society of Environmental Toxicology and Chemistry (SETAC).

CRAMÉR, H. (1946)
Mathematical Methods of Statistics. Princeton University Press.

CROSBY, D. G. (1975)
The Toxicant-Wildlife Complex, *Pure and Applied Chemistry* **42**, 233–253.

CUBASCH, U., SANTER, B. D., HEGERL, G. C. (1995)
Klimamodelle – wo stehen wir? *Physikalische Blätter* **51** (4), 269–276.

CURRAN, M. A. (1993)
Broad-Based Environmental Life Cycle Assessment, *Environmental Science and Technology* **27** (3), 430–436.

CZEPLAK, G., JUNGE, C. (1974)
Studies of Interhemispheric Exchange in the Troposphere by a Diffusion Model, *Advances in Geophysics* **18 B**, 57–72.

DEUTSCHE KOMISSION ZUR REINHALTUNG DES RHEINS (1986)
Deutscher Bericht zum Sandoz-Unfall mit Meßprogramm.

DUERR, H. P. (1984)
Traumzeit. Suhrkamp.

DÜRRENBERGER, G. (1994)
Klimawandel: Eine Herausforderung für Wissenschaft und Gesellschaft, *ETH-Bulletin* Nr. 253, April 1994, 20–22.

EARL, R. C. (1992)
Commonsense and the Precautionary Principle – an Environmentalist's Perspective, *Marine Pollution Bulletin* **24** (4), 182–186.

EEA (EUROPEAN ENVIRONMENT AGENCY) (1998)
Chemicals in the European Environment: Low Doses, High Stakes? The EEA and UNEP Annual Message 2 on the State of Europe's Environment. European Environmental Agency.

EISENBERG, J. N. S., BENNETT, D. H., MCKONE, T. E. (1998)
Chemical Dynamics of Persistent Organic Pollutants: A Sensitivity Analysis Relating Soil Concentration Levels to Atmospheric Emissions, *Environmental Science and Technology* **32** (1), 115–123.

ELLIS, D. (1993)
The Precautionary Principle: A Taxpayers' Revolt, *Marine Pollution Bulletin* **26** (4), 170–171.

ENDS (1998a)
Sweden Sets the Agenda for Tomorrow's Chemicals Policy, ENDS *Report* **269**, 21–25.

ENDS (1998b)
Early Disputes over New Review of EC Chemicals Policy, ENDS *Report* **279**, 39–40.

ENDS (1998c)
Department of Trade and Industry Draws Teeth from Plans to Reform UK Chemicals Policy, ENDS *Report* **282**, 18–20.

ENDS (1998d)
Evidence Mounts on Risks of Brominated Flame Retardants, ENDS *Report* **283**, 3–4.

ENDS (1998e)
HFC Controls Loom Due to Ozone Depletion/Global Warming Link, ENDS *Report* **286**, 44–45.

EPPEL, D. P., PETERSEN, G., MISRA, P. K., BLOXAM, R. (1991)
A Numerical Model for Simulating Pollutant Transport from a Single Point Source, *Atmospheric Environment* **25**A (7), 1391–1401.

ERDMANN, G. (1994)
Der Schadensbegriff in der Ökonomik, in: Berg, M. et al. (Hrsg.) *Was ist ein Schaden? Zur normativen Dimension des Schadensbegriffs in der Risikowissenschaft.* Verlag der Fachvereine Zürich, 95–113.

ESFELD, M. (1995)
Mechanismus und Subjektivität in der Philosophie von Thomas Hobbes. Frommann-Holzboog.

ES&T (ENVIRONMENTAL SCIENCE AND TECHNOLOGY) (1998)
Results of Low-Dose Exposure Research May Challenge the Theoretical Basis of Toxicology, *Environmental Science and Technology* **32** (21), 485A–486A.

EU (EUROPÄISCHE UNION) (1996)
Technical Guidance Document in Support of Commission Directive 93/67/EEC on Risk Assessment for New Notified Substances and Commission Regulation (EC) No 1488/94 on Risk Assessment for Existing Substances. Office for Official Publications of the European Communities, 4 Bände.

EWEN, C., EBINGER, F., GENSCH, C. O., GRIESSHAMMER, R., HOCHFELD, C., WOLLNY, V. (1997)
Hoechst Nachhaltig. Sustainable Development – vom Leitbild zum Werkzeug. Öko-Institut.

FABIAN, P., BORCHERS, G., PENKETT, S. A., PROSSER, N. J. D. (1981)
Halocarbons in the Stratosphere, *Nature (London)* **294**, 733–735.

FARMAN, J. C., GARDINER, B. G., SHANKLIN, J. D. (1985)
Large Losses of Total Ozone in Antarctica Reveal Seasonal ClO_x/NO_x Interaction, *Nature* **315**, 207–210.

FEIJTEL, T., BOEIJE, G., MATTHIES, M., YOUNG, A., MORRIS, G., GANDOLFI, C., FOX, K., HOLT, M., KOCH, V., SCHRÖDER, F. R., CASSANI, G., SCHOWANEK, D., ROSENBLOM, J. (1997)
Development of a Geography-Referenced Regional Exposure Assessment Tool for European Rivers – GREAT-ER, *Chemosphere* **34** (11), 2351–2373.

FEMERS, S., JUNGERMANN, H. (1992a)
Risikoindikatoren (I): Eine Systematisierung und Diskussion von Risikomaßen, *Zeitschrift für Umweltpolitik und Umweltrecht* 1992/1, 59–84.

FEMERS, S., JUNGERMANN, H. (1992b)
Risikoindikatoren (II): Eine Systematisierung und Diskussion von Risikovergleichen, *Zeitschrift für Umweltpolitik und Umweltrecht* 1992/2, 207–236.

FENT, K., HUNN, J. (1991)
Phenyltins in Water, Sediment, and Biota of Freshwater Marinas, *Environmental Science and Technology* **25** (5), 956–963.

FENT, K., MÜLLER, M. (1991)
Occurence of Organotins in Municipal Wastewater and Sewage Sludge and Behavior in a Treatment Plant, *Environmental Science and Technology* **25** (5), 489–493.

FERSCHL, F. (1978)
Deskriptive Statistik. Physica-Verlag.

FOREMAN, W. T., BIDLEMAN, T. F. (1987)
An Experimental System for Investigating Vapor-Particle Partitioning of Trace Organic Pollutants, *Environmental Science and Technology* **21** (9), 869–875.

FRIEGE, H., CLAUS, F. (1988)
Chemie für wen? Rowohlt.

FISCHER, H. (1993)
Plädoyer für eine Sanfte Chemie. Verlag C. F. Müller; Alembik Verlag.

GETHMANN, C. F., MITTELSTRASS, J. (1992)
Maße für die Umwelt, *Gaia* **1** (1), 16–25.

GETHMANN, C. F. (1993)
Naturgemäß handeln? *Gaia* **2** (5), 246–248.

GLASS, L. R., EASTERLY, C. E., JONES, T. D., WALSH, P. J. (1991)
Ranking of Carcinogenic Potency Using a Relative Potency Approach, *Archives of Environmental Contamination and Toxicology* **21**, 169–176.

GLAZE, W. H. (1996)
Chemicals Don't Kill People ..., *Environmental Science and Technology* **30**, 231A.

GLAZE, W. H. (1998)
Too Little Data, too Many Models, *Environmental Science and Technology* **32**, 207A.

GOEDKOPP, M., DEMMERS, M., COLLIGNON, M. (1995)
The Eco-indicator 95. Weighting Method for Environmental Effects that Damage Ecosystems or Human Health on a European Scale. Manual for Designers. NOH-Report 9524. PRé Consultants.

GOLDBERG, E. D. (1975)
Synthetic Organohalides in the Sea, *Proceedings of the Royal Society of London B* **189**, 277–289.

GOLUB, M. S., DONALD, J. M., REYES, J. A. (1991)
Reproductive Toxicity of Commercial PCB Mixtures: LOAELs and NOAELs from Animal Studies, *Environmental Health Perspectives* **94**, 245–253.

GOODMAN, D. (1975)
The Theory of Diversity-Stability Relationships in Ecology, *The Quarterly Review of Biology* **50**, 237–266.

GOODRICH, J. A., LYKINS, B. W., CLARK, R. M. (1991)
Drinking Water from Agriculturally Contaminated Groundwater, *Journal of Environmental Quality* **20** (4), 707–717.

GOSS, K. U., SCHWARZENBACH, R. S. (1998)
Gas/Solid and Gas/Liquid Partitioning of Organic Compounds: Critical Evaluation of the Interpretation of Equilibrium Constants, *Environmental Science and Technology* **32** (14), 2025–2032.

GRAY, J. S. (1990)
Statistics and the Precautionary Principle, *Marine Pollution Bulletin* **21** (4), 174–176.

GRAY, J. S., BEWERS, J. M. (1996)
Towards a Scientific Definition of the Precautionary Principle, *Marine Pollution Bulletin* **32** (11), 768–771.

GRIMM, V., SCHMIDT, E., WISSEL, C. (1992)
On the Application of Stability Concepts on Ecology, *Ecological Modelling* **63**, 143–161.

HARDING, A. K., HOLDREN, G. R. (1993)
Environmental Equity and the Environmental Professional, *Environmental Science and Technology* **27** (10), 1990–1993.

HARNER, T., BIDLEMAN, T. F. (1998)
Octanol-Air Partition Coefficient for Describing Particle/Gas Partitioning of Aromatic Compounds in Urban Air, *Environmental Science and Technology* **32** (10), 1494–1502.

HARRAD, S. J. (1998)
Dioxins, Dibenzofurans and PCBs in Atmospheric Aerosols, in: Harrison, R. H., van Grieken, R. E., *Atmospheric Particles*. Wiley.

HARTKOPF, G., BOHNE, E. (1983)
Umweltpolitik. Westdeutscher Verlag.

HAYES, J. P. (1987)
The Positive Approach to Negative Results in Toxicology Studies, *Ecotoxicology and Environmental Safety* **14**, 73–77.

HELD, M. (Hg.) (1988)
Chemiepolitik: Gespräch über eine neue Kontroverse. Verlag Chemie.

HELD, M. (Hg.) (1991)
Leitbilder der Chemiepolitik. Campus.

HENSELING, K. O. (1992)
Ein Planet wird vergiftet. Rowohlt.

HERMENS, J., OPPERHUIZEN, A. (1991)
QSAR in Environmental Toxicology, *The Science of the Total Environment* **109/110** (special issue).

HERMENS, J. L. M., VERHAAR, H. J. M. (1996)
QSAR in Predictive Environmental Toxicology – From Mechanistic Studies to Applications in Risk Assessment, *Environmental Science and Pollution Research* **3** (2), 96–98.

HILEMAN, B. (1998)
Pollutant Conference Struggles with DDT Ban, *Chemical & Engineering News* Juli 1998, 4–5.

HOLMES, K. J., ELLIS, J. H. (1996)
Potential Environmental Impacts of Future Halocarbon Emissions, *Environmental Science and Technology* **30** (8), 348A–355A.

HOLTON, J. R. (1990)
Global Transport Processes in the Atmosphere, in: Hutzinger, O. (Ed.): *Handbook of Environmental Chemistry*. Vol. 1, Part E, Springer, 97–146.

HÖFFE, O. (1993)
Moral als Preis der Moderne. Suhrkamp.

HOEKSTRA, J. A., VAN EWIJK, P. H. (1993)
Alternatives for the No-Observed-Effect Level, *Environmental Toxicology and Chemistry* **12**, 187–194.

HÖSLE, V. (1990)
Vico und die Idee der Kulturwissenschaft, Einleitung zu: Vico, G., *Prinzipien einer neuen Wissenschaft über die Natur der Völker*. Bd. 1, Meiner, XXI–CCXCIII.

HÖSLE, V. (1991)
Philosophie der ökologischen Krise. C. H. Beck.

HOFMANN, M. (1995)
Umweltrisiken und -schäden in der Haftpflichtversicherung. Verlag Versicherungswirtschaft.

HOFSTETTER, P. (1998)
Perspectives in Life-Cycle Impact Assessment: A Structured Approach to Combine Models of the Technosphere, Ecosphere and Valuesphere. Kluwer Academic Publishers.

HOLLIFIELD, H. C. (1979)
Rapid Nephelometric Estimate of Water Solubility of Highly Insoluble Organic Chemicals of Environmental Interest, *Bulletin of Environmental Contamination and Toxicology* **23**, 579–586.

HOLLING, C. S. (1973)
Resilience and Stability of Ecological Systems, *Annual Review of Ecology and Systematics* **4**, 1–23.

HOLTON, J. R. (1990)
Global Transport Processes in the Atmosphere, in: Hutzinger, O. (Ed.): *Handbook of Environmental Chemistry.* Vol. 1, Part E, Springer, 97–146.

HONNEFELDER, L. (1993)
Welche Natur sollen wir schützen? *Gaia* **2** (5), 253–264.

HOWARD, P. H. (Hrsg.) (1991)
Handbook of Environmental Fate and Exposure Data for Organic Chemicals. Vol. I (Large Production and Priority Pollutants), Vol. II (Solvents), Vol. III (Pesticides), Vol. IV (Solvents 2, 1993), Vol. V (Solvents 3, 1997), Lewis Publishers.

HOWARD, P. H., BOETHLING, R. S., JARVIS, W. F., MEYLAN, W. M., MICHALENKO, E. M. (Eds.) (1991)
Environmental Degradation Rates. Lewis Publishers.

HOWARD, P. H., MEYLAN, W. M. (1997)
Handbook of Physical Properties of Organic Chemicals. CRC Press.

HOYNINGEN-HUENE, P. (1989)
Naturbegriff – Wissensideal – Experiment. Warum ist die neuzeitliche Naturwissenschaft technisch verwertbar? *Zeitschrift für Wissenschaftsforschung* **5**, 43–55.

HULPKE, H. (1998)
Wege und Beiträge der Chemie zum Sustainable Development: Stoffe und Umwelt, *Mitteilungsblatt der GDCh-Fachgruppe Umweltchemie und Ökotoxikologie* **4** (2), 4–9.

HUNGERBÜHLER, K., RANKE, J., METTIER, T. (1998)
Chemische Produkte und Prozesse. Grundkonzepte zum umweltorientierten Design. Springer.

HUTZINGER, O., TULP, M. T., ZITKO, V. (1978)
Chemicals with Pollution Potential, in: Hutzinger, O. et al. (Eds.): *Aquatic Pollutants.* Pergamon, 13–31.

HYNES, P. (1989)
The Recurring Silent Spring. Pergamon Press.

IPCC (INTERGOVERNMENTAL PANEL ON CLIMATE CHANGE) (1992)
Climate Change 1992. The Supplementary Report to the IPCC *Scientific Assessment.* Cambridge University Press.

ISO (INTERNATIONAL ORGANIZATION FOR STANDARDIZATION) (1997)
Environmental Management – Life-Cycle Assessment – Principles and Framework. International Standard ISO 14040.

IUPAC, Commission on Pesticide Chemistry (1980)
Definition of Persistence in Pesticide Chemistry, *Pure and Applied Chemistry* **52**, 2563–2566.

IWATA, H., TANABE, S., SAKAI, N., TATSUKAWA, R. (1993)
Distribution of Persistent Organochlorines in the Oceanic Air and Surface Seawater and the Role of Ocean on Their Global Transport and Fate, *Environmental Science and Technology* **27** (6), 1080–1098.

JACOBSON, J. L., JACOBSON, L. W. (1996)
Intellectual Impairment in Children Exposed to Polychlorinated Biphenyls in Utero, *The New England Journal of Medicine* **335** (11), 783–789.

JAEGER, J. (1998)
Exposition und Konfiguration als Bewertungsebenen für Umweltgefährdungen, *Zeitschrift für angewandte Umweltforschung* **11** (3/4), 444–466.

JAEGER, J., SCHERINGER, M. (1998)
Transdisziplinarität: Problemorientierung ohne Methodenzwang, *Gaia* **7** (1), 10–25.

JAHN, T., WEHLING, P. (1995)
Sozialökologische Zukunftsforschung, *Politische Ökologie*, Sonderheft 7, 30–33.

JAKUBOWSKI, P., TEGNER, H., KOTTE, S. (1997)
Strategien umweltpolitischer Zielfindung. Eine ökonomische Perspektive. Lit Verlag.

JANG, M., KAMENS, R. M., LEACH, K. B., STROMMEN, M. R. (1997)
A Thermodynamic Approach Using Group Contribution Methods to Model the Partitioning of Semivolatile Organic Compounds on Atmospheric Particulate Matter, *Environmental Science and Technology* **31** (10), 2805–2811.

JAX, K. (1994)
Mosaik-Zyklus und Patch-dynamics: Synonyme oder verschiedene Konzepte? Eine Einladung zur Diskussion, *Zeitschrift für Ökologie und Naturschutz* **3**, 107–112.

JØRGENSEN, S. E. (1992)
Integration of Ecosystem Theories: A Pattern. Kluwer Academic.

JONAS, H. (1984)
Das Prinzip Verantwortung. Suhrkamp.

JONES, K. C., KEATING, T., DIAGE, P., CHANG, A. C. (1991)
Transport and Food Chain Modeling and Its Role in Assessing Human Exposure to Organic Chemicals, *Journal of Environmental Quality* **20** (1991), 317–329.

JOSEPH, A. B., GUSTAFSON, P. F., RUSSELL, I. R., SCHUERT, E. A., VOLCHOK, H. L., TAMPLIN, A. (1971)
Sources of Radioactivity and their Characteristics, in: Panel on Radioactivity in the Marine Environment, *Radioactivity in the Marine Environment.* National Academy of Sciences, 6–41.

JUNGE, C. E. (1974)
Residence Time and Variability of Tropospheric Trace Gases, *Tellus* **26**, 477–488.

JUNGE, C. E. (1977)
Basic Considerations About Trace Constituents in the Atmosphere as Related to the Fate of Global Pollutants, in: Suffet, I. H. (Ed.): *Fate of Pollutants in the Air and Water Environments*. Wiley , 7–26.

JURY, W. A., SPENCER, W. F., FARMER, W. J. (1983)
Behavior Assessment Model for Trace Organics in Soil: I. Model Description, *Journal of Environmental Quality* **12** (4), 558–564.

KAMMENGA, J. E., BUSSCHERS, M., VAN STRAALEN, N. M., JEPSON, P. C., BAKKER, J. (1996)
Stress Induced Fitness Reduction Is not Determined by the Most Sensitive Lify-Cycle Trait, *Functional Ecology* **10**, 106–111.

KARICKHOFF, S. W. (1981)
Semi-Empirical Estimation of Sorption of Hydrophobic Pollutants on Natural Sediments and Soils, *Chemosphere* **10** (8), 833–846.

KEELING, C. D., HEIMANN, M. (1986)
Meridional Eddy Diffusion Model of the Transport of Atmospheric Carbon Dioxide 2. Mean Annual Carbon Cycle, *Journal of Geophysical Research* **91** D7, 7782–7796.

KINZELBACH, W. (1987)
Numerische Methoden zur Modellierung des Transports von Schadstoffen im Grundwasser. Schriftenreihe Wasser, Abwasser, Bd. 21. Oldenbourg.

KIRK, R. E., OTHMER, D. F.
Encyclopedia of Industrial Chemistry. 1st Ed., Interscience, 1947
2nd Ed., Wiley-Interscience, 1964
3rd Ed., Wiley-Interscience, 1978
4th Ed., Wiley-Interscience, 1991.

KLAMER, J., LAANE, R. W. P. M., MARQUENIE, J. M. (1991)
Sources and Fate of PCBs in the North Sea: A Review of Available Data, *Water Science and Technology* **24** (10),77–85.

KLEIN, A. W. (1985)
OECD Fate and Mobility Test Methods, in: Hutzinger, O. (Ed.): *Handbook of Environmental Chemistry.* Vol. 2, Part C, Springer, 1–28.

KLOEPFER, M. (1998)
Recht als Technikkontrolle und Technikermöglichung, *Gaia* **7** (2), 127–133.

KLÖPFFER, W. (1989)
Persistenz und Abbaubarkeit in der Beurteilung des Umweltverhaltens anthropogener Chemikalien, *Zeitschrift für Umweltchemie und Ökotoxikologie* **2**, 43–51.

KLÖPFFER, W. (1994a)
Environmental Hazard – Assessment of Chemicals and Products, Part II: Persistence and Degradability of Organic Chemicals, *Environmental Science and Pollution Research* **1** (2), 108–116.

KLÖPFFER, W. (1994b)
Expositionsanalyse Organischer Chemikalien, *Zeitschrift für Umweltchemie und Ökotoxikologie* **6** (6), 387–388.

KNAP, A. J. (ED.) (1990)
The Long-Range Atmospheric Transport of Natural and Contaminant Substances. Kluwer.

KNAP, A. H., BINKLEY, K. S. (1991)
Chlorinated Organic Compounds in the Troposphere over the Western North Atlantic Ocean Measured by Aircraft, *Atmospheric Environment* **25A** 1507–1516.

KOCH, R. (1995)
Umweltchemikalien. Verlag Chemie.

KOESTER C. J., HITES, R. A. (1992)
Photodegradation of Polychlorinated Dioxins and Dibenzofurans Adsorbed to Fly Ash, *Environmental Science and Technology* **24**, 502–507.

KOLASA, J. (1984)
Does Stress Increase Ecosystem Diversity? *Nature (London)* **309**, 118.

KOLASA, J., PICKETT, S. T. A. (1992)
Ecosystem Stress and Health: An Expansion of the Conceptual Basis, *Journal of Aquatic Ecosystem Health* **1**, 7–13.

KORTE, F. (1969)
Rückstandsprobleme, *Natur und Landschaft* **44**, 225–228.

KORTE, F., KLEIN, W., DREFAHL, B., (1970)
Technische Umweltchemikalien, Vorkommen, Abbau und Konsequenzen, *Naturwissenschaftliche Rundschau* **23**, 445–457.

KORTE, F. (1972)
Was sind Umweltchemikalien, welches ihre Probleme? *Chemosphere* **1** (5), 183–185.

KORTE, F. (1987)
Lehrbuch der Ökologischen Chemie. 2. Auflage, Thieme.

KOSELLECK, R. (1977)
Standortbindung und Zeitlichkeit, in: Koselleck, R., Mommsen, W., Rüsen, J. (Hrsg.): *Objektivität und Parteilichkeit in der Geschichtswissenschaft.* Deutscher Taschenbuch Verlag.

KRÄMER, W., BALLSCHMITER, K. (1987)
Detection of a New Class of Organochlorine Compounds in the Marine Environment: The Chlorinated Paraffins, *Fresenius Zeitschrift für Analytische Chemie* **327**, 47–48.

KUEHL, D. W., HAEBLER, R., POTTER, C. (1991)
Chemical Residues in Dolphins from the U.S. Atlantic Coast Including Atlantic Bottlenose Obtained during the 1987/88 Mass Mortality, *Chemosphere* **22** (11), 1071–1084.

KÜNZI, K. F., BURROWS, J. P. (1996)
Mehr Meßdaten! *Physikalische Blätter* **52** (5), 435–441.

KURTZ, D. A., ATLAS, E. L. (1990)
Distribution of Hexachlorocyclohexanes in the Pacific Ocean Basin, Air and Water, 1987, in: Kurtz, D. A. (Ed.): *Long Range Transport of Pesticides.* Lewis Publishers, 143–160.

LAANE, R. (1998)
Uninformative Data, *Environmental Science and Technology* **32**, 441A.

LADEUR, K.-H. (1994)
Umweltverträglichkeitsprüfung und Ermittlung von Umweltbeeinträchtigungen unter Ungewißheitsbedingungen, *Zeitschrift für Umweltpolitik und Umweltrecht* 1994/1, 1–24.

LASAGA, A. C. (1980)
The Kinetic Treatment of Geochemical Cycles, *Geochimica et Cosmochimica Acta* **44**, 815–821.

LASKOWSKI, R. (1995)
Some Good Reasons to Ban the Use of NOEC, LOEC and Related Concepts in Ecotoxicology, *Oikos*, **73** (1), 140–144.

LEIST, A. (1996)
Ökologische Ethik II: Gerechtigkeit, Ökonomie, Politik, in: Nida-Rümelin, J. (Hg.): *Angewandte Ethik*. Kröner, 386–456.

LEVIN, S. A., KIMBALL, K. D. (Eds.) (1984)
New Perspectives in Ecotoxicology, *Environmental Management* **8** (5), 375–442.

LEVIN, S. A., HARWELL, M. A., KELLY, J. R., KIMBALL, K. D. (Eds.) (1989)
Ecotoxicology: Problems and Approaches. Springer.

LEVY, H. II (1990)
Regional and Global Transport and Distribution of Trace Species Released at the Earth's Surface, in: Kurtz, D. A. (Ed.): *Long Range Transport of Pesticides*. Lewis Publishers, 83–95.

LEVY, H. II, MOXIM, W. J. (1989)
Simulated Global Distribution and Deposition of Reactive Nitrogen Emitted by Fossil Fuel Combustion, *Tellus* **41 B**, 256–271.

LEWIS, R. G., LEE, R. E. (1976)
Air Pollution from Pesticides: Sources, Occurence, and Dispersion, in: Lee, R. E. (Ed.): *Air Pollution from Pesticides and Agricultural Processes*. CRC Press, 5–50.

LIGOCKI, M. P., PANKOW, J. F. (1989)
Measurements of the Gas/Particle Distributions of Atmospheric Organic Compounds, *Environmental Science and Technology* **23** (1), 75–83.

LÜBBE, W. (1997)
Der Gutachterstreit – ein wissenschaftsethisches Problem? *Gaia* **6** (3), 177–181.

MACKAY, D. (1979)
Finding Fugacity Feasible, *Environmental Science and Technology* **13** (10), 1218–1223.

MACKAY, D. (1982)
Basic Properties of Materials, in: Conway R. A. (Ed.): *Environmental Risk Analysis for Chemicals*. Van Nostrand Reinhold, 33–60.

MACKAY, D. (1991)
Multimedia Environmental Models. The Fugacity Approach. Lewis Publishers.

MACKAY, D., PATERSON, S. (1981)
Calculating Fugacity, *Environmental Science and Technology* **15** (9), 1006–1014.

MACKAY, D., PATERSON, S. (1982)
Fugacity Revisited, *Environmental Science and Technology* **16** (12), 654A–660A.

MACKAY, D., JOY, M., PATERSON, S. (1983a)
A Quantitative Water, Air, Sediment Interaction (QWASI) Fugacity Model for Describing the Fate of Chemicals in Lakes, *Chemosphere* **12** (7/8), 981–997.

MACKAY, D., PATERSON, S., JOY, M. (1983b)
A Quantitative Water, Air, Sediment Interaction (QWASI) Fugacity Model for Describing the Fate of Chemicals in Rivers, *Chemosphere* **12** (9), 1193–1208.

MACKAY, D., PATERSON, S., CHEUNG, B., NEELY, B. W. (1985)
Evaluating the Environmental Behavior of Chemicals with a Level III Fugacity Model, *Chemosphere* **14**, 335–374.

MACKAY, D., PATERSON, S., SCHROEDER, W. H. (1986)
Model Describing the Rates of Transfer Processes of Organic Chemicals between Atmosphere and Water, *Environmental Science and Technology* **20**, 810–816.

MACKAY, D., PATERSON, S. (1991)
Evaluating the Multimedia Fate of Organic Chemicals: A Level III Fugacity Model, *Environmental Science and Technology* **25**, 427–436.

MACKAY, D., SOUTHWOOD, J. M. (1992)
Modelling the Fate of Organochlorine Chemicals in Pulp Mill Effluents, *Water Pollution Research Journal of Canada* **27** (3), 509–537.

MACKAY, D., WANIA, F. (1995)
Transport of Contaminants to the Arctic: Partitioning, Processes and Models, *The Science of the Total Environment* **160/161**, 25–38.

MACKAY, D., SHIU, W. Y., MA, K. C. (1995)
Illustrated Handbook of Physical-Chemical Properties and Environmental Fate for Organic Chemicals. Lewis Publishers.

MACKAY, D., DIGUARDO, A., PATERSON, S., KICSI, G., COWAN, C. E. (1996)
Assessing the Fate of New and Existing Chemicals: A Five-Stage Process, *Environmental Toxicology and Chemistry* **15** (9), 1618–1626.

MACKENZIE, D. (1998)
Hidden Killer – Pesticides May Play a Key Role in Choking Aquatic Life, *New Scientist* **2127**, 13.

MADSEN, E. L. (1991)
Determining *in situ* Biodegradation, *Environmental Science and Technology* **25** (10), 1663–1673.

MAJONE, G. (1982)
The Uncertain Logic of Standard Setting, *Zeitschrift für Umweltpolitik* 4/82, 305–323.

MARCO, G. J., HOLLINGWORTH, R. M., DURHAM, W. (Eds.) (1987)
Silent Spring Revisited. American Chemical Society.

MARKL, H. (1994)
Umweltforschung als angewandte Naturwissenschaft, *Gaia* **3** (5), 249–256.

MARTIN, J. H., FITZWATER, S. E., GORDON, R. M. (1990)
Iron Deficiency Limits Phytoplankton Growth in Antarctic Waters, *Global Biogeochemical Cycles* **4**, 5–12.

MATHES, K., WEIDEMANN, G. (1991)
Zusammenfassung und Bewertung der Ergebnisse des BMFT-Forschungsprogramms:

Indikatoren zur Bewertung der Belastbarkeit von Ökosystemen. Unter Mitarbeit von L. Beck. Forschungszentrum Jülich.

MATHES, K. (1997)
Ökotoxikologische Wirkungsabschätzung – Das Problem der Extrapolation auf Ökosysteme, *Zeitschrift für Umweltchemie und Ökotoxikologie* **9** (1), 17–23.

MATTHIAS, U. (1989)
Ökotoxikologische Bewertung des Sandoz-Schadensfalles. In: Beurteilung umweltgefährdender Stoffe und Produkte (Environtech Vienna 1989), Westorp Wissenschaften/Internationale Gesellschaft für Umweltschutz/Umweltbundesamt Wien, 264–278.

MATTHIESSEN, P. (1998)
Aquatic Risk Assessment of Chemicals: Is It Working? *Environmental Science and Technology* **32** (19), 460A–461A.

MAY, R. M. (1977)
Thresholds and Breakpoints in Ecosystems with a Multiplicity of Stable States, *Nature (London)* **269**, 471–477.

MAY, T. (1998)
Bedeutung der Lösemittelverwendung für die Kohlenwasserstoffemissionen und die troposphärische Ozonbildung, *Tagungsband der GDCh-Umwelttagung 1998.* Karlsruhe, 27.–30.9.1998, 42–44.

MCCARTY, L. S., MACKAY, D. (1993)
Enhancing Ecotoxicological Modeling and Assessment, *Environmental Science and Technology* **27** (9), 1719–1728.

MEYERS ENZYKLOPÄDISCHES LEXIKON (1977)
9. Auflage, Stichwort „Schaden".

MEYER-ABICH, K. M. (1990)
Aufstand für die Natur. Hanser.

MITTELSTRASS, J. (1993)
Interdisziplinarität oder Transdisziplinarität? In: Hieber, L. (Hrsg.): *Utopie Wissenschaft.* Profil, 17–31.

MOLINA, M. J., ROWLAND, F. S. (1974)
Stratospheric Sink for Chlorofluoromethanes: Chlorine Atom-Catalysed Destruction of Ozone, *Nature (London)* **249**, 810–812.

MORGAN, J. J. (1967)
Chemistry and the Quality of Man's Environment, *Environmental Science and Technology* **1** (1), 5.

MOSSMAN, D. J., SCHNOOR, J. L., STUMM, W. (1988)
Predicting the Effects of a Pesticide Release to the Rhine River, *Journal of the Water Pollution Control Federation* **60**, 1806–1812.

MÜLLER, A. M. K. (1979)
Systemanalyse, Ökologie, Friede, in: Eisenbart, C. (Hrsg.): *Humanökologie und Frieden.* Klett-Cotta, 250–318.

MÜLLER-HEROLD, U., CADERAS, D., FUNCK, P. (1997)
Validity of Global Lifetime Estimates by a Simple General Limiting Law for the Decay

of Organic Compounds with Long-Range Pollution Potential, *Environmental Science and Technology* **31** (12), 3511–3515.

MURRAY, J. W. (1992)
The Oceans, in: Butcher, S. S., Charlson, R. J., Orians, G. H., Wolfe, G. V. (Eds.): *Global Biogeochemical Cycles*. Academic Press, 175–211.

NASH, J., STOUGHTON, M. D. (1994)
Learning to Live with Life Cycle Assessment, *Environmental Science and Technology* **28** (5), 236A–237A.

NATIONAL RESEARCH COUNCIL (1978)
Kepone/Mirex/Hexachlorocyclopentadiene: An Environmental Assessment. National Academy of Sciences, Washington D.C.

NEUS, H., BOIKAT, U., v. MANIKOWSKY, S., KAPPOS, A. (1995)
Vergleich zwischen verkehrsbedingten Lärm- und Luftverschmutzungsfolgen: Der Beitrag der Umweltepidemiologie zu Risikoabschätzungen, *Bundesgesundheitsblatt* 1995/4, 146–150.

NIEMEYER, H., WERMUTH, E. (1987)
Lineare Algebra. Vieweg.

NIMITZ, J. S., SKAGGS, S. R. (1992)
Estimating Tropospheric Lifetimes and Ozone-Depletion Potentials of One- and Two-Carbon Hydrofluorocarbons and Hydrochlorofluorocarbons, *Environmental Science and Technology* **26** (4), 739–744.

NOLLKAEMPER, A. (1991)
The Precautionary Principle in International Environmental Law: What's New Under the Sun? *Marine Pollution Bulletin* **22** (3), 107–110.

OECD (ORGANIZATION FOR ECONOMIC COOPERATION AND DEVELOPMENT) (1992)
Guidelines for Testing of Chemicals.

OEHME, M. (1991)
Dispersion and Transport Paths of Toxic Persistent Organochlorines to the Arctic – Levels and Consequences, *The Science of the Total Environment* **106**, 43–53.

OTT, K. (1993)
Ökologie und Ethik. Attempto Verlag.

OTT, W. R. (1985)
Total Human Exposure, *Environmental Science and Technology* **19** (10), 880–886.

OKUBO, A. (1971)
Oceanic Diffusion Diagrams, *Deep Sea Research* **18**, 789–802.

OWENS, W. (1997)
Life-Cycle Assessment – Constraints on Moving from the Inventory to Impact Assessment, *Journal of Industrial Ecology* **1** (1), 37–49.

PANKOW, J. F. (1987)
Review and Comparative Analysis of the Theories on Partitioning Between the Gas and Aerosol Particulate Phases in the Atmosphere, *Atmospheric Environment* **21**, 2275–2283.

PANKOW, J. F. (1988)
The Calculated Effects of Non-Exchangeable Material on the Gas-Particle Distributions of Organic Compounds, *Atmospheric Environment* **22**, 1405–1409.

PARLAR, H., ANGERHÖFER, D. (1995)
Chemische Ökotoxikologie. 2. Auflage, Springer.

PERROW, C. (1992)
Normale Katastrophen. Die unvermeidbaren Risiken der Großtechnik. 2. Auflage, Campus.

PETERMAN, R. M. (1990)
Statistical Power Analysis Can Improve Fisheries Research and Management, *Canadian Journal of Fisheries and Aquatic Sciences* **47**, 2–15.

PETERMAN, R. M., M'GONIGLE, M. (1992)
Statistical Power Analysis and the Precautionary Principle, *Marine Pollution Bulletin* **24** (5), 231–234.

PETERS, O. H., MEYNA, A. (Hrsg.) (1985)
Handbuch der Sicherheitstechnik. Bd. 1, Hanser.

PFISTER, C. (1994)
Das 1950er Syndrom, *Gaia* **3** (2), 71–90.

PFISTER, G., RENN, O. (1995)
Ein Indikatorensystem zur Messung einer nachhaltigen Entwicklung in Baden-Württemberg. Akademie für Technikfolgenabschätzung, Stuttgart.

PICHT, G. (1969)
Der Begriff der Verantwortung, in: Picht, G.: *Wahrheit, Vernunft, Verantwortung. Philosophische Studien*. Klett, 318–342.

PIEPER, A. (1994)
Einführung in die Ethik. Francke (UTB 1637).

PLACHTER, H. (1992)
Grundzüge der naturschutzfachlichen Bewertung, *Veröffentlichungen für Naturschutz und Landschaftspflege in Baden-Württemberg* **67**, 9–48.

POLITZER, I. R., DELEON, I. R., LASETER, J. L. (1985)
Impact on Human Health of Petroleum in the Marine Environment. American Petroleum Institute.

POTTING, J. (1998)
From the Rabbit and the Duck, *SETAC-Europe News*, **9** (3), 12–13.

POULSEN, M. M., KUEPER, B. H. (1992)
A Field Experiment To Study the Behavior of Tetrachloroethylene in Unsaturated Porous Media, *Environmental Science and Technology* **26** (5), 889–895.

POWER, M., McCARTHY, L. S. (1997)
Fallacies in Ecological Risk Assessment Practices, *Environmental Science and Technology* **31** (8), 370A–375A.

PURI, R. K., ORAZIO, C. E., KAPILA, S., CLEVENGER, T. E., YANDERS, A. F., MC-GRATH, K. E., BUCHANAN, A. C., CZARNEZKI, J., BUSH, J. (1990)
Studies on the Transport and Fate of Chlordane in the Environment, in: Kurtz, D. A. (Ed.): *Long Range Transport of Pesticides*. Lewis Publishers, 271–289.

REMMERT, H. (1991)
The Mosaic-Cycle Concept of Ecosystems: An Overview, in: Remmert, H. (Ed.): *The Mosaic-Cycle Concept of Ecosystems.* Ecological Studies Vol. 85, Springer, 1–21.

REMMERT, H. (1992)
Ökologie. 5. Auflage, Springer.

RENNER, R. (1995)
Predicting Chemical Risks with Multimedia Fate Models, *Environmental Science and Technology* **29** (12), 556A–559A.

RENNER, R. (1996)
Researches Find Unexpectedly High Levels of Contaminants in Remote Sea Birds, *Environmental Science and Technology* **30** (1), 15A–16A.

RENNER, R. (1998)
International POPs Treaty Faces Implementation Hurdles, *Environmental Science and Technology* **32** (17), 394A–395A.

RICHARDS, R. P., BAKER, D. B. (1990)
Estimates of Human Exposure to Pesticides Through Drinking Water: A Preliminary Risk Assessment, in: Kurtz, D. A. (Ed.): *Long Range Transport of Pesticides.* Lewis Publishers, 387–403.

RIPPEN, G. (1987)
Handbuch Umweltchemikalien. 2. Auflage, Ecomed.

RODHE, H. (1992)
Modeling Biogeochemical Cycles, in: Butcher, S. S., Charlson, R. J., Orians, G. H., Wolfe, G. V. (Eds.): *Global Biogeochemical Cycles.* Academic Press, 55–72.

RÖMPP CHEMIE LEXIKON (1993)
Hulpke, H., Koch, H. A., Wagner, R. (Hg.): Band *Umwelt.* Thieme.

ROSE, J. (1994)
HCFCs May Slow Ozone Layer Recovery, *Environmental Science and Technology* **28** (3), 111A.

RYDER, R. A. (1990)
Ecosystem Health, a Human Perception: Definition, Detection, and the Dichotomous Key, *Journal of Great Lakes Research* **16**, 619–624.

SACHS, A. (1996)
Upholding Human Rights and Environmental Justice, in: Worldwatch Institute, *State of the World 1996.* W. W. Norton, 134–167.

SCHÄFER, L. (1994)
Das Bacon-Projekt – Von der Erkenntnis, Nutzung und Schonung der Natur. Suhrkamp.

SCHÄFERS, C., NAGEL, R. (1994)
Fische in der Ökotoxikologie: Toxikologische Modelle und ihre ökologische Relevanz, *Biologie in unserer Zeit* **24**, 185–191.

SCHELLNHUBER, H.-J., BLOCK, A., CASSEL-GINTZ, M., KROPP, J., LAMMEL, G., LASS, W., LIENENKAMP, R., LOOSE, C., LÜDEKE, M. K. B., MOLDENHAUER, O., PETSCHEL-HELD, G., PLÖCHL, M., REUSSWIG, F. (1997)
Syndromes of Global Change, *Gaia* **6** (1), 19–34.

SCHERINGER, M., BERG, M., MÜLLER-HEROLD, U. (1994)
Jenseits der Schadensfrage: Umweltschutz durch Gefährdungsbegrenzung, in: Berg, M. et al. (Hrsg.): *Was ist ein Schaden? Zur normativen Dimension des Schadensbegriffs in der Risikowissenschaft.* Polyprojekt-Dokumente Bd. 2, Verlag der Fachvereine Zürich, 115–146.

SCHERINGER, M., BERG, M. (1994)
Spatial and Temporal Range as Measures of Environmental Threat, *Fresenius Environmental Bulletin* **3** (8), 493–498.

SCHERINGER, M. (1996)
Persistence and Spatial Range as Endpoints of an Exposure-Based Assessment of Organic Chemicals, *Environmental Science and Technology* **30** (5), 1652–1659.

SCHERINGER, M. (1997)
Characterization of the Environmental Distribution Behavior of Organic Chemicals by Means of Persistence and Spatial Range, *Environmental Science and Technology* **31** (10), 2891–2897.

SCHERINGER, M., JAEGER, J. (1998)
Problemstau in der Interessengesellschaft, *Politische Ökologie* **16** (5), 81–83.

SCHERINGER, M., MATHES, K., WEIDEMANN, G., WINTER, G. (1998)
Für einen Paradigmenwechsel bei der Bewertung ökologischer Risiken durch Chemikalien im Rahmen der staatlichen Chemikalienregulierung, *Zeitschrift für angewandte Umweltforschung* **11** (2), 228–234.

SCHEUNERT, I. (1992)
Transformation and Degradation of Pesticides in Soil, in: Scheunert, I., Parlar, H.: *Terrestrial Behavior of Pesticides.* Springer, 23–74.

SCHMIDT-BLEEK, F., HAMANN, H.-J. (1986)
Priority Setting among Existing Chemicals for Early Warning, in: Gesellschaft für Strahlen- und Umweltforschung (Hrsg.): *Environmental Modelling for Priority Setting among Existing Chemicals.* Ecomed, 455–464.

SCHNOOR, J. L. (1996)
Environmental Modeling. Wiley-Interscience.

SCHWARZENBACH, R. P., IMBODEN, D. M. (1984)
Modelling Concepts for Hydrophobic Organic Pollutants in Lakes, *Ecological Modelling* **22**, 171–212.

SCHWARZENBACH, R. P., GSCHWEND, P. M., IMBODEN, D. M. (1993)
Environmental Organic Chemistry. Wiley.

SEEL, M. (1991)
Eine Ästhetik der Natur. Suhrkamp.

SEILER, H. (1991)
Rechtliche und rechtsethische Aspekte der Risikobewertung, in: Chakraborty, S., Yadigaroglu, G. (Hrsg.): *Ganzheitliche Risikobetrachtungen.* Verlag TÜV Rheinland, 5-1–5-26.

SEILER, H. (1994)
Der Schadensbegriff aus rechtlicher Sicht, in: Berg, M. et al. (Hrsg.): *Was ist ein Schaden?* Verlag der Fachvereine Zürich, 57–94.

SENNETT, R. (1998)
Der flexible Mensch. Die Kultur des neuen Kapitalismus. Berlin Verlag.

SETAC (SOCIETY OF ENVIRONMENTAL TOXICOLOGY AND CHEMISTRY) (1999)
Criteria for Persistence and Long-Range Transport of Chemicals in the Environment. SETAC Publications.

SHIU, W. Y., MACKAY, D. (1986)
A Critical Review of Aqueous Solubilities, Vapor Pressures, Henry's Law Constants, and Octanol-Water Partition Coefficients of the Polychlorinated Biphenyls, *Journal of Physical and Chemical Reference Data* **15**, 911–929.

SIEFERLE, R. P. (1988)
Chemie und Umwelt – Versuch einer historischen Standortbestimmung, in: Held, M. (Hrsg.): *Chemiepolitik: Gespräch über eine neue Kontroverse.* VCH Verlagsgesellschaft, 13–24.

SIEGENTHALER, U., OESCHGER, H. (1978)
Predicting Future Atmospheric Carbon Dioxide Levels, *Science* **199**, 388–395.

SIMCIK, M. F., FRANZ, T. P., ZHANG, H., EISENREICH, S. J. (1998)
Gas-Particle Partitioning of PCBs and PAHs in the Chicago Urban and Adjacent Coastal Atmosphere: States of Equilibrium, *Environmental Science and Technology* **32** (2), 251–257.

SMITH, R. C., PRÉZELIN, B. B., BAKER, K. S., BIDIGARE, R. R., BOUCHER, N. P., COLEY, T., KARENTZ, D., MACINTYRE, S., MATLICK, H. A., MENZIES, D., ONDRUSEK, M., WAN, Z., WATERS, K. J. (1992)
Ozone Depletion: Ultraviolet Radiation and Phytoplankton Biology in Antarctic Waters, *Science* **255**, 952–959.

SOLOMON, K. R. (1996)
Overview of Recent Developments in Ecotoxicological Risk Assessment, *Risk Analysis* **16** (5), 627–633.

SONTHEIMER, H. (1986)
Sicherung der Trinkwasserqualität bei den Rheinwasserwerken, in: Sontheimer, H. (Hrsg.): *Wasser zum Trinken.* Veröffentlichungen des Bereichs und des Lehrstuhls für Wasserchemie und der DVGW-Forschungsstelle am Engler-Bunte-Institut der Universität Karlsruhe, **30**, 47–56.

SPPU – SCHWERPUNKTPROGRAMM „UMWELT" DES SCHWEIZERISCHEN NATIONALFONDS ZUR FÖRDERUNG DER WISSENSCHAFTLICHEN FORSCHUNG (1995)
Transdisziplinarität. Informationsbulletin Nr. 5.

SRU (SACHVERSTÄNDIGENRAT FÜR UMWELTFRAGEN) (1994)
Umweltgutachten 1994. Metzler-Poeschel.

SRU (SACHVERSTÄNDIGENRAT FÜR UMWELTFRAGEN) (1996a)
Umweltgutachten 1996. Metzler-Poeschel.

SRU (SACHVERSTÄNDIGENRAT FÜR UMWELTFRAGEN) (1996b)
Sondergutachten: Konzepte einer dauerhaft-umweltgerechten Nutzung ländlicher Räume. Metzler-Poeschel.

STANDLEY, L. J., HITES, R. A. (1991)
Chlorinated Organic Contaminants in the Atmosphere; in: Jones, K. C. (Ed.): *Organic Contaminants in the Environment*. Elsevier, 1–32.

STEGER, U. (1991)
Chemie und Umwelt – Das Beispiel der chlorchemischen Verbindungen. Erich Schmidt Verlag.

STEPHENSON, M. S. (1977)
An Approach to the Identification of Organic Compounds Hazardous to the Environment and Human Health, *Ecotoxicology and Environmental Safety* **1**, 39–48.

STRAUCH, V. (1991)
Bodenbelastungen und Flächenverbrauch durch Versorgungsleitungen, in: Rosenkranz, D. et al.: *Handbuch Bodenschutz*. Erich Schmidt Verlag, Kennzahl 7340.

STREIT, B. (1994)
Lexikon Ökotoxikologie. 2. Aufl., Verlag Chemie.

STUMM, W., SCHWARZENBACH, R., SIGG, L. (1983)
Von der Umweltanalytik zur Ökotoxikologie – ein Plädoyer für mehr Konzepte und weniger Routinemessungen, *Angewandte Chemie* **95**, 345–355.

STUMM, W. (1992)
Water, Endangered Ecosystem: Assessment of Chemical Pollution, *Journal of Environmental Engineering* **118** (4), 466–476.

SUTER, G. W. II (1993a)
New Concepts in the Ecological Aspects of Stress: The Problem of Extrapolation, *The Science of the Total Environment*, Supplement 1993, 63–76.

SUTER, G. W. II (1993b)
Environmental Risk Assessment. Lewis Publishers.

SWAIN W. R. (1991)
Effects of Organochlorine Chemicals on the Reproductive Outcome of Humans Who Consumed Contaminated Great Lakes Fish: An Epidemiologic Consideration, *Journal of Toxicology and Environmental Health* **33**, 587–639.

SWANSON, M. B., SOCHA, A. C. (Eds.) (1997)
Chemical Ranking and Scoring: Guidelines for Relative Assessments of Chemicals. Society for Environmental Toxicology and Chemistry (SETAC).

TAKAYAMA, K., MIYATA, H., MIMURA, M., OHTA, S., KASHIMOTO, T. (1991)
Evaluation of Biological Effects of Polychlorinated Compounds Found in Contaminated Cooking Oil Responsible for the Disease "Yusho", *Chemosphere* **22** (5–6), 537–546.

TANABE, S. (1988)
PCB Problems in the Future: Foresight from Current Knowledge, *Environmental Pollution* **50**, 5–28.

TANABE, S., HIDAKA, H., TATSUKAWA, R. (1983)
PCBs and Chlorinated Hydrocarbon Pesticides in Antarctic Atmosphere and Hydrosphere, *Chemosphere* **12** (2), 277–288.

TATSUKAWA, R., YAMAGUCHI, Y., KAWANO, M., KANNAN, N., TANABE, S. (1990)
Global Monitoring of Organochlorine Insecticides – An 11-Year Case Study (1975–

1985) of HCHs and DDTs in the Open Ocean Atmosphere and Hydrosphere, in: Kurtz, D. A. (Ed.): *Long Range Transport of Pesticides*. Lewis Publishers, 127–141.

TRAPP, S., MATTHIES, M. (1998)
Chemodynamics and Environmental Modelling. Springer.

TREMOLADA, P., DIGUARDO, A., CALAMARI, D., DAVOLI, E., FANELLI, R. (1992)
Mass-Spectrometry-Derived Data as Possible Predictive Method for Environmental Persistence of Organic Molecules, *Chemosphere* **24**, 1473–1491.

TUGENDHAT, E. (1993)
Vorlesungen über Ethik. Suhrkamp.

TURING, A. M. (1952)
The Chemical Basis of Morphogenesis, *Philosophical Transactions of the Royal Society of London B* **237**, 37–72.

ULLMANNS Encyklopädie der Technischen Chemie,
2. Auflage, Urban und Schwarzenberg 1928
3. Auflage, Urban und Schwarzenberg 1961
4. Auflage, Verlag Chemie 1972
5. Auflage (engl.), Verlag Chemie 1985.

ULRICH, M., MÜLLER, S. R., SINGER, H. P., IMBODEN, D. M., SCHWARZENBACH, R. P. (1994)
Input and Dynamic Behavior of the Organic Pollutants Tetrachloroethene, Atrazine, and NTA in a Lake: A Study Combining Mathematical Modeling and Field Measurements, *Environmental Science and Technology* **28** (9), 1674–1685.

VALSANGIACOMO, A. (1998)
Die Natur der Ökologie. vdf Hochschulverlag.

VAN EMBDEN, H. F., PEAKALL, D. B. (1996)
Beyond Silent Spring. Integrated Pest Management and Chemical Safety. Chapman & Hall.

VAN LEEUWEN, C. J., BRO-RASMUSSEN, F., FEIJTEL, T. C. J., ARNDT, R., BUSSIAN, B. M., CALAMARI, D., GLYNN, P., GRANDY, N. J., HANSEN, B., VAN HEMMEN, J., HURST, P., KING, N., KOCH, R., MÜLLER, M., SOLBÉ, J. F., SPEIJERS, G. A., B., VERMEIRE, T. (1996)
Risk Assessment and Management of New and Existing Chemicals, *Environmental Toxicology and Pharmacology* **2**, 243–299.

VAN DE MEENT, D., MCKONE, T. E., PARKERTON, T., MATTHIES, M., SCHERINGER, M., WANIA, F., BENNETT, D. (1999)
Persistence and Transport Potential of Chemicals in a Multimedia Environment, in: SETAC (Society of Environmental Toxicology and Chemistry), *Criteria for Persistence and Long-Range Transport of Chemicals in the Environment*, Kapitel 4, im Druck.

VAN PUL, W. A. J., DE LEEUW, F. A. A. M., VAN JAARSVELD, J. A., VAN DER GAAG, M. A., SLIGGERS, C. J. (1998)
The Potential for Long-Range Transboundary Atmospheric Transport, *Chemosphere* **37** (1), 113–141.

VCI (VERBAND DER CHEMISCHEN INDUSTRIE) (1996)
Verantwortliches Handeln. Daten zu Sicherheit, Gesundheit, Umweltschutz. Bericht 1996.

VERMEIRE T. G., JAGER, D. T., BUSSIAN, B., DEVILLERS, J., DEN HAAN, K., HANSEN, B., LUNDBERG, I., ROBERTSON, S., TYLE, H., VAN DER ZANDT, P. T. J. (1997)
European Union System for the Evaluation of Substances (EUSES). Principles and Structure, *Chemosphere* **34** (8), 1823–1836.

VERSCHUEREN, K. (1983)
Handbook of Environmental Data on Organic Chemicals. Van Nostrand Reinhold.

VICO, G. B. (1990)
Prinzipien einer neuen Wissenschaft über die gemeinsame Natur der Völker. Meiner.

VÖGL, T., SCHERINGER, M., HUNGERBÜHLER, K. (1999)
Screening Methodology for the Risk Assessment of Solvents, Proceedings of the 9th Annual Meeting of SETAC Europe, Leipzig, May 1999.

VÖLKEL, M. (1995)
Untersuchungen zur Beeinflussung der Trinkwasserqualität bei Verwendung zementmörtelausgekleideter Versorgungsrohre. Gewässerschutz, Wasser, Abwasser **150**, Aachen.

VOGT, M. (1990)
Ein vektorrechnerorientiertes Verfahren zur Berechnung großräumiger Multikomponenten-Transport-Reaktionsmechanismen im Grundwasserleiter. VDI-Reihe 15, Nr. 80.

WALLINGTON, T. J., SCHNEIDER, W. F., WORSNOP, D. R., NIELSEN, O. J., SEHESTED, J., DEBRUYN, W. J., SHORTER, J. A. (1994)
The Environmental Impact of CFC Replacements – HFCs and HCFCs, *Environmental Science and Technology* **28** (7), 320A–326A.

WANDSCHNEIDER, D. (1989)
Das Gutachtendilemma. Über das Unethische partikularer Wahrheit, in: Gatzemeier, M. (Hrsg.), *Verantwortung in Wissenschaft und Technik.* BI-Wissenschaftsverlag, 14–129.

WANIA, F. (1996)
Spatial Variability in Compartmental Fate Modelling – Linking Fugacity Models and GIS, *Environmental Science and Pollution Research* **3** (1), 39–46.

WANIA, F., MACKAY, D. (1993a)
Global Fractionation and Cold Condensation of Low Volatility Organochlorine Compounds in Polar Regions, *Ambio* **22**, 10–18.

WANIA, F., MACKAY, D. (1993b)
Modelling the Global Distribution of Toxaphene: A Discussion of Feasibility and Desirability, *Chemosphere* **27**, 2079–2094.

WANIA, F., MACKAY, D. (1995)
A Global Distribution Model for Persistent Organic Chemicals, *The Science of the Total Environment* **160/161**, 211–232.

WANIA, F., MACKAY, D. (1996)
Tracking the Distribution of Persistent Organic Pollutants, *Environmental Science and Technology* **30** (9), 390A–396A.

WARNECK, P. (1988)
Chemistry of the Natural Atmosphere. Academic Press.

WBGU (Wissenschaftlicher Beirat der Bundesregierung für Globale Umweltveränderungen) (1996)
Welt im Wandel: Herausforderung für die deutsche Wissenschaft. Jahresgutachten 1996. Springer.

Weber, J. B. (1977)
The Pesticide Scorecard, *Environmental Science and Technology* **11** (8), 756–761.

Weber, M. (1985a)
Die „Objektivität" sozialwissenschaftlicher und sozialpolitischer Erkenntnis, in: Weber, M.: *Gesammelte Aufsätze zur Wissenschaftslehre.* J. C. B. Mohr.

Weber, M. (1985b)
Der Sinn der „Wertfreiheit" der soziologischen und ökonomischen Wissenschaften, in: Weber, M.: *Gesammelte Aufsätze zur Wissenschaftslehre.* J. C. B. Mohr.

Weise, E. (1991)
Grundsätzliche Überlegungen zu Verbreitung und Verbleib von Gebrauchsstoffen (use pattern), in: Held, M. (Hrsg.): *Leitbilder der Chemiepolitik.* Campus, 55–64.

Weise, E., van Embden, I. C. (1995)
Über Ursachen unserer Mißverständnisse, *Nachrichten aus Chemie, Technik und Laboratorium* **43** (6), 680–683.

Weizsäcker, C., Weizsäcker, E. U. (1986)
Fehlerfreundlichkeit als Evolutionsprinzip und Kriterium der Technikbewertung, *Universitas* **41**, 791–799.

Whelpdale, D. M., Moody, J. L. (1990)
Large-Scale Meteorological Regimes and Transport Processes, in: Knap, A. J. (Ed.): *The Long-Range Atmospheric Transport of Natural and Contaminant Substances.* Kluwer, 3–36.

White, A. L., Shapiro, K. (1993)
Life Cycle Assessment – a Second Opinion, *Environmental Science and Technology* **27** (6), 1016–1017.

Wiedmann, T. O., Güthner, B., Class, T. J., Ballschmiter, K. (1994)
Global Distribution of Tetrachloroethene in the Troposphere: Measurements and Modeling, *Environmental Science and Technology* **28** (13), 2321–2329.

Wiman, B. L. B. (1991)
Implications of Environmental Complexity for Science and Policy, *Global Environmental Change* **1**, 235–247.

Winter, G. (Hg.) (1995)
Risikoanalyse und Risikoabwehr im Chemikalienrecht: interdisziplinäre Untersuchungen. Werner, 1995.

Wittlinger, R., Ballschmiter, K. (1990)
Studies of the Global Baseline Pollution XIII ($C_6 - C_{14}$ Organohalogens), *Fresenius Zeitschrift für Analytische Chemie* **336**, 193–200.

Wolf, U. (1988)
Haben wir moralische Verpflichtungen gegen Tiere? *Zeitschrift für philosophische Forschung* **42**, 222–246.

WOLF, K., YAZDANI, A., YATES, P. (1991)
Chlorinated Solvents: Will the Alternatives be Safer? *Journal of the Air and Waste Management Association* **41** (8), 1055–1061.

WOLFRAM, S. (1991)
Mathematica. A System for Doing Mathematics by Computer. 2nd ed., Addison Wesley.

WORLD RESOURCES INSTITUTE (1992)
World Resources 1992–1993. Oxford University Press.

WORLDWATCH INSTITUTE (1996)
State of the World 1996. W. W. Norton.

WUPPERTAL INSTITUT FÜR KLIMA, UMWELT, ENERGIE (1996)
Zukunftsfähiges Deutschland. (Hrsg: BUND u. Misereor) Birkhäuser.

WWF (WORLD WILDLIFE FUND) (1998)
Resolving the DDT Dilemma: Protecting Biodiversity and Human Health. Zitiert nach *Environmental Science and Technology* **32** (17), 399A.

WYNNE, B. (1992)
Uncertainty and Environmental Learning, *Global Environmental Change* **2**, 111–127.

YEH, G.-T., TRIPATHI, V. S. (1991)
A Model for Simulation Transport of Reactive Multispecies Components: Model Development and Demonstration, *Water Resources Research* **27** (12), 3075–3094.

YOUNG, A. L., REGGIONI, G. M. (Eds.) (1988)
Agent Orange and its Associated Dioxin: Assessment of a Controversy. Elsevier.

ZAR, J., H. (1984)
Biostatistical Analysis. Prentice-Hall.

Register

Abbau 62, 69, 75, 83ff., 98, 103f., 106ff., 112f., 115ff., 122ff., 135, 137, 151, 165f., 169
– biologischer 18
Abbautest 32, 83, 85, 124
Aceton 132ff., 136
Äquivalenzbreite 90f., 93, 101f., 168
Aggregierungsproblem 23, 27, 43, 171
Agrochemikalien 32, 63, 66f., 100
Aldrin 12, 121f., 124ff., 129ff.
Altstoffe 3, 15
Antibiotika 2f.
Arsen 14
Artefakt 18, 32, 119
Auswirkung 8, 17, 33f., 54, 62, 70ff., 80, 144, 171

Benzol 113, 132ff., 136
Bewertung 2ff., 39, 43, 45ff., 52, 57f., 62, 71ff., 78f., 81, 96, 141ff., 152, 157, 171
– ökologische 39
Bewertungsproblem 23, 27, 71ff., 171
Bioakkumulation 136, 146, 148, 171
Biodiversität 38, 40, 53
Biosphäre 37, 42, 56

Chemikalienbewertung 2ff., 7, 14f., 63, 69, 77, 81, 92, 108, 111, 136, 141ff., 149, 151ff., 157
– expositionsgestützte 16, 72, 141ff., 148, 150f., 153
– Praktikabilität 20, 23, 77
– wirkungsgestützte 72, 74, 79, 141ff., 148, 150, 153
chemische Industrie 1f., 10f., 66, 155ff.
chemische Produkte 2ff., 10, 80, 143, 151f., 155f.
Chlor 10ff.
Chlorbenzol 10f., 132ff., 137ff.

Chlordan 12, 14, 120ff., 124ff., 129ff., 134
chlorierte Kohlenwasserstoffe (CKW) 10ff., 120ff., 146ff., 171
– Geschichte 10ff.
Chlorparaffine 147f.
4-Chlortoluol 10, 132ff.
Cyclohexan 132ff.

Dampfdruck 4, 15, 106, 111, 115, 121f., 124, 126, 122f., 162
Daten 2, 5, 32, 105ff., 124, 132, 136, 152
DDT 1, 8, 12, 14, 103, 111, 115, 120f., 124ff., 129, 146f.
Decan 132f.
1,4-Dichlorbenzol 11, 132f.
Dieldrin 12, 14, 121f., 124ff., 129ff.
Differentialgleichung
– gewöhnliche 104, 159, 165ff.
– partielle 104
Diffusion
– molekulare 160f.
– turbulente 111, 116f., 164
1,4-Dioxan 110, 132ff.
Diskontierung 61
Disulfoton 97
Dosis-Wirkungs-Beziehung 17, 19, 81

Einwirkung 8, 17, 33f., 54, 62, 70ff., 77, 79ff., 120, 142, 172
Emission 2, 15ff., 48, 62, 65ff., 69ff., 75f., 80, 85, 87f., 90, 100f., 107ff., 112ff., 118f., 124f., 128, 132, 136ff., 141ff., 152, 155, 165ff., 172
Endpunkt 141ff., 172
Endrin 12, 121f., 124ff., 129
Environmental Engineering 41
Enzyme 3
epidemiologische Studien 53, 81, 120
Ethik 6, 35f., 45, 48f., 157

Evidenz 42, 57f.
Exposition 15ff., 34, 62, 64ff., 69ff., 77ff., 86ff., 90ff., 113, 141f., 144, 152, 167ff., 172
Expositionsanalyse 3, 15, 19, 78, 141
Expositionsfeld 63ff., 100, 137, 140
Expositionsverteilung 87f., 92ff., 101, 113f., 118, 125, 134, 137f., 169
Extrapolation 17, 19

F-11 (CCl_3F) 117ff., 130, 132ff., 137ff.
F-21 ($CHCl_2F$) 132f.
F-22 ($CHClF_2$) 132f.
F-142 b (CH_3CClF_2) 132f.
FCKW 1, 7, 11, 13, 45, 63ff., 69ff., 78, 93, 103, 132f., 136, 145ff., 152, 169, 172
– Reichweite 63, 70
Fehler, 1. und 2. Art 153f.
Fehlerfreundlichkeit 145
Flammschutzmittel 147f.
Fließgleichgewicht (*steady-state*) 87f., 162

Gefährdung 8, 69ff., 74, 77ff., 144, 172
Gefahr 74f.
Gerechtigkeit 45f., 54, 57ff.
Gerechtigkeitsprinzipien 6f., 34, 46, 49, 57ff., 62, 64, 67, 81f.
Gesundheit 23, 38, 52
Gleichverteilung 93, 96f., 102
Goldene Regel 7, 45, 49, 58, 61
Güterabwägung 5, 62, 143
Gutachtendilemma 5, 173

Halbwertsbreite 90f., 93
Halbwertszeit 69, 83ff., 88, 115f., 124, 126, 131, 136
Handlung 6, 43, 45, 48f., 58ff., 69, 71, 78, 143
Henry-Konstante 15, 106, 111, 114f., 117, 128, 131, 134f., 160ff.
Heptachlor 12, 121f., 124ff.,
Hexachlorbenzol 111, 121, 124ff., 135
Hexachlorcyclohexan s. Lindan
HFCKW 132f., 136, 147, 172

Immission 54, 70, 77
Indikator 4, 6, 27, 48ff., 69, 71f., 80, 83, 136, 148, 156, 173

– Aggregierung 20
– auswirkungsgestützter 78, 143
– expositionsgestützter 143
– Relevanz 4, 20
– Stellvertreter- 76
Industriegesellschaft 12, 149, 153
Ingenieurwissenschaften 24, 42, 74
Integrität
– funktionale 24, 37, 42, 144
– körperliche 4, 24, 42, 52, 144
Interesse 24, 39, 50, 58ff., 66, 82

kategorischer Imperativ 58f., 61, 81
Kepone 12, 124
Klimamodell 105
Klimawandel 30, 73
Klimazonenmodell 111ff.
Kohlendioxid (CO_2) 30, 50, 63f., 142
– Reichweite 63, 78
Kombinationswirkung 19
Komplexität 19, 31, 103f., 108
Komplexitätsdilemma 30
Komplexitätsreduktion 31, 73, 77

Laborsystem 31, 173
Laborwissenschaften 31
Lebenszyklus 4, 152, 156
Leblanc-Verfahren 9
Life Cycle Assessment 3f., 174
Lindan (Hexachlorcyclohexan) 12, 111, 123ff., 135
Lösungsmittel 1ff., 16, 63, 72, 75, 78, 80, 100, 120, 132ff., 145f., 152, 156

Massenbilanz 106ff., 117
Matrix 159, 165ff.
Median 89, 93, 99
Metaboliten 116, 152f.
Methyl-tertiär-Butylether 132f.
Mirex 12, 121, 124ff.
Mitleid 36f., 41f.
Mittelwert 89f., 93, 99
Mobilität 62, 68, 92, 113, 131, 136
Modell 8, 55, 75, 83f., 86, 103ff., 151, 159ff., 173
– evaluatives 104ff., 173
– – Überprüfung 108, 117ff., 135ff.
– – Zielgrößen 107ff.
– räumliche Auflösung 104, 112, 120, 135

– Simulations- 104ff., 119
– *unit-world* 8, 104ff.
Modellbildung 56, 103, 107
Modellparameter 106ff., 113ff., 123, 135, 159ff.
Modellrechnung 77, 80, 86ff., 90f., 98, 102, 122ff.
Monitoring 104, 107, 131, 136, 152
Moral 36ff., 42, 59, 61

Nachhaltigkeit 48, 53ff., 57, 59, 153, 155, 173
Natur 37f., 42, 47, 50, 52
Naturalismus 50
naturalistischer Fehlschluß 40, 80, 174
Naturschutz 35, 37, 39
Naturverständnis 148, 150
Naturzerstörung 60
Neustoffe 3, 15
Nitrat 67, 103
NOAEL 16f., 19, 174
Nonan 132f.
Norm 24f., 27f., 34, 36ff., 45f., 48ff. 57f., 61, 71, 174
– ethische 4f., 48, 50, 80
– technische 42, 48
normatives Leitbild 24, 37, 42, 53ff., 143f.
normatives Prinzip 6f., 33f., 49, 51ff., 60, 80f.
normative Unbestimmtheit 34ff., 43, 45
normatives Urteil 5, 34f., 72

Ökobilanz 3f., 20, 149, 174
ökologische Krise 35, 38, 41ff., 45
ökologischer Landbau 67
ökologische Schädigung 98
Ökosystem 2, 7f., 16f., 19, 24, 27ff., 31, 35, 37f., 42, 45, 54, 71f., 81, 144
Oktan 132f.
Oktanol-Wasser-Verteilungskoeffizient (K_{ow}) 15, 106, 114, 117, 124, 132, 161f.
Operationalisierung 50ff., 55, 61, 80
Operationalisierungsproblem 50ff., 54, 175

PEC 15, 175
Perchlorethylen 10, 13, 132f., 146, 155

Persistent Organic Pollutants (POPs) 8, 13, 120f., 124ff., 136, 147, 175
Persistenz
– Berechnung 168f.
– Definition 90, 175
– Eigenschaften 72ff.
– Gesamt- 86f., 169
– von Metaboliten 116, 152
– normativer Bezug 60ff.
Pestizide 1f., 16, 65ff., 75, 103, 107, 120f., 123, 146f., 152
Phasengrenzfläche 160f.
PNEC 15, 141, 175
polychlorierte Biphenyle 3, 8, 11, 13, 65, 92, 111, 120f., 124ff., 146f., 175
Prävention 72, 77f., 145
Problem
– lebensweltliches 157
– soziales 46
– sozialethisches 38, 43, 68
– Umwelt- 78, 81, 139, 147
PVC 10, 12

Quantil 89, 93, 96ff., 169
Quecksilber 14

Rechtsgut 5, 23
Reichweite
– Berechnung 169
– chemische 98
– Definition 91ff., 175
– Eigenschaften 72ff.
– kombinierte 62ff., 78, 80, 88, 100f., 137ff.
– als Kriterium für Produktentwicklung 155
– normativer Bezug 60ff.
– ökonomische 80
– stoffbezogene 63ff., 75f., 78, 80, 137
– toxikologische 98
– zeitabhängige 87
Risiko 30, 73f., 146, 148ff., 154, 176

Sauerstoffbedarf 83, 115, 171
Schaden 8, 23ff., 72, 74, 79, 153, 176
Schadensbegriff 23ff., 39, 43, 45, 48, 57
– ökologisch 24
– ökonomisch 23ff.
– rechtlich 23ff.

– technisch 24ff.
Schwellenwert 19, 30, 76, 141
Silikon 148
Sozialgemeinschaft 36ff., 155
Sozialwissenschaften 46f.
Standardabweichung 89f., 93, 99
Syndrom-Ansatz 52, 55ff., 176

Technical Guidance Document (TGD) 3, 15f., 154
technisches System 30f., 176
Temperatur 107, 111f., 121, 123, 131, 135
Tetrachlordibenzodioxin (TCDD) 12, 121, 124ff., 129
Tetrachlorkohlenstoff 10, 13, 132f.
Tierschutz 37, 157
Tierversuch 32, 77
Toxaphen 12, 65, 121, 124ff.,
toxikologische Tests 19, 143, 153f., 157
Toxizität 16ff., 20, 53f., 75, 81, 142, 145, 148, 151
Transdisziplinarität 6, 157, 176
Transport 84ff., 98f., 103ff., 110ff., 116f., 119, 121, 123ff., 133, 135, 139, 152, 164ff.
Tributylzinn 139
1,2,4-Trichlorbenzol 132f.
Trichlorethylen 10, 13, 146

Überkomplexität 28ff., 34ff., 43, 74, 107, 151
Umweltdebatte 4, 6f., 33f., 46, 50, 53, 59
Umweltnaturwissenschaften 46f., 49, 51
Umweltschaden 24, 28, 37, 69f.

Umweltsystem 7, 19, 28ff., 45, 54, 71, 86, 105, 107, 143, 151, 177
Umweltwissenschaften 31
Unbestimmtheit 30, 73f., 79, 177
Ungewißheit 30, 47, 73f., 177
Unsicherheit 30, 73f., 77, 110, 115, 135f., 177

Verantwortung 6, 49, 59ff., 64, 156f.
Verteilungsgerechtigkeit 49, 58, 61, 65ff., 79f., 96, 102, 143f.
Verum-Factum-Prinzip 31f.
Verursacherprinzip 7, 45, 49, 59f., 79
Verwaltung 64, 155
Vinylchlorid 10f.
Vorsorge 79, 148ff., 153f.
Vorsorgeprinzip 34, 45, 49, 59, 62, 73, 79, 144, 149f., 153f.

Wahrnehmbarkeit von Ereignissen 24ff., 76
Wahrnehmungsproblem 26, 73, 177
Wahrscheinlichkeit 74, 148, 150, 153f.
Waschmittel 1f.
Wasserdampf, Reichweite 78
Weichmacher 2f., 148
Werturteil 5, 20, 46ff., 51
Wirkung 15ff., 27, 69ff., 98, 141f., 145, 150, 153
– hormonähnliche 2, 146, 148
– toxische 19, 30, 76
Wirkungsanalyse 3, 15, 19, 78, 141
Wirkungskategorie 4, 20